中国科协学科发展研究系列报告

中国科学技术协会 / 主编

计量学
学科发展报告

—— REPORT ON ADVANCES IN ——
METROLOGY

中国计量测试学会 / 编著

中国科学技术出版社
·北 京·

图书在版编目（CIP）数据

2018—2019计量学学科发展报告 / 中国科学技术协会主编；中国计量测试学会编著 . —北京：中国科学技术出版社，2020.9

（中国科协学科发展研究系列报告）

ISBN 978-7-5046-8544-5

Ⅰ. ① 2… Ⅱ. ① 中… ② 中… Ⅲ. ① 计量学—学科发展—研究报告—中国—2018—2019 Ⅳ.① TB9-12

中国版本图书馆 CIP 数据核字（2020）第 037078 号

策划编辑	秦德继　许　慧
责任编辑	余　君
装帧设计	中文天地
责任校对	焦　宁
责任印制	李晓霖

出　　版	中国科学技术出版社
发　　行	中国科学技术出版社有限公司发行部
地　　址	北京市海淀区中关村南大街16号
邮　　编	100081
发行电话	010-62173865
传　　真	010-62179148
网　　址	http://www.cspbooks.com.cn

开　　本	787mm×1092mm　1/16
字　　数	310千字
印　　张	14
版　　次	2020年9月第1版
印　　次	2020年9月第1次印刷
印　　刷	河北鑫兆源印刷有限公司
书　　号	ISBN 978-7-5046-8544-5 / TB·111
定　　价	75.00元

2018—2019

计量学
学科发展报告

顾　　问　　蒲长城

首席科学家　　张钟华　李天初

项目负责人　　马爱文

专家组组长　　段宇宁

专家组成员　（按姓氏笔画排序）

王　池　王　晶　刘文丽　李红梅　吴金杰

张　健　张　跃　陆祖良　林延东　房　芳

贺　青

编写组成员　（按姓氏笔画排序）

于红燕　马　冲　王　军　王　坤　王　健

王　敏　王　磊　王少凯　王为农　王玉琢

王金涛　王建波　王铁军　王家福　王曾敏

车薇娜　牛　锋　邓玉强　甘海勇　卢小丰　卢晓华
付吉庆　代彩红　冯秀娟　冯晓娟　冯流星　邢广振
任同祥　全　灿　刘　翔　刘　慧　刘香斌　刘皓然
米　薇　许常红　孙双花　苏福海　杜　磊　杨　雁
杨远超　李　明　李正坤　李加福　李成伟　李秀琴
李劲劲　李建双　李春辉　李德红　时文才　吴　冰
吴　颀　何龙标　佟　林　宋德伟　张　明　张　亮
张　峰　张　辉　张　璞　张天际　张吉焱　张庆合
张江涛　张秀增　张金涛　张彦立　张智敏　陈　赤
邵明武　邵海明　林　虎　林弋戈　周　冰　周　涛
定　翔　郝小鹏　胡志上　胡志雄　钟　波　原遵东
高　蔚　殷　聪　郭立功　郭思明　黄　垚　黄　璐
黄建微　黄洪涛　龚晓明　崔园园　康岩辉　梁珺成
隋志伟　巢静波　董　伟　董莲华　蒋继乐　傅博强
鲁云峰　蔡　娟　蔡常青　蔡晨光　阚　莹　翟　睿
熊利民　潘仙林　薛　梓　戴少阳

学 术 秘 书　崔丽红　李立敏　范光辉

序
FOREWORD

当今世界正经历百年未有之大变局。受新冠肺炎疫情严重影响，世界经济明显衰退，经济全球化遭遇逆流，地缘政治风险上升，国际环境日益复杂。全球科技创新正以前所未有的力量驱动经济社会的发展，促进产业的变革与新生。

2020年5月，习近平总书记在给科技工作者代表的回信中指出，"创新是引领发展的第一动力，科技是战胜困难的有力武器，希望全国科技工作者弘扬优良传统，坚定创新自信，着力攻克关键核心技术，促进产学研深度融合，勇于攀登科技高峰，为把我国建设成为世界科技强国作出新的更大的贡献"。习近平总书记的指示寄托了对科技工作者的厚望，指明了科技创新的前进方向。

中国科协作为科学共同体的主要力量，密切联系广大科技工作者，以推动科技创新为己任，瞄准世界科技前沿和共同关切，着力打造重大科学问题难题研判、科学技术服务可持续发展研判和学科发展研判三大品牌，形成高质量建议与可持续有效机制，全面提升学术引领能力。2006年，中国科协以推进学术建设和科技创新为目的，创立了学科发展研究项目，组织所属全国学会发挥各自优势，聚集全国高质量学术资源，凝聚专家学者的智慧，依托科研教学单位支持，持续开展学科发展研究，形成了具有重要学术价值和影响力的学科发展研究系列成果，不仅受到国内外科技界的广泛关注，而且得到国家有关决策部门的高度重视，为国家制定科技发展规划、谋划科技创新战略布局、制定学科发展路线图、设置科研机构、培养科技人才等提供了重要参考。

2018年，中国科协组织中国力学学会、中国化学会、中国心理学会、中国指挥与控制学会、中国农学会等31个全国学会，分别就力学、化学、心理学、指挥与控制、农学等31个学科或领域的学科态势、基础理论探索、重要技术创新成果、学术影响、国际合作、人才队伍建设等进行了深入研究分析，参与项目研究和报告编写的专家学者不辞辛劳，深入调研，潜心研究，广集资料，提炼精华，编写了 31 卷学科发展报告以及 1 卷综合报告。综观这些学科发展报告，既有关于学科发展前沿与趋势的概观介绍，也有关于学科近期热点的分析论述，兼顾了科研工作者和决策制定者的需要；细观这些学科发展报告，从中可以窥见：基础理论研究得到空前重视，科技热点研究成果中更多地显示了中国力量，诸多科研课题密切结合国家经济发展需求和民生需求，创新技术应用领域日渐丰富，以青年科技骨干领衔的研究团队成果更为凸显，旧的科研体制机制的藩篱开始打破，科学道德建设受到普遍重视，研究机构布局趋于平衡合理，学科建设与科研人员队伍建设同步发展等。

在《中国科协学科发展研究系列报告（2018—2019）》付梓之际，衷心地感谢参与本期研究项目的中国科协所属全国学会以及有关科研、教学单位，感谢所有参与项目研究与编写出版的同志们。同时，也真诚地希望有更多的科技工作者关注学科发展研究，为本项目持续开展、不断提升质量和充分利用成果建言献策。

中国科学技术协会

2020 年 7 月于北京

前言
PREFACE

计量学是关于测量及其应用的科学。计量学源自古代对长度、容量、重量以及时间等物理量的测量和研究。随着人类的进步与发展，计量学已发展成为一门独立的新兴学科，突破了经典物理学的范畴，拓展到微观量子物理世界、纳米新材料、能源环境监测、生物医学、食品安全、化学等领域。

计量学是科技的基础。门捷列夫讲：没有测量就没有科学。聂荣臻也讲：科技要发展，计量须先行。计量已成为科技进步的技术前提、经济发展的技术基础、国防建设的技术保证、人民群众生命安全和身体健康的重要技术手段。

当前，计量学科正面临新一轮的科技革命，以"量子技术和基本物理常数精密测量"为基础，以"计量单位量子化和量值传递扁平化"为特点的国际计量重大变革将彻底改变现有的计量技术体系。这是近现代计量一百五十年来最深刻的变革，各国都在投入大量科研力量应对该技术革命。中国要实现制造强国的战略目标，需要计量测试作为基础和保障。

本报告是在中国科协统一部署和领导下，依据《中国科协学科发展工程项目管理实施办法（2018年修订）》的规定，侧重近五年计量学学科的发展研究而编写的。

本报告包括综合报告和专题报告两部分。综合报告从学科发展的高度，全面梳理、归纳近五年来计量学学科的最新研究进展，通过对国内外相关领域研究进展的比较和发展趋势的分析，展望计量学学科未来发展的目标和前景，提出我国计量学学科发展的对策和建议。专题报告包括：几何量计量、热工计量、力学与声学计量、电磁计量、光学计量、时间频率计量、电离辐射计量、化学计量、生物计量、医学计量共十个计量专业。

本报告可以为国家有关部门和计量科学工作者提供我国计量学科的新理论、新技术、新成果以及国内外发展状况的比较、我国的发展趋势预测等有关信息和观点，供大家参考。

　　本报告共有一百二十余位计量行业的专家学者参加了综合报告和专题报告的研究和撰写，首席科学家中国工程院张钟华院士、中国工程院李天初院士和相关专家，多次听取报告编写进展情况，亲自审校有关内容，分别对综合报告和专题报告进行了评审和修改。在此，一并向参与报告编写和对本研究报告作出贡献的所有专家表示诚挚的谢意！

　　由于项目研究时间较紧，学科发展进程把握不够全面，且水平有限，不当之处敬请读者不吝批评指正。

中国计量测试学会

2020 年 2 月

目录
CONTENTS

ABSTRACTS

Comprehensive Report

Reports on Special Topics

综 合 报 告

计量学学科研究现状及发展趋势

一、引言

计量学是测量的科学及其应用，又简称计量。计量学最初来自古代对长度、容量、重量以及时间等物理量的测量和研究，随着内容的扩展而逐渐成为一门研究测量理论和实践的综合学科。计量学包括涉及测量理论和实用的各个方面，不论其不确定度如何，也不论其用于什么测量技术领域。

计量学具有悠久的历史，大体分为三个阶段。第一阶段为原始阶段，以经验和权力为主，大多利用人、动物或自然物作为计量标准。第二阶段是经典阶段，以宏观现象与人工实物为科学基础的阶段，标志是 1875 年签订的《米制公约》。第三阶段为现代阶段，由宏观实物基准过渡到基于微观量子－常数的基准。

计量学主要有三个特点：科学性、法制性、实用性。

一是科学性，是指计量学是基础性、探索性、先行性的计量科学研究。通常用最新的科技成果来精确地定义与实现计量单位，并为最新的科技发展提供可靠的测量基础。科学计量本身属于精确科学，通常是国家计量研究机构的主要任务，包括测量原理和测量理论研究、计量单位与单位制的研究、计量基准和标准的研制、物理常量与精密测量技术的研究、量值溯源与量值传递系统的研究、量值比对或能力验证方法与测量不确定度的研究及测量科学的应用等。

二是法制性，来自计量的社会性，因为量值的准确可靠不仅依赖于科学技术手段还依靠相应的法律、法规和行政管理。特别是对国计民生有明显影响，涉及公众利益和可持续发展或需要特殊信任的领域，必须由政府起主导作用建立起法制保障。否则，量值的准确性、一致性及溯源性就不可能实现，计量的作用也难以发挥。计量学作为一门科学，同国家法律、法规和行政管理紧密结合的程度，在其他学科中是少有的。计量不仅是技术层面上的事情，其本身也是重要的社会制度之一，是国家治理的手段。

三是实用性，计量的科学研究、量值传递等工作都是以提高科技创新水平、推动经济发展、促进社会进步、维护国家安全、增强贸易竞争力、提高国家综合实力和实现精密测量技术产业化和成果转化为出发点，具有很强的实用性。计量工作关系社会领域的方方面面，涉及国防建设、科学技术、工农业生产、医疗卫生、商贸、安全防护、环境保护、社会管理和人民生活。

计量学的内容通常可概括为五个方面：测量新理论和新原理、测量新技术和新仪器、测量操作正确性和有效性、测量结果分析、测量应用。

从不同的角度，对计量学有不同的分类。从专业领域划分，计量学包括几何量计量、温度计量、力学计量、电磁计量、无线电计量、时间频率计量、声学计量、光学计量、电离辐射计量、化学计量、生物计量等分支。

新中国成立后，尤其是改革开放以来，党和国家高度重视计量工作，中国计量事业揭开了历史发展的新篇章，各类基础前沿和行业应用广泛的计量科技成果大量涌现，计量测试水平不断提升，计量服务保障能力不断增强。

至二十一世纪，计量在科技创新和国民经济发展中的作用得到广泛的重视，我国计量工作得到跨越式发展。《国家中长期科学和技术发展规划纲要（2006—2020年）》纳入了"研究建立高精确度和高稳定性的计量基标准和标准物质体系"的任务。国务院印发《质量发展纲要（2011—2020年）》，明确提出"强化计量基础支撑作用。紧密结合新型工业化进程，建立并完善以量子物理为基础，具有高精确度、高稳定性和与国际一致性的计量基标准以及量值传递和测量溯源体系"。《计量发展规划（2013—2020年）》，对我国计量发展的指导思想、发展目标和重点工作等做出重要部署。其中发展目标为"到2020年，计量科技基础更加坚实，量传溯源体系更加完善，计量法制建设更加健全，基本适应经济社会发展的需求。"

我国计量工作不仅初步建成了完整的国家计量体系，而且在现代计量科技水平和总体规模上已跻身世界计量先进行列。在基础前沿领域，应对国际单位制重新定义，做出中国贡献，科技创新能力显著增强；在服务产业发展、国家重点工程和新兴领域方面，取得一系列标志性成果，计量支撑作用日益凸显；在测量能力上，截至2018年年底，我国建有国家计量基准177项、社会公用计量标准5.6万余项，批准国家标准物质1.1万余种。国际互认的校准与测量能力1574项，国际排名跃居世界第三、亚洲第一。

本次计量学学科进展报告总结了2014—2019年这五年我国计量科学的研究进展，引用大量参考文献，能够比较准确地反映我国计量学学科进展情况。

二、我国计量学学科的最新研究进展

（一）基本单位的研究及重新定义

1875 年，阿根廷、比利时、奥地利 - 匈牙利、巴西、丹麦、法国、德国、意大利、秘鲁、葡萄牙、俄国、西班牙、瑞典 - 挪威、瑞士、土耳其、美国和委内瑞拉共十七个国家签署了《米制公约》（the Convention du Metre），并于 1875 年 5 月 20 日成立了国际计量局（BIPM），负责为建立单一、一致、可溯源至国际单位制的全球测量系统提供基础。法国大革命期间建立了以米和千克为代表的十进位米制。根据《米制公约》的规定，制造了新的米原器和千克原器，并为 1889 年第一届国际计量大会（CGPM）所正式接受。随着时间的推移，该系统不断发展，逐步形成七个基本单位。1960 年第十一届国际计量大会决定，这个系统称为国际单位制（SI）。

随着科技的发展，基本单位的定义陆续实现量子 - 常数化。这一过程从二十世纪六十年代拉开序幕。基本单位时间"秒"、长度"米"先后经历了修订。1960 年，第十一届国际计量大会上正式批准废除铂铱米原器，而将米定义改为："米等于 ^{86}Kr 原子的 $2p_{10}$ 和 $5d_5$ 能级间的跃迁所对应的辐射在真空中波长的 1650763.73 个波长的长度"。1983 年，第十七届国际计量大会又对米进行了进一步的定义。1967 年，第十三届国际计量大会通过了基于铯原子跃迁的新的秒定义，即：铯 -133 原子基态的两个超精细能阶间跃迁对应辐射的 9192631770 个周期的持续时间。至此，"原子秒"取代了"天文秒"。

时间和长度单位量子化的成功，不断催生其他计量单位的量子 - 常数化定义的进程。国际计量委员会于 2005 年一致同意全面进行 SI 基本单位量子 - 常数化变革，使其直接定义在"定义常数"上。

在国家的大力支持下，我国一批基于量子 - 常数的计量研究取得了突破性的成果，使我国在国际单位制重新定义中做出了重要贡献。在温度、电学、质量等领域实现了赶超，同时，在量子传感、量子测量、量子计量标准也开展了一些前瞻性研究。"十三五"期间，计量量子 - 常数化变革得到了科技界的广泛关注，在新的国家重点研发计划中设立了"国家质量基础的共性技术研究与应用"（NQI）重点专项，扁平化的量值溯源技术得到部署，我国也已开始系统研究芯片级计量技术。

在时间频率计量及应对下一代秒定义上，我国在铯喷泉钟、锶晶格光钟、离子钟、守时等方面形成突破，体现中国担当；在温度单位开尔文的重新定义上，我国采用声学法和噪声法两种方法测得玻尔兹曼常数，测量结果均被国际科学技术数据委员会（CODATA）收录，对温度单位开尔文的重新定义发挥关键作用；独立提出并实现第三种方法，即能量天平法，用于"千克"重新定义，截至 2019 年 9 月，能量天平测量数据的 A 类不确定度已经降至 3×10^{-8}（$k=1$），达到加拿大、美国、法国三国的功率天平方案的不确定度。我国是全球唯一采用 HR-ICP-MS 和 MC-ICP-MS 两种不同方法完成浓缩硅 -28 摩尔质量的测量，并在共八个先进国家计量院参加的国际比对中获得了最好的比对成绩，浓缩硅摩尔质量测量的相对标准不确定度达到了 2×10^{-9}，在阿伏伽德罗常数复现中做出了中国计量的实质性贡献。这一系列领先的技术成果彰显了中国的大国地位和担当，也使中国的计量技术实现了从跟跑到并跑的提升。

1. 时间频率计量及应对下一代秒定义

时间频率计量是利用"秒"作为基本单位的测量及其应用的科学，是实现时间频率相关量单位统一、量值准确可靠的活动，是计量学的分支之一。时间频率计量的主要研究内容包括：时间频率计量基标准装置、时间频率传递与比对技术、时间频率测量技术与溯源方法、时间频率的应用、时间频率标准与法规体系等。

现行秒定义将铯原子的基态超精细结构能级跃迁频率定义为常数 9192631770Hz。铯原子喷泉钟成为直接复现秒定义的基准装置。提高铯原子喷泉频率基准的不确定度指标、提高喷泉钟的稳定度和运行的可靠性，是目前国际上大国计量院不断追求的目标。

2010 年，我国研制了 NIM-Cs5 铯原子喷泉钟，2013 年参加欧亚喷泉钟比对，向世界展现了中国时间频率基准的水平。2014 年，秒长国家基准 NIM-Cs5 铯原子喷泉钟通过了国际时间频率咨询委员会频率基准工作组的评审，正式获准成为国际计量局承认的基准钟，与少数先进国家一起"驾驭"国际原子时，是中国唯一一台参与"驾驭"国际原子时的基准钟，使得我国在国际原子时合作中不仅拥有话语权，而且第一次具有了表决权，发挥了和国力相匹配的作用。从 2015 年 3 月起，NIM-Cs5 铯原子喷泉钟的标准频率通过伺服锁定的光纤链路传递到北京卫星导航定位中心，为北斗地面时提供溯源支持。NIM-Cs5 铯原子喷泉钟在 2017 年不确定度提升至 9×10^{-16}。2016 年，与原子时标一起作为新一代国家时间频率基准获得国家科技进步奖一等奖。

工作在光频的原子钟比工作在微波的喷泉钟有着天然的优势，理论上不确定度指标可以提高四五个数量级，Sr、Yr、Al$^+$ 等不仅是秒定义的次级表示，同时也成为将来秒的重新定义的优秀备选。

我国研制的锶原子光晶格钟取得了多项关键技术的突破，研究团队从最基本的冷原子物理实验技术开始研究，设计了真空物理装置，采用了基于微通道喷嘴的锶原子炉和单线绕制的自旋反转式塞曼减速器，实现了锶原子速度从 500m/s 减速到约 50m/s，搭建了激光光学系统，实现了锶原子的一级激光冷却蓝 MOT、双频窄线宽二级激光冷却、光晶格装载、核自旋塞曼谱探测、简并谱探测、自旋极化和基于自旋极化的窄原子跃迁谱线探测，得到了最窄为 3Hz 的原子跃迁谱线。基于双侧自旋极化光谱，项目组建立了消塞曼频移的双跃迁锁定系统，实现了锶原子光晶格钟的闭环锁定。通过前馈的技术，采用一对补偿线圈，实现了对地铁干扰磁场的补偿，系统的短期稳定度提高到了 2×10^{-15}，2000 秒时达到了 1.6×10^{-16}。

2015 年我国第一套锶原子光晶格钟进行了首轮系统频移评定，得到锶光钟的评定不确定度为 2.3×10^{-16}，相当于 1.3 亿年不差一秒，实现了我国第一台基于中性原子的光钟，测量得到锶光钟钟跃迁的绝对频率为 429228004229873.7（1.4）Hz，相对不确定度为 3.4×10^{-15}，中国成为世界上第五个研制成功锶原子光晶格钟的国家。2015 年国际计量局召开的时间频率咨询委员会会议上，中国计量科学研究院的锶原子光晶格钟的频率测量数据被采纳，参与了新的锶光钟绝对频率国际推荐值的计算，体现了我国在国际推荐值定值中的作用。在此基础上，又进一步对光钟系统进行升级，利用新的钟激光系统探测原子跃迁，得到了最窄的原子跃迁谱线宽度达到了 1.8Hz。通过分时自比对的方式，比较了分时锁定原子系统的稳定度，其频率差的阿兰偏差在 4 万秒左右进入 10^{-18} 量级，是国内光钟稳定度首次达到 10^{-18} 量级，为后续不确定度评定打下了坚实的基础。

华东师范大学正在开展镱原子光晶格钟研究，2018 年系统评估不确定度 1.7×10^{-16}。中国科学研究院武汉物理与数学研究所正在开展镱原子光晶格钟研究，目前实现了光钟的闭环锁定。中国科学院国家授时中心正在开展锶原子光晶格钟研究。中国科学院上海光机所开展了汞原子光钟的研究，也已经取得了阶段性进展。

在离子钟方面，中国科学研究院武汉物理与数学研究所在国内最早开展了钙离子光钟的研究，目前已经实现了整体不确定度的评估和绝对频率测量，评估不确定度 5.1×10^{-17}，绝对频率测量不确定度 2.7×10^{-15}；他们还进行了铝离子光钟的研究，并已经实现了闭环锁定。另外，华中科技大学开展了铝离子光钟的研究，国防科大开展了汞离子光钟的研究，都取得了不错的进展。

我国原子时标的基本作用是产生和保持国家统一使用的标准时间，同时产生高度准确和稳定的频率信号，用于国内的量值传递。持续保持原子时标基准连续稳定可靠运行是保障国家安全、时频量值准确一致及国际等效的必要基础。我国现有四家守时实验室，分别是中国计量院（NIM）、中科院国家授时中心（NTSC）、中国人民解放军 61081 部队以及中国航天科工集团二院 203 所（BIRM）。其中，中国人民解放军 61081 部队所保持的守时系统是我国北斗卫星导航定位系统的地面主站基准。其他各守时单位均保持各自的 UTC（k），同时定期向 BIPM 报送数据，参加国际原子时 TAI 的归算。其中，UTC（NIM）、UTC（NTSC）与 UTC 的时差近期均优于 ±5ns。

中国计量院已实现了全球卫星定位系统（GPS）码基和载波相位时间频率传递法和卫星双向比对法。进行了几十千米级距离光纤时间传递实验，不确定度优于 150ps。

2. 米定义复现技术研究

长度单位米定义到真空中光速，长度量子基准是依据原子或分子的量子态，通过探测它们的光谱特性，实现激光波长或者频率稳定的激光系统。它的不确定度水平是目前除时间频率基准之外最高的。

长度量子基准的研制起始于稳频激光系统，它直接推动了 1983 年新"米"定义的实施，进而开启了基于基本物理常数定义 SI 基本单位的先河。CIPM 先后推荐了数十条复现"米"定义的激光谱线，覆盖了可见光波段、近红外波段及中红外波段，这些激光谱线不仅作为量子化的波长基准保证了几何量值传递的准确性，更为精密激光光谱学的研究提供了准确的波长参考。

随着二十一世纪初叶飞秒光学频率梳的出现，它直接建立了激光波长测量与时间频率基准之间的联系，极大地提升了激光波长的测量准确度和范围，也为激光波长基准的研究提供了全新的技术路径。

中国计量科学研究院已经实现了对 633nm 碘稳频 He-Ne 激光的长期、稳定测量，极大地提升了激光波长的测量准确度。深入研究了基于光纤拍频测量法的激光波长测量技术，切实解决了弱功率激光与光学频率梳拍频信噪比低、测量结果不可靠等激光波长基准准确定值的关键问题，逐步建立了激光波长基准与时间频率基准的直接联系，实现了复现"米"定义的新技术路径。

近红外激光波长标准方面，首次在国内研制成功了 $1.5\mu m$ 近红外稳频激光系统，激光波长不确定度达到 2.3×10^{-11}，优于国际推荐值。先后攻克了低气压高纯乙炔分子吸收室研制、高灵敏度分子饱和吸收光谱探测、超低噪声频率反馈系统研制等难题，采用独特的单次泵浦与探测方法，获取了超高信噪比的光谱探测信号，利用光学频率梳准确测定了分子的消多普勒振转能级。

为实现"米"量值传递扁平化，重点研究了小型化 633 碘稳频激光的环境适应性以及锁定可靠性，通过优化激光谐振腔结构以及热控制，实现了小型化 633 碘稳频激光在非实验室环境下的长期稳定运行，基本实现了激光波长现场校准能力，并提供了切实可行的技术途径。

3. 温度单位开尔文的重新定义

温度是最广泛使用的基本物理量之一，在人们的日常生活、科学技术、工业和农业生产等方方面面都需要被测量。人类测量温度的方式可划分为三个阶段。第一，依赖经验的阶段，古人依赖感觉和对自然现象的观察感知"冷""热"。例如打铁时，通过观察颜色感知铁块的温度，至今人们仍然在使用观察火候的方法。第二，依赖实物性质的阶段，借助物质的性质与温度的关系，定量地刻画温度。伟大的物理学家伽利略在中世纪发明了可定量测量"冷""热"程度的温度计，开启了人类利用物质的性质测量温度的纪元。定量可靠地测量温度，奠定了十九世纪以蒸汽动力为代表的第一次工业革命。与之相应，起源于蒸汽机热力循环的经典热力学原理，奠定了人类认知温度的宏观热力学属性的理论基础，形成了热力学温度的概念及其单位开尔文。为了保证温度测量的一致性和长期稳定性，《米制公约》签订以来，基于经典热力学的理论，人类用水三相点的热力学温度定义开尔文，并且在实物性质的基础上，建立了经验的国际温标，基本满足了社会各个方面的需要。上述两个阶段的共同特征是，用经验和间接的方式测量温度。第三，常数定义的阶段。现代统计物理理论揭示，温度是表征热平衡系统状态的物理量，它反映微观粒子热运动的剧烈程度，与系统的平均能量对应，玻尔兹曼常数则是确定这个对应关系的基本物理常数。新的定义反映了温度的微观物理本质，将摆脱单位定义和测量方式对实物性质的依赖，实现温度的直接测量。

为了保证新定义不引起系统性的偏差，国际计量委员会提出温度单位的重新定义需要满足两个必要条件：其一，国际科技数据委员会四年一次给出的该常数加权平均值的不确定度需小于 1×10^{-6}，其二，至少两种独立原理测量玻尔兹曼常数的不确定度均小于 3×10^{-6} 并且一致。这一要求是对精密测量极限的挑战。为了突破技术门槛，保证国家计量主权独立，从四十年前起，英、美等发达国家均投入巨大人力物力开展测定玻尔兹曼常数、重新定义温度单位的关键技术研究。

自 2006 年起，中国提出并研制了独特的虚拟定程圆柱声学和量子电压标定的电子噪声原级测温系统，通过四项方法和技术创新，攻克了技术瓶颈，突破了测量准确度极限，获得相应方法全球最佳测量结果，满足温度单位重新定义的必要条件。在国际上首次提出虚拟定程圆柱声学共鸣的创新方法，利用两个圆柱腔在特定条件下共鸣频率相等的现象，在对应的声波节点处，对两个声场相减，留下没有端盖的虚拟共鸣声场，使得圆柱声学法测定玻尔兹曼常数的准确度提高了 4.5 倍。圆柱腔的品质因数和测量信噪比低，长期以来，国际上缺乏原位准确测量内长和共鸣频率的方法。为此，自主研制了圆柱共鸣腔体，在国际上首次提出并实现高信噪比的声学传感系统、独特的微波激励和探测系统。与国际上已有的圆柱共鸣腔的最佳结果相比，声学信号测量的信噪比提高了 10 倍，微波测长的准确性改善 100 倍，使声学原级测温的上限从 300℃ 扩展到 1000℃。

量子电压标准合成信号时，驱动信号与磁通量子器件作用，产生感应电压误差，并且随信号带宽增长。我国首创新型无感应误差磁通量子调控技术，通过反极性脉冲，补偿驱动信号中的低频分量，从源头消除了感应电压误差。上述技术能够在 2MHz 带宽内，使交流量子电压的准确度提升 100 倍以上，被国际同行认为是推动交流量子电压标准应用的一大进步。电子热运动噪声信号会被测量电路噪声淹没，传输线的衰减、电路的非线性响应，都导致信号产生偏差。为此，发明了全要素匹配的量子噪声原级测温技术。通过互相关，降低电路噪声影响。构建天平式测量系统，调节交流量子电压的功率、传输特性等，使天平达到平衡，消除信号偏差的影响，使得电子热噪声信号测量水平达到全球最佳。

基于上述方法和技术创新，两种方法测量玻尔兹曼常数的最终不确定度分别达到了 2.0×10^{-6} 和 2.7×10^{-6}，获得了相应方法全球最佳的测定结果。两种方法测量结果两次被国际科技数据委员会（CODATA）国际基本物理常数推荐值收录，并被用于玻尔兹曼常数的最终定值和温度单位的重新定义。在美、英、法等国均致力于抢占话语权的国际竞赛中，最终只有六个国家计量实验室、四种独立的测量方法对常数定值和重新定义有贡献，中国计量院是全球唯一实现两种独立方法对重新定义有贡献的单位，使得我国首次对国际单位

制（SI）基本单位的定义做出重要贡献，并且以"温度单位重新定义关键技术的研究"项目获得 2018 年国家科技进步奖一等奖。

4. 质量单位千克的重新定义

为了积极参与国际单位制的重大变革，建立我国独立自主的质量基准装置，避免千克单位重新定义后我国无法独立复现质量单位这一关乎国家的技术主权的问题，中国计量科学研究院张钟华院士及其研究团队在 2006 年提出了一种基于电磁能量与机械势能平衡的"能量天平"新方案。该方案与"功率天平"方案的主要区别在于采用积分法及静态测量，避免了功率天平法中在速度模式中需要测量瞬时速度和感应电势（微分方案）及动态测量这一重大困难。其测量结果只与天平中线圈的静态位置有关，而线圈运动过程中产生的动态误差则可被消除。由于我国采用了不同原理的方案而备受国际关注和鼓励，因为采用不同原理的方案进行测试并能够相互验证是科学研究中经常采用的方法，如果测量结果能够在不确定度的允许范围内一致，将更有说服力。

2013 年中国计量科学研究院研制的能量天平原理验证装置 NIM-1 在空气条件下测量普朗克常数的相对标准不确定度为 2.6×10^{-6}，验证了能量天平法原理可行。此后，根据 NIM-1 研制中取得的宝贵经验，中国计量科学研究院开始了新一代能量天平装置 NIM-2 的研制。在方案设计阶段，充分考虑了前期研究中存在的主要的不确定度来源，在顶层设计时进行了一系列的仿真和优化。在哈尔滨工业大学、清华大学等高校科研团队的协助下，2016 年 12 月，新一代能量天平装置 NIM-2 建成并实现了真空条件下的测量。为了实现全自动测量，项目组还编制了一套基于数据库的测控和数据处理软件。2017 年 5 月，项目组在国际计量学科领域的知名学术期刊 Metrologia 上发表了普朗克常数的测量结果，相对标准不确定度为 2.4×10^{-7}，成了继加拿大、美国、法国之后，第四个提供普朗克常数测量数据的国家，该数据被国际科学数据委员会收录参考数据库。但由于数据尚未进入 10^{-8} 量级，未被用于 2017 年普朗克常数的最终定值。

2018 年，我国独立提出的"能量天平"方案取得了重要研究进展，项目组在抑制外磁场影响、优化悬挂线圈系统结构和准直技术研究等方面取得突破。能量天平装置测量数据的相对标准不确定度首次进入 10^{-8} 量级，其中 A 类不确定度达到 3×10^{-8}。在目前国际上的电天平方案测量结果中，仅有加、美、法三国的功率天平方案实现了该不确定度量级的测量。此项研究成果为建立具有我国独立知识产权的千克单位复现和量传装置打下了坚实的基础。

千克重新定义后，对量传技术提出了新的挑战。我国在真空质量测量、真空质量标准传递，以及异型砝码表面吸附测量和修正等方面取得了一系列创新成果，建立了满载重复性优于 $0.47\mu g$、测量扩展不确定度 $25\mu g$（$k=2$）的高准确度真空质量测量装置；形成了不同材料砝码表面吸附率测量、不确定度评估和吸附修正、空气密度测量、砝码交换称量等一系列具有自主知识产权的技术。此外，还实现了多种砝码表面吸附与其逆过程的精确分析，吸附测量扩展不确定度 0.0011μg/cm²（k=2），达到了国际先进水平。自主研制了真空条件下连接真空质量比较仪的量值传递系统，实现了在真空条件下，将质量基准从真空质量腔体平稳可靠地运送至真空质量比较仪，为连接能量天平的真空传递装置的研制奠定了技术基础。

5. 摩尔的重新定义

现代阿伏伽德罗常数的测量主要采用 X 射线晶体密度摩尔质量法（XRCD），即以高纯度的单晶硅球为实验对象，分别对硅球的质量 m_{sphere}、体积 V_{sphere}、单晶胞的体积 V_{atom} 和硅摩尔质量 M_{Si} 等参数进行精确测量，并计算出阿伏伽德罗常数 N_A。

该方法源自 1913 年 Bragg 发现 X 射线在晶体中的衍射现象。在早期的方法使用中，使用的晶体纯度不高、结构存在缺陷、X 射线的波长测量准确度不高等因素限制了阿伏伽德罗常数测量的准确度。到二十世纪末，随着单晶硅制备技术的日趋完美和 X 射线及光干涉测量等技术的发展，阿伏伽德罗常数测量的准确度得到显著提高。二十世纪八十年代，N_A 的测量不确定度达到 2×10^{-6}，九十年代达到了 10^{-7}。在确立用物理基本常数对摩尔、质量等国际单位制进行重新定义的目标后，阿伏伽德罗常数测量的合成不确定度要求小于 5×10^{-8}，这就对硅球法中的各个重要参数测量的不确定度提出了更高的要求，例如，摩尔质量测量的不确定度必须小于 5×10^{-9}。自然界中的硅元素存在三种同位素，分别为 ^{28}Si、^{29}Si 和 ^{30}Si，摩尔质量是用每种同位素的丰度乘以同位素的核素质量之和得到的，由于核素质量的不确定度已达到 $10^{-8} \sim 10^{-9}$ 量级，硅同位素丰度的准确测量成为最关键的问题。早期硅球法使用的是天然丰度硅材料，其中硅摩尔质量是通过采用气体同位素质谱技术直接测定硅同位素丰度比获得的。为此，前人进行了长期的测量技术探索和大量的实验工作，然而，由于气体同位素质谱测量中复杂的样品前处理过程和污染，使得硅摩尔质量测量不确定度对阿伏伽德罗常数的不确定度贡献达到 60%，并成为难以解决的技术瓶颈。

2004 年国际阿伏伽德罗常数工作组 IAC 成立，改用高浓缩同位素硅-28 制作的硅球开展测量研究工作，随后在硅球的各主要参数测量方面均获得了长足进展。

中国计量院也参加了摩尔重新定义国际合作重大科学研究工作，先后对单晶硅密度、硅球表面氧化层以及浓缩硅摩尔质量等重要参数进行了测量研究，并均取得相应的研究进展。提出了基于"改进型五步相移法"的硅球直径测量方法，该方法在提高相位求解精度的同时，避免了步长定位不精确产生的系统误差，硅球直径的测量不确定度达 3nm。建立了基于光谱椭偏仪的自动化扫描测量装置，硅球表面氧化层椭偏扫描的短期重复性达到 0.04nm。

在摩尔质量测量方面，对于浓缩硅-28 的丰度超过 99.99% 的样品来说，获得精准的同位素丰度值是艰巨挑战。德国、美国、加拿大等计量专家通过同位素稀释技术与多接收电感耦合等离子体质谱联用测量浓缩硅摩尔质量取得了重要突破。但是相差极端悬殊的三种硅同位素丰度值，以及 ^{28}Si 形成的严重质谱干扰，使得上述几个国家计量院采用多接收电感耦合等离子体质谱（MC-CP-MS）技术测量的结果的不确定度依然不能满足阿伏伽德罗常数测量的要求。

针对当时浓缩硅摩尔质量测量方法单一，且不同国家计量实验室测量结果尚存在较大差异的状况，中国计量院同位素计量技术研究团队首次建立了高分辨电感耦合等离子体质谱（HR-ICP-MS）测量浓缩硅同位素组成的基准方法，通过利用高分辨质谱的分辨能力克服了 ^{28}Si 等严重的质谱干扰。通过深入严谨的计量方法学研究，有效降低和控制样品前处理流程空白本底，提高了浓缩硅同位素丰度比测量结果的准确度，为实现浓缩硅摩尔质量的准确测量提供了一种新的有效测量方法。2016 年底该团队参加完成了由德国 PTB 组织的浓缩硅-28 摩尔质量国际比对（CCQM-P160），该比对共有八个先进国家计量院（包括美国 NIST，加拿大 NRC 等）参加，我国计量院是唯一采用 HR-ICP-MS 和 MC-ICP-MS 两种不同方法完成测量的计量院，并获得了最好的比对成绩，浓缩硅摩尔质量测量的相对标准不确定度达到了 2×10^{-9}，在阿伏伽德罗常数复现中做出了中国计量的实质性贡献。

6. 电学单位量值复现研究

为应对电磁计量单位变革，我国在新型电学量子标准研制，独立自主研发量子基标准芯片，提高电磁 SI 单位复现能力和实现扁平化量值传递等领域均开展了卓有成效的研究工作。

在量子电压标准领域，我国的 1V 和 10V 直流量子电压基准分别参加了 1995 年和 2013 年的国际关键比对，1V 比对结果 $(-0.1 \pm 1.1) \times 10^{-10}$ 取得关键比对最好成绩，10V 比对结果 $(0.09 \pm 1.4) \times 10^{-10}$ 名列前茅。中国计量院自 2011 年开始约瑟夫森结阵芯片的研制工作；2015 年实现了 500 个单层约瑟夫森结的集成；2018 年实现 40 万结阵，使我国首次采用自主芯片实现了 0.5V 量子电压输出，与美国 NIST 芯片比对差值为 $5.5 \times 10^{-10}V$。自行研制的双通道微伏量子电压芯片使我国率先实现基于一个芯片的差分法微伏量子电压标准系统。开展可编程交流量子电压标准的研究，2018 年采用换向差分测量技术实现了 1V 50Hz~400Hz 电压的量值传递。目前正开展基于一伏可编程约瑟夫森结阵的免液氦量子电压标准的研究，以实现量子电压的扁平化溯源。

在量子电阻标准领域，中国计量院于 2003 年建成量子化霍尔电阻基准装置，其相对标准不确定度达到 2.4×10^{-10}，在 2003 年国际关键比对中不确定度最小。中国计量院基于 GaAs/AlGaAs 二维电子气结构，2017 年自主研制成功低磁场（小于 8T）和高磁场（大于 10T）的量子电阻标准芯片，达到国际主流水平。研究并设计了 100Ω、$1k\Omega$、$100k\Omega$ 和 $1M\Omega$ 十进制量子霍尔阵列芯片，其中 $1k\Omega$ 芯片霍尔棒数量国际最少、电流比国际最小，为量子电阻标准的扁平化溯源奠定了坚实的基础。2016 年，研制成功高性能石墨烯量子霍尔芯片，并将低频电流比较仪电阻电桥的技术应用于新一代便携式石墨烯量子电阻传递装置中，开展了基于石墨烯量子电阻标准的研究工作，目标在芯片制备、便携式传递系统研制中打破国外技术垄断，加速实现量子电阻的扁平化溯源能力。

7. 坎德拉复现技术研究

在量子坎德拉的研究上，欧盟自 2008 年开始正式开展以"量子坎德拉"冠名的综合性研究计划，重点突破三个关键任务：①研制量子效率可预测探测器，建立 400~800nm 波段探测效率接近 100%、相对标准不确定度达到 80×10^{-6} 的光谱辐射功率绝对定标能力；②研制高性能单光子源与单光子探测器，发展单光子精密操控技术以及基于可分辨光子数目的单光子精密测量技术；③通过基于自发参量下转换的关联光子绝对定标方法与溯源至低温辐射计的传统方法相比较，实现光谱辐射功率测量能力从经典水平到量子水平的有效衔接与量值统一。

我国开展了基于自发参量下转换关联光子的探测器量子效率绝对定标方法和溯源至低温辐射计及可预知量子效率探测器的微弱光谱辐射功率校准技术研究，并通过这两种独立的方法分别实现了量子水平光谱辐射功率（即光谱光子通量）的高精度复现（相对标准不确定度皆小于 0.4%），在量程交叠处测量结果不一致性小于 0.3%，标志着我国继美国和欧盟之后成功取得了光谱辐射功率测量能力从经典到量子水平的衔接和统一，成为国际上少数几个完整具备高精度光辐射计量基准能力的国家之一。

2018 年 11 月 16 日，第二十六届国际计量大会通过了关于修订国际单位制的决议。国际单位制七个基本单位中的四个，即质量单位"千克"、电流单位"安培"、热力学温度单位"开尔文"和物质的量单位"摩尔"将分别改由普朗克常数、基本电荷、玻尔兹曼常数和阿伏伽德罗常数来定义；另外三个基本单位，即时间单位"秒"、长度单位"米"和发光强度单位"坎德拉"的定义将保持不变，但是定义的表达方式会有一定改变，以与修订后的四个基本单位的新定义表达方式保持一致。

自此，七个基本单位将全部通过不变的自然常数来定义，用这些不变的常数作为测量基础，意味着这些单位的定义在未来也是可靠的、不变的。

（二）导出单位基准装置及量值传递技术研究

在导出单位的研究中，针对国家需求，在几何量计量、力学计量、电磁计量、无线电计量、声学计量、光学计量、电离辐射计量和化学计量等计量学分支开展相关研究，不断拓展测量范围，减低测量不确定度，提升自动化水平，并建立或完善相应的国家计量基准装置和标准装置，开展量值传递服务。

采用先进的三维坐标、激光测量原理和 CNC 控制技术，形成可直接溯源至激光波长的齿轮螺旋线测量装置，螺旋线测量不确定度小于 $1.5\mu m/100mm$（$k=2$）。该装置突破了我国现在齿轮标准装置只能测量单参数的局限，为提升我国精密齿轮加工和评价能力提供支撑。

研制了"双端干涉测量技术研究及新一代端度标准装置"，可满足 500mm 范围内量

块的非研合干涉测量；线纹工作基准最佳测量精度从（0.07+0.07L）μm（k=2）提高到（0.02+0.04L）μm（k=2）。测量范围从 1m 拓展到 2m，扩展了线纹测量类型，实现了标准线纹、微线纹、宽线纹等覆盖面较广的多类型线纹器具高精度校准需求。

研制了紫外光学二维微纳几何结构标准装置及标准物质，实现了 300nm~100μm 范围内对微纳线宽及栅格关键尺寸的测量，扩展不确定度小于 20nm（k=2），为我国微电子集成电路、MEMS 微纳器件制造提供溯源和技术支撑。

建立了新一代立式计算电容基准，应用了我国独有的中空电补偿电极，复现电容单位的测量不确定度降至 1.0×10^{-8}（k=1）。参加国际计量委员会电磁咨询委员会（CCEM）组织的电容国际关键比对（CCEM.K4-2017）。根据 2018 年 12 月国际计量局关键比对数据库（BIPM KCDB）公布的结果，我国复现 10pF 电容量值的不确定度最小，10pF 和 100pF 的电容比对数据均非常接近关键比对参考值（KCRV），其中 100pF 偏离参考值最小。

建立了基于单色仪耦合型低温辐射计的光谱辐射功率基准装置，实现了硅探测器主要光谱响应波段范围内连续绝对定标能力，测量不确定度 0.05%（k=2），并与激光优化型低温辐射计测量结果取得一致。在量子水平，建立了基于自发参量下转换关联光子法的单光子探测器量子效率绝对定标装置，633nm 波长不确定度 0.8%（k=2）；研制了等效噪声功率优于 3×10^{-16} W@633nm 的微弱光辐射功率标准探测器，633nm 波长溯源至低温辐射计不确定度 0.8%（k=2）。

建立的光谱型绝对低温辐射计，将光谱功率响应度定标波长范围扩展至连续覆盖 300~1700nm，测量不确定度优于 0.04%；成功自主研制绝对低温辐射计，光谱辐射功率绝对复现不确定度优于 0.05%，工作波段覆盖紫外、可见至中红外波段；基于可调谐激光器的光谱辐射照度响应度量值溯源方法，大幅提升现有的探测器光谱辐射照度响应度测量水平，测量光谱范围覆盖 190~4000nm，其中 400~900nm 波段测量不确定度 0.18%~0.10%。

研制了太赫兹光谱计量装置和太赫兹功率计量装置，提出了太赫兹时域光谱仪在线校准技术，研发了太赫兹宽波段高吸收率材料和太赫兹辐射功率计，实现了 0.1~3.0THz 波段内辐射功率的准确计量和量值溯源，成果应用于超导材料物性机理测量、功能材料特性测试、危险化学品监测预警、生物组织与药品成分测量等领域。

建立了新一代水声声压计量基准，大型扫描消声水槽为 10kHz~1MHz 中高频水声声压的复现提供了良好的自由声场环境，参加了中频水听器国际关键比对，到得了国际等效与互认。

我国成功举办了第十届全球绝对重力仪国际比对，来自十四个国家的三十二台绝对重力仪参加比对。我国自主研制的光学干涉型和原子干涉型重力仪成功参加了此次比对，测量不确定度均优于 5 微伽。此次比对是全球重力比对首次移出欧洲，提升了我国在重力计量领域的话语权。

攻克了多项量子光学实验操控技术，不断提升精密测量指标，完成从原理验证到精密测量系统的提升。实验探测频率范围 8.6GHz 至 93.7GHz，灵敏度 20mV/m，量子测量与理论计算偏差为 0.5%~2%，典型频点 10.22GHz 场强测量标准不确定度评定结果为 0.6%~1.5%。同时，探索了空间时变电场量子测量新机制，并开展了原子接收机探索研究，目前系统可兼容调频/调幅，传输速率最高约为 500kbps，可在微波段进行语音和图像信号的量子接收。

研制了 10MHz-18GHz 同轴 N 型功率基准，不确定度为 0.2%~0.4%（$k=2$），达到世界领先水平，提出并实现了两种定标方法，攻克了基准及传递标准同轴传输线修正因子定标的技术难题。该基准被新加坡计量院（NMC）和香港计量院（SCL）所采购，成为该国（地区）的计量基准。

研制了自由空气电离室、乳腺 X 射线参考辐射装置、电流测量及控制系统，建立了乳腺 X 射线空气比释动能国家基准装置，完成了乳腺 X 射线空气比释动能国际关键比对（BIPM.RI（I）-K7），取得国际等效与互认。

建立了医用加速器水吸收剂量基准及量值体系，完成了基准装置的研制并参加了国际关键比对，取得国际等效与互认，解决了放射治疗辐射剂量在高能光子段的量值溯源问题。

将全蒸发热电离质谱法创新应用至镱元素原子量测量工作中，使镱成为元素周期表中第十种采用中国计量院测量结果的元素同位素组成和原子量国际标准值；研制了硒、镱、钐、锌、镉系列同位素基准物质，制定了《同位素丰度测量基准方法》。

与国际计量局（BIPM）共同主导了首个有机大分子国际比对 CCQM-K1115/P55.2C 肽测量比对，我院首次将定量核磁共振法的应用范围从几百分子量的有机小分子拓展至 2000 分子量水平，提出并开发了氨基活泼氢的重水抑制技术，实现了肽纯度的准确定量分析。

在国内首次建立了基准气体研制用钢瓶自动称量系统，实现样品钢瓶与参考钢瓶的定时自动交替称量，开发了密封加热注射称量法配气技术，解决了常温常压下液体有机物从液态到气态的完全转化难题。多次参加或组织国际比对，取得国际等效。

（三）计量在科技创新和国民经济中的应用

在科技创新和国民经济的应用中，主要是针对生命科学与健康、环境保护、航空航天、空间科学、新材料、新能源以及国防和公共安全等领域的计量需求，开展关键技术研究，支撑产业发展、民生改善等。

1. 生命科学与健康

开展了离子光学模拟、精密加工、离子阱组合等关键技术的深入系统研究，有力支撑和服务离子反应基础研究和生命科学前沿研究，显著提升复杂基质痕量分析能力，大大推动了国产小型质谱仪的产业化。

建立了核酸 / 基因检测和高通量测序、基因芯片检测等系列标准，形成了从溯源性、检测技术、质量评价技术、生物样本质量控制为一体的核酸关键技术标准体系，支撑了核酸 / 基因服务产业检测结果的一致与互认。

针对验光配镜领域新兴的集成化、多功能综合验光仪缺乏计量标准、量值无法溯源等问题，创新性采用折转式自准直光路 +CCD 的光学系统，设计了精巧的便携式仪器结构和智能化清晰度算法及测量软件，成功研制出国际上首台基于清晰度法（ISO 方案）的综合验光仪标准测量装置。测量范围从 $-20\mathrm{m}^{-1}$ 到 $+20\mathrm{m}^{-1}$，测量不确定度 $U=0.08\mathrm{m}^{-1}$（$k=2$），有效解决了各大医院、验光配镜中心在用综合验光仪的计量校准和量值溯源，为实现综合验光仪的有效监管、质量控制，保证儿童青少年等屈光不正患者的视力健康提供技术方法和计量保障。

突破了大量程范围内不同场景条件下不同对比度、色度测试目标生成和标定等关键技术，创新性采用独特的四积分球联用结构，利用特制的调光调色器，实现了一套亮度和色度连续可调、闭环控制的四积分球光源系统，配合目标发生器以及后续观察光路，首次建立了集亮度、对比度、色度和周期图案频率均可变的视觉阈值测量装置，有效解决了人眼视觉阈值标准图像生成和难以量化溯源的技术难题，生成目标对比度重复性达 0.005，填补了人眼视觉阈值特性的计量空白。

2. 环境保护

建立了我国第一个 PM2.5 质量浓度监测仪计量标准装置，为全国多种 PM2.5 监测仪提供了校准服务，保障了我国 PM2.5 浓度测量结果的准确性和一致性，有力支撑了我国空气环境的监测工作。

研究了氡冷凝方法并建立了吸附氡气的冷阱与测量系统，形成基于小立体角方法的 α 能谱氡活度绝对测量装置，扩展不确定度达到 0.48%（$k=2$），为环境中氡气的测量提供了量值溯源的源头。

3. 航空航天与空间科学

建立了我国真空低背景红外高光谱亮温标准装置，为风云气象三号、四号卫星，高分五号卫星，资源和海洋卫星红外遥感载荷开展了大量的计量校准服务，支撑了我国航天遥感技术高定量化的发展。基于国际温标复现技术，开展红外空间基准载荷的研制工作，为未来基准卫星技术的发展奠定了重要的技术基础。

研制完成了（5~300）keV 单能 X 射线，实现国际同类装置最高能量，为我国首颗 X 射线空间卫星"慧眼"（HXMT）高能 X 射线探测器提供地面标定，完成了引力波对应电磁体卫星（GECAM）、空间多波基卫星（SVOM）、先进天基太阳天文台（HXI）的前期标定实验。

4. 新材料

建立了石墨烯粉体材料晶体结构、层数、拉曼频移等参数的准确测量方法，并经国际比对实现国际等效互认，发布四项团体标准、五个认证技术文件。为企业和认证公司提供检测，并通过对工厂的检查和合格评审程序，认证公司颁发了首份石墨烯认证证书，实现了质量技术基础各要素的集成，并在产业中形成全链条的应用。

研发了最高温度达到550℃仍能满足闭磁路要求的测量技术，摆脱了高温下只能开磁路测试的限制，测量结果更加逼近材料真值，为高温下磁路设计提供了有利条件。研发的磁性测量技术和仪器被空中客车、罗尔斯·罗伊斯和西门子联合开展的 E-Fan X 混合动力飞机计划采纳、应用。

5. 新能源

研制了电动汽车充电直流电能标准装置和电动汽车充电设施现场校准装置，其中直流电能标准装置的电流电能计量不确定度达到 0.01%；研制了冲击负荷电能计量标准装置、谐波电能计量标准装置、电动汽车能效测试系统，建立了相关国家标准，为我国电动汽车产业发展和清洁能源利用起到积极的促进作用。

建立了标准太阳电池量子效率计量标准装置，相对扩展不确定度为 0.9%（$k=2$），通过组织国际双边比对，保障了光伏基础量值的国际等效，对于提升我国检测实验室能力水平、保障我国光伏产品质量具有重要意义。

6. 国防和公共安全

成功研制了十三种毒品纯度标准物质及十八种溶液标准物质，全面覆盖全国公安物证鉴定系统三百多个毒品检测实验室。赤藓红等二十种标准物质研制水平达到国际领先或先进水平。

建立了基于内充气正比计数器长度补偿法的气体活度测量装置，并完成了 Kr-85 气体核素体积活度的绝对测量，体积活度测量标准不确定度优于 1.5%，为实现氪、氙等 β 衰变气态放射性核素体积活度的量值复现、建立我国惰性气体活度基准、完善气态放射性活度量值溯源体系奠定技术基础。

研发了基于色谱共焦传感器的弹头痕迹测量技术，该技术具有非接触测量、速度快、精度高的优点；研制了一种具有典型弹头痕迹特征的标准器，使弹头痕迹测量仪器实现有效溯源，提高公安部门弹痕鉴别的准确性，保证测量数据的安全、可信。

三、国内外研究进展比较

国际单位制重新定义是国际计量界近年来研究的热点，国际计量局及先进国家计量院纷纷投入，并分工合作，取得了里程碑式的进展。

国际计量局在 CIPM 的领导下，为本轮 SI 的重新定义做了大量工作。首先是确保新定义的科学性和量值的持续性。包括：研究确定 SI 基本单位的新定义和实际复现方法（mises en pratique），如建立 BIPM 的功率天平、参与阿伏伽德罗常数国际合作等；在定义

修改前利用国际千克原器为主要几个国家的原器进行量值传递，组织复现千克新定义基准装置的研究性比对；研究新定义实施后的质量量传方法，建立质量参考标准组（ensemble of reference mass standards，ERMS），并将组织新定义实施后质量基准装置的定期比对，继续承担为成员国提供质量量值传递的任务等。

其次是支撑 CGPM、CIPM 和 CC 的工作，完成 SI 修订的决策和确定具体实施方案。在 CIPM 领导下，协调全体成员国的态度，发挥成员国的力量，先后四次在 CGPM 大会上讨论 SI 修订的议题并通过相关决议。承担全部十个 CC 的秘书处工作，制定和审查实现重新定义的技术条件、路线图以及新定义的实际复现方法，协助 CCU 讨论和确立 SI 基本单位新定义的表述，完成《国际单位制手册》的改版等。

再次是支持新 SI 的宣传推广工作。作为 CIPM "新 SI 推广工作组"（TGSI）的秘书处，设置专门人员，设计制作新 SI 推广所需的各种通用资料，如 SI 标识图、SI 品牌书（Brand Book）、SI 常见问题、国际计量日海报等，在 BIPM 网站公开发布供各国使用。同时鼓励各国在 2018 年 5 月 20 日至 2019 年 5 月 20 日的一年时间内，组织针对不同受众的宣传推广活动，并分享活动的成果，尤其是以 2019 年世界计量日新 SI 生效为契机，在全球范围内掀起又一波 SI 宣传的高潮，提高社会的计量意识。

美国 NIST 是最早开展基本物理常数测量并倡导基于"定义常数"重新定义 SI 基本单位的计量院之一。例如，在普朗克常数测量方面，NIST 于二十世纪八十年代初就开展功率天平的研究，历时三十多年，研制出四代功率天平。2017 年，采用 NIST 第四代功率天平测量普朗克常数的不确定度为 1.3×10^{-8}，是 CODATA 采用的最好的测量结果之一。在玻尔兹曼常数测量方面，1988 年，NIST 科学家 Michael Moldover 首次采用声学温度计法给出的测量结果的不确定度为 1.8×10^{-6}，比其他国际同行早了将近二十年。NIST 还与中国计量院合作开展了噪声温度计法测量玻尔兹曼常数，测量结果的不确定度为 2.7×10^{-6}，作为第三种独立方法的结果被 CODATA 采用。这两个数据都为玻尔兹曼常数的最终定值做出重要贡献。不仅研究水平国际领先，NIST 更有一批造诣深厚的专家学者，作为学术带头人在 CIPM、BIPM、CC、CODATA 和其他国际组织中担任重要职务，在 SI 重新定义中发挥引领作用。例如，NIST 的 Peter Mohr、Barry Taylor 和 Edwin Williams 是著名的"SI 五君子"成员，是倡导并系统研究基于"定义常数"的 SI 新定义的先驱。

德国计量院 PTB 全面开展 SI 修订相关研究工作，取得突出成果。PTB 主导了用浓缩硅球法测量阿伏伽德罗常数并导出普朗克常数的研究工作，联合 BIPM 和日本、澳大利亚、意大利等中国计量院开展"国际阿伏伽德罗常数合作"（IAC）。2015 年和 2017 年，IAC 先后获得不确定度为 2.0×10^{-8} 和 1.2×10^{-8} 的两个测量结果，作为与功率天平法原理完全不同的方法，该数据不仅直接贡献于普朗克常数的最后定值，更是满足千克重新定义技术条件的关键环节。PTB 还投入大量人力物力研究新 SI 实施后千克的量传方法，着力布局面向全球的以硅球法开展千克量值传递和溯源的体系。此外，PTB 还独立开展介电常数测温法测量玻尔兹曼常数，其结果被 CODATA 收录用于 2017 年玻尔兹曼常数的最终定值。在安培复现方法的研究方面，PTB 的单电子隧道（SET）项目具有国际领先水平，所研发的独创性的电流放大器，可以把单电子泵产生的非常小的电流放大约一千倍，使得基于"数电子个数"的方法来复现安培取得了前所未有的高准确度。

英国计量院（NPL）在原子钟、功率天平上有关键性的贡献。二十世纪五十年代起，与美国国家标准局（NBS，NIST 前身）同时开展铯原子钟的研究，1955 年世界上第一台可运行的原子钟在 NPL 诞生，为 1967 年实现秒定义从"天文秒"向"原子秒"的转变奠定重要基础。1975 年，NPL 的 Brian Kibble 博士率先提出功率天平的新原理，并在 NPL 和 NBS 分别组建团队，拉开了功率天平测量普朗克常数的序幕。1990 年，NPL 第一代功率天平的测量不确定度达到 2×10^{-7}，2007 年 3 月发表的第二代功率天平测量普朗克常数的不确定度为 6.6×10^{-8}，但该结果与 2007 年美国 NIST 发表的功率天平的测量结果存在 3×10^{-7} 的相对偏差。在寻找造成与 NIST 测量结果偏差的误差源未果的情况下，NPL 决定终止此项研究并将功率天平装置转移给加拿大计量院 NRC。2016 年，Kibble 博士去世，为纪念他对功率天平乃至千克重新定义的杰出贡献，国际单位咨询委员会（CCU）决定将功率天平命名为"Kibble 天平"。为了解决新定义实施后千克的量值传递问题，NPL 于 2016 年启动新一代微型 Kibble 天平的研究。NPL 还开展了声学测温法测量波尔兹曼常数的工作，2010 年和 2017 年的两个测量结果均被 CODATA 收录，用于常数的最后定值。

法国计量院（LNE）开展了功率天平测量普朗克常数和声学温度计法测量玻尔兹曼常数的工作。LNE 从 2001 年起开始功率天平的研究，2017 年发表的空气中的测量结果的不确定度为 5.7×10^{-8}，目前还在继续真空中的测量。LNE 先后于 2009 年、2011 年、2015 年和 2017 年给出采用声学温度计法测量玻尔兹曼常数的数据，全部用于常数最终定值，其中 2017 年的数据是不确定度最小的结果之一。

加拿大计量院 (NRC) 在功率天平研究上取得重大进展。2009 年，英国 NPL 的功率天平被转移到 NRC。经过重新安装调整，更新测量仪器，并做了其他进一步的改进，测量不确定度大大降低，2017 年发表的测量结果的不确定度为 9.1×10^{-9}，是 CODATA 采用的最好的数据之一。

日本计量院 (NMIJ) 是"国际阿伏伽德罗常数合作"的主要参加单位，长期从事浓缩硅球法测量普朗克常数的工作。2017 年，NMIJ 发表的测量结果的不确定度为 2.4×10^{-8}，直接贡献于普朗克常数的最终定值。

纵观国内外计量学科发展现状，我国计量整体水平已接近发达国家计量院，国际互认的校准与测量能力位列世界第三，在基本单位重新定义上做出了中国贡献，但是与发达国家相比，我国还存在着不小的差距，具体体现在：

第一，关键性和原创性计量技术研究亟须加强。

虽然在应对国际单位制变革的基本物理常数测量研究和新一代量子计量基准研究中

突破了一些关键技术，但是在基础研究、核心关键技术上，与国际一流水平仍有较大差距。光钟的不确定度、稳定度还有待大幅提升；基于安培新定义的单电子隧道的研制还未开展；电学量子基准核心芯片在集成化程度和规模上有较大差距，部分关键芯片和器件国内亟须填补空白；基于晶格常数的米定义的复现方法及量传体系研究仍处于起步阶段。在量子传感上，美国、德国等已实现了广泛的应用，而我国尚处在摸索中，还未掌握核心技术。

第二，对国家新兴产业和民生等计量需求的支撑仍有不足，服务国防安全的计量体系亟待加强。

虽然已经开展了新材料、新一代信息技术、新能源、航天、海洋、医学等领域的计量技术与标准物质研究，但仍处于起步阶段，缺乏广泛深入的研究，对于行业的支撑与引领作用没有很好的体现，无法满足相关领域对计量技术日益增长的需求。

第三，量值传递扁平化和计量仪器研发落后幅度较大，部分技术受制于人。

计量与传感器、互联网等信息技术有待进一步融合，如嵌入式智能计量校准系统研发、海量数据处理等研究远未涉及，扁平化的高效量值传递国家计量体系尚未建立。传统计量领域优势地位有待进一步巩固，亟须开展多参数、动态量、极端量、综合量以及在线测量等计量研究工作，以满足国家和产业发展需求，确保处于优势地位。在高端计量科学仪器方面，完全依赖进口，没有核心技术。体制机制上不通畅，没有形成产、学、研、用的有机结合，限制了自主国产仪器质量的提升。

四、发展趋势及展望

新一轮科技革命、国民经济主战场、国家重大战略对计量提出的需求，以及国际单位制量子化变革带来的机遇对我国计量学学科的发展将产生重大而又深远的影响。

国际计量格局重新构建。2019 年 5 月 20 日之后，七个基本单位的新定义均基于定义常数（包括基本物理常数和自然界其他常数）。国际计量新格局正在重新构建，国际单位制基本单位的量子化使实物基准逐步退出历史舞台，量子基准确立的同时也确立了先进国家计量院的主角地位。国际计量局的地位和重心由过去量值溯源唯一源头向协调人角色的转变。国家计量院将逐渐成为承担国际计量科学研究的主体，通过国际比对实现各国量值的等效，区域内具有较高技术水平的先进国家计量院将逐渐发展为"区域中心实验室"，在为其他国家提供量值溯源、主导国际比对中发挥重要作用。

量子计量、传感和芯片级计量器件将快速发展应用。第二次量子革命是直接开发基于量子特性本身的量子器件。美国、欧盟、英国、日本等高度重视量子技术的部署与投入。量子计量和传感、芯片级的计量器件及计量标准将得到快速发展和应用。工业生产中嵌入芯片级量子计量基标准，将能更准确地控制产品制造全过程，有力支撑流程再造、节能减排和质量提升等。

计量溯源方式持续革新。一是计量溯源的扁平化，量子－常数计量基准与信息技术相结合，使量值溯源链条更短、速度更快、测量结果更准更稳，将改变过去依靠实物基准逐级传递的计量模式，实现最佳的测量，提升产品质量及工业竞争力。二是从传统的实验室条件溯源转向在线实时校准，从过去终端产品的单点校准或测试转向研发设计、采购、生产、交付及应用全生命周期的计量技术服务。

计量学不断拓展新领域，形成新的分支学科。随着国民经济对计量需求的牵引，计量学在原有专业计量的基础上，形成了新的分支及以"跨学科、多参量"为特点的领域计量。比如关系大众健康的医学计量、关注环境检测、温室气体排放和碳交易的环境计量、关注节能减排的能源计量等。生命科学的发展促进了生物计量分支的形成与壮大，生物计量以生物测量理论、测量标准、计量标准与生物测量技术为主体，实现生物物质的特性量值在国家和国际范围内的准确一致及溯源到国际单位（SI）或国际公认单位，服务于医疗卫生、司法、农业、食品、医药、海洋等领域。

计量科学仪器仪表迎来重大发展机遇。我国传统仪器仪表产业虽有万亿规模，但与国际先进水平相比仍然相当落后。计量测试体系是仪器仪表研发最重要的基础之一。以"随处复现 SI 单位定义、无处不在的最佳测量"为显著特征的未来量子化测量、传感技术，将有力促进我国仪器仪表产业的自主研发，形成全新的产业和业态。

参考文献

［1］ Consultative Committee for Thermometry（CCT of BIPM）. Mise en pratique for the definition of the kelvin in the SI，Appendix 2 of The International System of Units（SI Brochure）（9th edition，2019）［EB/OL］. https：//www. bipm.org/en/publications/si-brochure.

［2］ 段宇宁. 计量新趋势［J］. 中国计量，2013（2）：5-7.

［3］ 段宇宁，吴金杰. 国际计量委员会委员段宇宁谈国际单位制的重新定义［J］. 中国计量，2018（5）：12-15.

［4］ 段宇宁，刘旭红. 漫谈国际单位制变革［J］. 计量技术，2019（5）：3-7.

［5］ 房芳，张爱敏，李天初. 时间：从天文时到原子秒［J］. 计量技术，2019（5）：7-10.

［6］ 薛梓，倪育才，钱进. 长度单位——米的演进［J］. 中国计量，2018（6）：28-29.

［7］ 李正坤，白洋，许金鑫，等. 中国计量院在千克重新定义方面的工作和贡献［J］. 计量技术，2019（5）：28-33.

［8］ 任同祥，王军，李红梅. 摩尔的重新定义［J］. 化学教育（中英文），2019，40（12）：19-23.

［9］ 屈继峰，张金源. 温度单位——开尔文的重新定义［J］. 中国计量，2018（12）：17-19.

［10］ 刘慧，林延东，甘海勇，等. 从烛光到坎德拉——发光强度单位的演变［J］. 计量技术，2019（5）：68-71.

［11］ 原遵东. 基于自然常数的国际单位制重新定义［J］. 中国科技语，2019，21（3）：28-31.

［12］ 高蔚，蔡娟. 国际计量体系及 SI 重新定义后的新格局［J］. 计量技术，2019（5）：72–79.

［13］ D B Newell, F Cabiati, J Fischer, et al. The CODATA 2017 values of h, e, k, and N_A for the revision of the SI［J］. Metrologia, 2018, 55: L13–L16.

［14］ H Lin, X J Feng, K A Gillis, et al. Improved determination of the Boltzmann constant using a single, fixed–length cylindrical cavity［J］. Metrologia, 2013, 50: 417–432.

［15］ Xiaojuan Feng, Keith A Gillis, Michael R Moldover, et al. Microwave–cavity measurements for gas thermometry up to the copper point［J］. Metrologia, 2013, 50: 219–226.

［16］ Jifeng Qu, Samuel P Benz, Alessio Pollarolo, et al. Improved electronic measurement of the Boltzmann constant by Johnson noise thermometry［J］. Metrologia, 2015, 52: S242–S256.

［17］ X J Feng, J T Zhang, H Lin, et al. Determination of the Boltzmann constant with cylindrical acoustic gas thermometry: New and previous results combined［J］. Metrologia, 2017, 54: 748–762.

［18］ 中国计量科学研究院. 中国计量科学研究院 2018 年科技年报［R］. 2019.

［19］ 中国计量科学研究院. 中国计量科学研究院 2017 年科技年报［R］. 2018.

［20］ Jifeng Qu, Samuel P Benz, Kevin Coakley, et al. An improved electronic determination of the Boltzmann constant by Johnson noise thermometry［J］. Metrologia, 2017, 54: 549–558.

［21］ Peter J Mohr, D. B. Newell, B. N. Taylor, et al. CODATA recommended values of the fundamental physical constants: 2014［J］.Reviews of Modern Physics, 2016, 88（3）: 035009.

［22］ Yamada Y, Sakate H, Sakuma F, et al. High–temperature fixed points in the range 1150℃ to 2500℃ using metal–carbon eutectics［J］. Metrologia, 2001, 38（3）: 213–219.

［23］ Dong W, Machin G, Bloembergen P, et al. Investigation of ternary and quaternary high–temperature fixed–point cells, based on platinum‐carbon–X, as blind comparison artefacts［J］. Measurement Science and Technology, 2016, 27（11）: 115010.

［24］ SI Brochure_9th edition（2019）_Appendix 2, Mise en pratique for the definition of the metre in the SI, CCL, 2019.［EB/OL］. https://www.bipm.org/en/publications/si-brochure.

［25］ Iwakuni K, Okubo S, Tadanaga O, et al. Generation of a frequency comb spanning more than 36 octaves from ultraviolet to mid infrared［J］. Optics Letters, 2016, 41（17）: 3980.

［26］ Yamada Y, Anhalt K, Battuello M, et al. Evaluation and Selection of High–Temperature Fixed–Point Cells for Thermodynamic Temperature Assignment［J］. International Journal of Thermophysics, 2015, 36（8）: 1834–1847.

［27］ Dong W, Lowe D H, Lu X, et al. Bilateral ITS–90 comparison at WC–C peritectic fixed point between NIM and NPL［C］// AIP. Conference Proceedings. California, USA, 2013: 786–790.

［28］ Sun Jianping, Rudtsch Steffen, Niu Yalu, etc. Effect of Impurities on the Freezing Point of Zinc［J］. Int J Thermphys, 2017, 38（3）: 38.

［29］ 卢小丰，原遵东，王景辉，等. 以"固定点‐高温计"方式传递 961.78℃以上国际温标［J］，计量学报，2014, 35（3）: 193–197.

［30］ X Lu, Z Yuan, J Wang, et al. Calibration of Pyrometers by Using Extrapolation and Interpolation Methods at NIM［J］. Int J Thermphys, 2018, 39（1）: 12.

［31］ Xiaopeng Hao, Helen McEvoy, Graham Machin, et al. A comparison of the In, Sn, Zn and Al fixed points by radiation thermometry between NIM and NPL and verification of the NPL blackbody reference sources from 156 ℃ to 1000 ℃［J］. Measurement Science and Technology, 2013, 24（7）: 075004.

［32］ X.P. Hao, J. Song, M. Xu, et al. Vacuum Radiance–Temperature Standard Facility for Infrared Remote Sensing at NIM［J］. Int J Thermphys, 2018, 39（6）: 78.

［33］ Huang Y, Guan H, Liu P, et al. Frequency Comparison of Two 40Ca Optical Clocks with an Uncertainty at the

10^{-17} Level [J]. Physical Review Letters, 2016, 116 (1): 013001.

[34] Gao Q, Zhou M, Han C, et al. Systematic evaluation of a 171 Yb optical clock by synchronous comparison between two lattice systems [J]. Scientific Reports, 2018, 8 (1): 8022.

[35] Levine, Judah. Invited Review Article: The statistical modeling of atomic clocks and the design of time scales [J]. Review of Scientific Instruments, 2012, 83 (2): 021101.

[36] Zhang A, Liang K, Yang Z, et al. Research on Time Keeping at NIM [J]. Mapan, 2012, 27 (1): 55-61.

[37] Kun L, Felicitas A, Gerard P, et al. Evaluation of BeiDou time transfer over multiple inter-continental baselines towards UTC contribution [J]. Metrologia, 2018, 55 (4): 513-525.

[38] Koppang P A. State space control of frequency standards [J]. Metrologia, 2016, 53: R60 - R64.

[39] Jefferts S. R., Shirley J., Parker T. E., et al. Accuracy evaluation of NIST-F1 [J]. Metrologia, 2002, 39 (4): 321-336.

[40] 叶孝佑, 高宏堂, 孙双花, 等. 2m 激光干涉测长基准装置 [J]. 计量学报, 2012, 33 (3): 193-197.

[41] 李建双. 室内 80m 大长度激光比长国家标准装置的研制 [D]. 天津: 天津大学, 2017.

[42] Ren Xiaoping, Wang Jian, Zhong Ruilin. 50 kg high capacity mass comparator and its performance test [J]. Journal of Chemical and Pharmaceutical Research, 2014, 6 (6): 1460-1466.

[43] Jian Wang, Peter Fuchs, Stefan Russi. Uncertainty evaluation for a system of weighing equations for the determination of microgram weights [J]. IEEE Transactions on Instrumentation and Measurement, 2015, 64 (8): 2272-2279.

[44] Yang P, Xing G, He L. Calibration of high-frequency hydrophone up to 40 MHz by heterodyne interferometer [J]. Ultrasonics, 2014; 54 (1): 402-407.

[45] Claus Elberling, Lau Crone Esmann. Calibration of brief stimuli for the recording of evoked responses from the human auditory pathway [J]. Journal of Acoustical Society of America, 2017, 141 (1): 466-474.

[46] Li Zhang, Xiaomei Chen, Bo Zhong, et al. Objective evaluation system for noise reduction performance of hearing aids [C] // IEEE. 2015 IEEE International Conference on Mechatronics and Automation (ICMA). 2015.

[47] 罗志勇, 王金涛, 刘翔, 等. 阿伏伽德罗常数测量与千克重新定义 [J]. 计量学报. 2018, 39 (3): 377-380.

[48] M. Wang, H. H. Li, Y Yang, et al. Research on Differential Sampling with a Josephson Voltage Standard [C] // CPEM. Conference on Precision Electromagnetic Measurements Digest. 2016: 499-500.

[49] 钟青, 王雪深, 李劲劲, 等. 1kΩ 量子霍尔阵列电阻标准器件研制 [J]. 物理学报, 2016, 65 (22): 227301.

[50] Yang Y, Cheng G, Mende P, et al. Epitaxial graphene homogeneity and quantum Hall effect in millimeter-scale devices [J]. Carbon. 2017, 115: 229-236.

[51] Zhengkun Li, Zhonghua Zhang, Yunfeng Lu, et al. The first determination of the Planck constant with the joule balance NIM-2 [J]. Metrologia, 2017, 54 (5): 763-774.

[52] Wang Jiafu, Shao Haiming, He Qing, et al. Measurement Analysis on Electric Power Parameters in Electrified Railway Traction Substations. [C] //CPEM 2018. Paris, France, 2018.

[53] Jiqing Fu, He Wang, Xiang Peng, et al. A Laser-Pumped Cs-4He Magnetometer for Metrology [C] // CPEM. 2018 Conference on Precision Electromagnetic Measurements. Paris, France. 2018.

[54] Rüfenacht A, Howe L A, Fox A E, et al. Cryocooled 10V Programmable Josephson Voltage Standard [J]. IEEE Transactions on Instrumentation and Measurement, 2015, 64 (6): 1477-1482.

[55] Deng Y Q, Sun Q, Yu J, et al. Broadband high-absorbance coating for terahertz radiometry [J]. Optics Express, 2013, 21 (5): 5737-5742.

[56] Deng Y Q, Sun Q, Yu J. On-line calibration for linear time-base error correction of terahertz spectrometers with

echo pulses [J]. Metrologia, 2014, 51（1）: 18-24.

[57] Liu Zi-Long, Sun Li-Qun, Guo Yin, et al. The calibration research of DOAS base on spectral optical density. Spectroscopy and Spectral Analysis, 2017.4, 37（4）: 1302-1306.

[58] 刘慧, 刘建, 赵伟强, 等. 一种基于 LED 灯丝灯的标准灯的研制 [J]. 照明工程学报, 2017, 28（2）: 13-16.

[59] Tomlin N A, White M, Vayshenker I, et al. Planar electrical-substitution carbon nanotube cryogenic radiometer [J]. Metrologia, 2015, 52（2）: 376-383.

[60] Debbie Van Der Merwe, Jacob Van Dyk, Bredan Healy, et al. Accuracy requirements and uncertainties in radiotherapy: a report of the International Atomic Energy Agency [J]. Acta oncologica, 2017, 56（1）: 1-6.

[61] Carlino A, Palmans H, Kragl G, et al. PO-0806: Dosimetric end-to-end test procedures using alanine dosimetry in scanned proton beam therapy [J]. Radiotherapy and Oncology, 2017, 123: S430.

[62] REN T, WANG J, ZHOU T, et al, Measurement of the molar mass of the ^{28}Si-enriched silicon crystal（AVO28）with HR-ICP-MS [J]. J. Anal. At. Spectrom., 2015, 30: 2449-2458.

[63] Panshu Song, Jun Wang, Tongxiang Ren, et al., Accurate determination of the absolute isotopic composition and atomic weight of molybdenum by multiple collector inductively coupled plasma mass spectrometry with a fully calibrated strategy [J]. Analytical Chemistry, 2017, 89（17）: 9031-9038.

[64] Gao F, Zhang Q, Li X, et al. Comparison of standard addition and conventional isotope dilution mass spectrometry for the quantification of endogenous progesterone in milk [J]. Accreditation and Quality Assurance, 2016, 21（6）: 395-401.

[65] Li X Q, Yang Z, Zhang Q H, et al. Evaluation of matrix effect in isotope dilution mass spectrometry based on quantitative analysis of chloramphenicol residues in milk powder [J]. Analytica Chimica Acta, 2014, 807: 75-83.

[66] Gao Y, Li X, Li X, et al. Simultaneous determination of 21 trace perfluoroalkyl substances in fish by isotope dilution ultrahigh performance liquid chromatography tandem mass spectrometry [J]. Journal of Chromatography B, 2018, 1084: 45-52.

[67] Liandi M A, Bing W U, Ortiz-Aparicio J L, et al. CCQM-K34.2016: assay of potassium hydrogen phthalate [J]. Metrologia, 2019, 56（1A）: 08004-08004.

[68] Dong L, Zang C, Wang J, et al. Lambda genomic DNA quantification using ultrasonic treatment followed by liquid chromatography-isotope dilution mass spectrometry [J]. Analytical and Bioanalytical Chemistry, 2012, 402: 2079-2088.

[69] Dong L H, Meng Y, Sui Z W, et al. Comparison of four digital PCR platforms for accurate quantification of DNA copy number of a certified plasmid DNA reference material [J]. scientific reports, 2015, （5）: 13174-13185.

[70] Yoo Hee-Bong, Oh Donggeun, Song Jae Yong, et al. A candidate reference method for quantification of low concentrations of plasmid DNA by exhaustive counting of single DNA molecules in a flow stream [J]. Metrologia, 2014, 51（5）: 491-502.

[71] Lim Hyuk-Min, Yoo Hee-Bong, Hong Nan-Sook, et al. Count-based quantitation of trace level macro-DNA molecules [J]. Metrologia, 2009, 46（3）: 375-387.

[72] Liu Y Y, Wang J. Comparation of Commercial Red Blood Cell Lysis Agents for Preparation and Absolute Quantification of Leukocytes by Flow Cytometry [J]. BASIC & CLINICAL PHARMACOLOGY & TOXICOLOGY, 2018, 122: 67.

[73] 刘文丽. 医学计量体系框架 [M]. 北京: 中国质检出版社, 2015.

[74] Xiang Ding, Wenli Liu, Jiyan Zhang, et al. A method and system to simulate human electrophysiological activity [J]. Technology and Health Care, 2017, 25（S1）: S167-S175.

［75］ Xiang Ding, Fei Li, Jiangchao Li, et al. Approach to Enhance Raman Shift Accuracy Based on A Real-time
Comparative Measurement Method［J］. Journal of Applied Spectroscopy, 2018, 85（5）: 796-802.

［76］ Yao Hu, Shihang Fu, Xiang Ding, et al. Analysis of point source size on measurement accuracy of lateral Point-
Spread Function of Confocal Raman Microscopy［C］// Society of Photo-optical Instrumentation Engineers. Society
of Photo-Optical Instrumentation Engineers（SPIE）Conference Series, 2018.

撰稿人: 段宇宁 吴金杰 车薇娜 高 蔚 蔡 娟

专题报告

几何量计量研究进展

一、引言

几何量计量科学习惯被称为长度计量，是计量科学的分支，研究内容包括空间尺度和角度的量与单位及其测量方法，涵盖了光波波长、量块、线纹、二维尺度、三维坐标、平面角、空间角及相关测量仪器检定/校准等方面。其研究的基本出发点包括国际单位制（SI）七个基本单位之一描述长度的"米"以及描述角度的"度"。

根据 JJF 1001—2011 通用计量术语及定义[1]，以及 JJG 1010—1987 长度计量名词术语及定义[2]，将长度计量器具分为（实物）量具和测量仪器。其中，（实物）量具（material measure）是以固定形式复现量值的计量器具，其特点是没有指示器，没有传动机构或传感器；测量仪器（measuring instrument）是单独地或连同辅助设备一起用以进行测量的器具，可以将被测量转换成可直接观测的指示值或等效信息的计量器具，其特点是有传动、传感及指示器。为结合实际应用中的类别划分，本专题报告分波长基准、端度（量块）与线纹、坐标计量、大长度、角度和量具量仪六部分阐述本领域研究的进展。

（一）波长基准

长度量子基准是依据原子或分子的量子态，通过探测它们的光谱特性，实现激光波长或者频率稳定的激光系统。它是国际计量委员会（CIPM）推荐的复现"米"定义的方式，是长度几何量值溯源的源头。[3]它的不确定度水平是目前除时间频率基准之外最高的。

长度量子基准的研制起始于稳频激光系统，它直接推动了1983年新"米"定义的实施，进而开启了基于常数定义 SI 基本单位的先河。CIPM 先后推荐了数十条复现"米"定义的激光谱线，覆盖了可见光波段、近红外波段及中红外波段，这些激光谱线不仅作为量子化的波长基准保证了几何量值传递的准确性，更为精密激光光谱学的研究提供了准确的波长参考。

二十一世纪初,叶飞秒光学频率梳直接建立了激光波长测量与时间频率基准之间的联系,极大地提升了激光波长的测量准确度和范围,也为激光波长基准的研究提供了全新的技术路径。[4]

（二）端度（量块）与线纹

端度与线纹计量是长度计量基础之一,1983年新的米定义之前,长度的基本单位"米"是通过米原器以实物的方式定义的,1889年第一届国际计量大会把"米"定义为保存在国际计量局的一支铂铱合金米尺的两刻线间的距离。直到1983年第十七届国际计量大会重新"米"的定义:"米是平面光波在真空中1/299792458秒时间间隔内所走过的距离"。[5, 6]虽然当今"米"的定义已经由过去的实物基准变为以常数确定的自然基准,但作为长度量值传递的重要途径之一,各种不同精度等级的线纹尺仍然在长度计量及工业、科研技术领中广泛应用。线纹计量主要是解决实物标准器线纹划分几何参数的计量。针对不同的类型的几何参量和精度等级,线纹计量技术领域建立相应的测量标准装置,解决了从高精度线纹尺到普通精度的线纹尺的多种测量器具的量值传递问题。不同精度的线纹计量器具在人们日常生活、工业生产和科学技术领域里的有着广泛应用。

线纹计量技术所涉及的线纹实物计量器具主要包括高等级标准线纹尺、各类栅尺、微细刻线尺、显微标尺、测微尺、光学分度尺、基线尺、标准钢卷尺、钢卷尺、钢直尺、套管尺、直径测量专用π尺等。随着科学技术的进步,线纹计量器具不断向高精度、多元化方向发展,高等级标准线纹尺的刻线宽度不再局限于4~10μm左右的细线,0.5mm及以上较宽刻线的高精度刻线尺也得到广泛应用。线纹尺的线纹结构也不再是单一的直线条,圆形、环形等形状的线纹也相继出现,线纹计量从一维线间距的线纹计量向二维网格间距、坐标计量发展。相应的线纹尺校准时所需的刻线瞄准方式也朝着多元化的方向发展,如光电显微镜自动对准、读数显微镜对准、CCD图像处理对准等多种对准方式。[7]线纹计量所服务的领域也不仅是机械加工制造业领域,并在向多个工业技术领域拓展,如服务于电子信息工业、生物医药领域等。

（三）坐标计量

坐标测量技术是根据解析几何原理,利用物体表面的空间结构提取被测物几何参数,获得被测量物体表面的参数。坐标测量技术是精密机械和计算机技术结合的产物,是几何量计量技术的发展趋势。

传统的测量仪器通过巧妙的机械设计,使测量探头(简称:测头)与被测表面的相对运动符合相应的理论曲线,测头相对被测表面运动时,测头的变化即为被测表面的误差。

产生复杂的曲线,对机械设计和机械加工都是复杂的高技术。生成的曲线要达到高精度是非常不容易的,尤其是希望制造一个参数可变的通用测量仪器时。

坐标测量技术是按照坐标系设计仪器，测头相对于被测件的运动中，任何位置都有一个三维坐标相对应。因此当测头探测被测件表面后，会获得被测件表面的坐标点集，可以计算获得关于被测件表面的几何要素的尺寸、形状和位置信息。

坐标测量技术对于复杂的被测对象而言更加具有优势。螺纹参量计量技术是坐标测量技术的一个典型应用。

（四）大长度计量

大长度计量是测量范围由几米到几十米甚至上百米的一维到三维几何量计量技术的统称，主要包括：室内大长度计量技术和野外大长度计量技术。随着激光测量技术、仪器仪表技术、自动化控制技术的发展，大长度计量朝着距离更大、精度更高、适用范围越广的方向发展，为测绘技术、装备制造、计量检测、科学研究提供量值传递和溯源技术保障。

（五）角度计量

角度是重要的基础计量参量，在制造业、交通运输业、建筑工程业、航空、航天、航海等国家基础、战略领域均发挥关键作用，其测量可靠性直接影响工业产品质量、交通运输安全、能效及建筑结构安全，对国民经济、人民生命财产安全意义重大。角度计量是保障角度测量可靠性的核心环节。各国国家计量院均将角度计量作为基础必备项目。角度计量能力的高低反映了一个国家的基础实力。

近五年来，角度计量的发展，在校准与测量能力方面，国际领先的角度计量基/标准装置已完成了从间断、离散测量向（0~360）°全圆连续测量发展；目前已经起步从平面角、静态测量向空间角、动态测量发展；在测量原理方面，复现角度 SI 单位——弧度（rad）的方法正在从机械式测量向量子化测量发展；在应用领域方面，角度计量的应用已经超出机械加工等传统行业，向民用无人驾驶、智能制造、小卫星、高端医疗仪器、地理信息监测等新兴产业发展。

（六）量仪与量具

量具按结构命名可以分为尺、表、量规等类别，量仪按结构命名可以分为仪、计、镜、头、台、机、中心等类别。作为测量技术的"眼睛"，量具量仪在各行各业中都有广泛的应用。量具量仪的特点在于：①测量方式的多样化，包括激光扫描和光学影像等非接触测量技术；②测量精度质的提高，由传统毫米级、微米级向纳米级迈进；③高效率检测，有利于全自动大批量生产和检测；④测量范围的多样性，同一仪器可以同时完成长度、角度和圆度等多参数的检测任务。

齿轮计量是长度计量领域的复杂多参量计量，研究齿轮六大几何要素偏差的准确溯源和量传。由于我国是齿轮工业大国，齿轮量值的计量研究在保证齿轮产品质量、维护国际

齿轮行业贸易公平、促进检测技术发展等方面发挥着重要的作用。

二、我国几何量计量的最新研究进展

（一）波长基准

光学频率梳建立了光学频率和微波频率间的相干联系。准确测定激光波长方面，已经实现了对 633nm 碘稳频 He-Ne 激光准确溯源标定。深入研究了基于光梳拍频测量的激光波长测量技术，切实解决了弱功率激光与光学频率梳拍频信噪比低、测量结果不可靠等激光波长基准准确定值的关键问题，建立了激光波长基准与时间频率基准的直接联系，实现了复现"米"定义的新技术路径。

近红外激光波长标准方面，首次在国内研制成功了 $1.5\mu m$ 近红外稳频激光系统。激光波长不确定度达到 2.3×10^{-11}，优于国际推荐值。先后攻克了低气压高纯乙炔分子吸收室研制、高灵敏度分子饱和吸收光谱探测、超低噪声频率反馈系统研制等难题，采用独特的单次泵浦与探测方法，获取了超高信噪比的光谱探测信号，利用光学频率梳准确测定了分子的消多普勒振转能级。此项研究为后续研制高稳定度、高集成度的近红外激光参考源，实现波长量子基准的扁平化量值传递。[8]

小型化 633 碘稳频激光研究方面，重点研究了小型化碘稳频激光的环境适应性以及锁定可靠性，通过优化激光谐振腔结构以及热控制，实现了小型化 633 碘稳频激光在非实验室环境下的长期稳定运行，基本实现了激光波长现场校准能力，并为量值传递扁平化提供了切实可行的技术途径。[9]

稳频激光技术的应用方面，重点推动了高稳定激光在超精密干涉测量以及重力仪等高端科学仪器中的应用。在参与研制的计算电容装置中，采用了激光锁定干涉仪对电极位移进行了高准确度测量，不确定度达到 5.0×10^{-9}。该套装置于 2017 年参加 BIPM 举行的国际比对，整体比对结果达到世界领先水平。[10] 研制的高稳定激光已经成功应用于国内多家重力仪研制单位中，并在国外进口重力仪中实现了国产激光源的替代，为后续重力仪器的研发奠定了坚实的基础。

（二）端度（量块）与线纹

1. 端度（量块）

随着我国制造业的大力发展，特别是高端制造的发展，对端度计量的高精度需求也与日俱增。中国计量科学研究院在端度计量方面，主要是量块的测量水平、研究内容、国际校准检测能力建设、国际比对结果、检测服务都是先进水平等方面，均可以满足产业发展及为国内外客户提供优质服务的需要。

针对国际端度计量的热点，研制成功了"双端干涉测量技术研究及新一代端度标准装置"，不仅可满足500mm范围内量块的非研合干涉测量，还为量块长度的定义修订做好了必要准备。

2.线纹

我国激光比长仪线纹工作基准装置能力已经达到国际先进水平，满足了线纹尺、光栅尺、显微标尺、激光干涉仪等高精度测量和溯源需求，为国家高端装备制造精密测量提供有力的技术支撑。

为满足一维长度计量器具的高精度、多元化的发展趋势，解决先进制造业及高新技术产业的标准器具校准、溯源及特殊测量需求，在中国计量院昌平院区建立了2m激光干涉比长仪装置，攻克了激光干涉测长、刻线瞄准等技术难关，解决了光栅微密线纹的特种测量功能拓展应用，实现了 $U=(20+40L)$ nm（$k=2$，L—m）的线纹尺高精度测量。[11, 12]该装置的建立提升了我国线纹量值传递溯源体系，将提高我国长度计量器具及相关高端应用产品的竞争力，为国家高精尖装备制造需要的高精度长度测量提供支撑。见图1。

图1 线纹工作基准装置——2m激光干涉比长仪

为解决先进制造业的高精度掩膜测量和溯源问题，满足解决应用量大、应用面广的影像测量仪、显微镜、投影仪等的量值统一及校准溯源需求，中国计量科学研究院自主研发了国内首台可溯源的新型高精度激光两坐标计量标准装置[13-15]，测量范围300mm×300mm，二维网格坐标测量不确定度最高达到0.1μm（$k=2$），该装置填补了国内二维线纹标准的空白，其技术水平达到国际先进水平，获得国际校准测量能力CMC互认。以该装置为基础，建立了二维线纹工作基准，通过"标准装置建立加实物标准器量值传递加校准规范制定"的模式，选择广东、浙江等有代表性的地区计量机构和重点企业，由点带面地将准确有效的二维线纹量值覆盖全国。项目成果已直接或间接应用在清溢、长虹、京东方等光掩膜及平板显示器制造企业，摆脱了国内二维线纹量值溯源长期对国外的依赖，促进了国内品牌产品竞争力提升，为国家先进制造业的发展提供了强有力的技术支

撑和保障。此外，将项目部分关键技术进行成果转化，服务国防航天，为航天五○二所研制了高精度码盘检测仪，解决了太阳能电池定向等测量问题。

（三）坐标计量

针对坐标测量，有一批国内企业在国家的支持下坚持发展自己的技术，例如国家重大科学仪器设备开发专项"复合式高精度坐标测量仪器开发和应用"项目[16]，研制一种亚微米级精度的复合式坐标测量机，见图 2。该仪器集成接触式测头、影像测头和光谱共焦测头，充分利用每种测头各自的优势，实现复杂工件的快速高精度测量。项目研究了高精度复合式坐标测量机测量精度影响因素的处理方法，完成了测量机的机械结构设计，进行了几何误差和热误差补偿，对测量机三种测头进行了独立标定及融合标定。精度验证测试结果表明，所研制的复合式坐标测量机测量精度可达到亚微米级水平。

在该项目成果的基础上，在全国产品几何技术规范标准化技术委员会的组织下，起草了国家标准 GB/T 16857 系列标准的第 9a 部分：《产品几何技术规范（GPS）坐标测量机的验收检测和复检检测第 9a 部分配置多影像测头的坐标测量机》（草案）。这是该系列国家标准中唯一由中国技术专家自主起草的国家标准。

我国坐标测量机技术始终落后于国际坐标测量机技术的发展。主要表现在产品精度处于中等，关键零部件、控制系统和测量软件均为进口。在部分国内企业发展到一定程度，对国外大公司的产品线构成竞争威胁时，就会被国外公司收购，作为低端产品继续进行市场垄断或甚至直接停产该产品。但是我国的相关研究还是不断在进行。

作为庞大的坐标测量机市场，应用过程中形成一些研究成果，发表文章介绍了其使用坐标测量机在检测路径规划、叶片轮廓测量、大型三维形貌测量等方面的应用成果。在国内坐标测量技术应用的基础上，起草了《产品几何技术规范（GPS）基于数字化模型的测量通用要求》国家标准（草案）。

图 2　复合式高精度坐标测量仪器

量值溯源方面，在坐标测量机误差测量、运动误差建模[17]和微纳坐标测量机校准[18]、坐标测量系统的误差分析和不确定度评定[19]等领域，也有不错的研究成果。

在坐标测量机制造技术方面的研究成果包括：

硬件方面，控制系统和新型测头[20]均有研究，而为了构建测量系统进行的误差计算[21]、测量原理[22]、数据处理方法和系统标定方法[23]均会推动坐标测量机制造水平的提升。

特别是在关节臂坐标测量机的相关研究方面，研究内容比较细致、均衡。系统建模静力结构误差分析、关节部位的测角元件、热变形误差补偿等均有涉及[24]。

中国计量科学研究院在多年科研和向国内用户开展量值传递服务的基础上，2017年在国家质量基础的共性技术研究与应用项目中，开始了"三维测量设备的在线校准技术及溯源体系研究"课题。计划于2020年完成。

螺纹参量的测量，国际上普遍认可的方法是用接触法测量螺纹单一中径，并结合其他测量方法获得的参数，修正计算螺纹中径的方法。中国计量科学研究院率先利用坐标测量机对石油螺纹开展了全参量测量，解决了一机完成全参数测量的问题。

二十一世纪初，国际上利用坐标测量技术开发了利用扫描获得的螺纹轮廓线上的点坐标计算螺纹参数的设备，解决了小螺纹的全参数测量问题。深圳市中图仪器股份有限公司也开始生产该仪器，解决了国内计量技术机构和企业螺纹量规溯源问题。中国计量科学研究院开展了螺纹量规扫描仪溯源技术研究，为该技术的应用和溯源提供了支撑。

（四）大长度计量

1. 野外基线计量技术

野外基线是指利用高度稳定、能够提供标准长度量值的标志点（基线点）、相对集中的基线点组成基线场或基线网。作为计量设施，野外基线是光电测距仪、全站仪、GNSS接收机等野外测绘仪器量值溯源必不可少的环节。野外测绘仪器广泛应用于航天航空、武器制导、地震监测等军事和民用领域，应用面广、数量大、环境条件跨度大，必须定期校准确保其量值准确可靠。

野外基线量值溯源的主要方法有基线尺丈量法[25]、维塞拉白光干涉测量法[26]、全球导航卫星系统（GNSS）测量法[27]及光电测距法[28-30]等。这几种方法在测量野外基线时，均需考虑野外环境参数对测量结果的影响。24m因瓦基线尺在测量过程中，受到温度及风扰动的影响。维塞拉白光干涉测量法采用光学倍乘原理进行干涉测量，对环境要求极为严格，环境参数变化会影响大气抖动，导致干涉条纹不易观察，同时导致空气折射率变化，影响测量结果。光电测距法相比于因瓦基线尺测量法及维塞拉白光干涉测量法具有操作简单、适用范围广的优点，但是同样需要测量空气折射率，进行折射率修正。

野外基线计量技术研究主要集中在基线环境自动系统和光电测距、光频梳测距等绝对测距方法。中国计量院在昌平 1176m 基线研制了环境参数自动测量系统[31]。该系统位于中国计量科学研究院昌平院区野外基线沿线，包括六十个温度量传感器、三个气压传感器以及十三个湿度传感器。温度测量不确定度 0.01K，气压测量不确定度 0.07hPa，湿度测量不确定度 1.5%RH，空气折射率测量不确定度优于 $3 \times 10^{-7}L$ [32]。野外基线的量值溯源研究采用 μ–base 高精度绝对测距仪进行，通过在"室内 80m 长度标准装置"进行校准，可知使用角锥棱镜（RRR1.5″）时，在 160m 的范围内的测距精度优于 $\pm 10 \mu m$，示值误差小于 $\pm 20 \mu m$。设计了野外基线溯源系统的设站方法，提出了采用两台 μ–base 进行相互验证、环境参数实时自动修正野外基线溯源的新方法，根据实验结果得到，采用该套系统测量野外基线的扩展不确定度优于 $0.2mm+0.4 \times 10^{-6}L$（$k=2$）。

中国计量院与天津大学开展了电光调制光频梳野外基线测距实验研究[33]。通过对具有窄线宽的连续激光进行相位调制来得到频率梳对，利用信号发生器将略微不同的重复频率与 Rb 时钟同步，可以通过多波长外差干涉测量法生成 RF 电梳，因此可以获得一系列合成波长，将其相位用于确定距离。在昌平基线进行的绝对距离测量实验结果表明，测量不确定度约 $300 \mu m$。这项研究提高了野外大长度绝对测量的水平，为测绘、导航、航空、大地监测等领域的应用提供了保障。

2. 大尺寸坐标计量技术

大尺寸坐标计量技术经过了多年的发展，在很多的大尺寸测量场合得到广泛的应用。坐标测量系统的种类也越来越多，有基于单一测量设备和基于多台设备组网进行测量的两种方式。常用的测量系统有三坐标测量机、视觉坐标测量系统、双经纬仪交汇测量方法、室内 GPS（iGPS）测量系统、工作空间测量定位系统（wMPS）、激光跟踪仪测量系统和多边法测量系统等。大尺寸坐标计量技术的研究主要集中在测量精度相对较高的室内 GPS 系统 /wMPS 系统、激光跟踪测量系统和多边法测量系统。中国计量院自 2009 年开展大尺寸坐标测量系统的计量溯源技术研究；2014 年建立室内 80m 大长度标准装置，提出一种基于三路独立激光干涉仪的阿贝误差修正方法，长距离的折射率修正方法，装置技术指标处于国际先进、国内领先水平。[34]

2010 年天津大学针对工业现场大尺寸三维坐标测量的需求，研究基于光电扫描坐标测量系统，在大尺寸测量范围内，搭建多站测量网络对三维坐标进行测量，在大尺寸空间内坐标测量最大误差为 0.172mm；[35] 2018 年天津大学采用多台 wMPS 组网对坐标进行测量，对于由测量原理引起的动态误差，提出了一种误差减小的差值方法，在 8m × 8m 的测量区域中，姿态测量的最大误差为 0.044°，坐标测量误差为 0.24mm。[36]

激光跟踪测量技术集成了激光干涉测距技术、光电检测技术、自动化控制技术等先进测量技术，目前商品化仪器激光跟踪仪已经广泛应用于多个工业测量领域，可以实现大尺寸空间内运动目标动态跟踪测量，实时显示出被测目标的三维坐标姿态。激光跟踪仪测距采用激光干涉的方法，测量精度较高，且高效、动态跟踪性能好、操作简单，适合大尺寸工件尺寸测量和装配。[37] 2018 年中国科学院光电研究院研究了由控制死区引起的电压损失并设计了相应的在线死区补偿算法，提高了电机的控制性能，从而保障了激光跟踪仪的测量精度及跟踪性能。2019 年中国科学院光电研究院基于光学系统对跟踪探测的影响，提出了一种基于胶合透镜减小跟踪偏移量的方法，实现了对飞秒激光跟踪仪跟踪光路的优化；基于优化的光学系统设计，搭建实验系统进行了探测实验。实验结果表明，补偿后的跟踪探测精度可达 3μm。

多边法测量系统主要是利用多台激光跟踪干涉仪组网，对物体坐标姿态进行测量，是一种纯距离交汇的测量方法，由于多边法不涉及角度量信息，有很高的理论测量精度。[38] 2014 年，合肥工业大学对多边法三维坐标测量中的自标定精度进行研究，目标点的布局方式、个数和测量基站布局都会对系统自标定的精度产生影响。[39] 2016 年中国计量院研制的坐标测量系统在 1.4m×3.7m×1.3m 的测量范围内，坐标测量误差优于 8.9μm。[40] 2017 年中国计量科学研究院基于激光多边法建立了大尺寸位姿测量装置，提出了装置系统参数的自标定算法。在 5m×3m×2m 的范围内，最大误差 23μm，特征平面角度的最大误差 3″，达到国内领先水平。

（五）角度计量

1. 角度基准装置测量能力提升

中国计量科学研究院于 2007 年和 2014 年分别参加了多面棱体、角度块和自准直仪国际比对，取得了多面棱体面角（face angle）、角度块内角（included angle）、和自准直仪示值角（indicated angle）三项校准测量能力（CMC）的国际等效的结果。其中自准直仪比对为国际上首次采用仪器作为比对样品的角度关键量比对。主导实验室为德国国家计量科学研究院（PTB）。中国计量科学研究院应用新升级的激光小角度基准装置，参照宽测量范围和高分辨力的规程，参加此次比对。比对结果验证了我国激光小角度基准装置具备在 −1000″ ~+1000″ 测量范围内，0.1″ 精细测量步长下，测量不确定度 $U=0.07″$（$k=2$）的自准直仪校准能力，测量能力与德国、日本相应计量装置同属第一梯队。[41-44]

中国计量院于 2016 年研制成功了全圆连续角度基准装置，将任意角位置校准能力从 0.2″ 提升至 0.05″，提出了全圆连续角度校准状态下，复合周期函数补偿技术，研究成果在国际学术期刊《测量科学与技术》（Measurement Science and Technology）上发表。[45]

2. 角度校准技术发展

中国计量科学研究院发展了自校准角度测量技术，自主研发核心算法并成功研制工程样机，用较低成本实现了高等级角度编码器技术指标；同时具备测角误差自适应补偿功能，具备变载、偏载等复杂工况长期精度保持能力。[46-50]

开展了光学陀螺测角仪的计量特性研究，对陀螺零位漂移不确定度分量进行了有效分离，对陀螺标度因子进行高准确度标定，取得了收敛、稳定的校准结果，角度示值误差校

准结果达到 ±0.5″，使环形激光陀螺仪作为角度计量标准器成为可能。[51, 52]

北京长城计量测试技术研究所将经中国计量院精密标定的环形激光陀螺仪应用多轴转台角定位误差的现场测试取得了较好效果，充分发挥了其工作范围广和安装便捷（免同轴）等技术优点。

3. 角度传感器件发展

基于玻璃圆光栅的角度测量技术向高分辨率细分及自校准方向发展[53-57]，西安交通大学基于纳米压印技术开发了金属圆光栅传感器，突破了光栅传感器制造工艺难题，且相比玻璃光栅具有环境耐受性强的显著优势，与中国计量科学研究院联合完成了国家重点研发计划重大科学仪器设备开发高精度金属光栅传感器开发项目，从而进一步向产业化方向发展；重庆理工大学基于时空坐标转换原理，以"时间量测量空间量"，开发了时栅角度传感器，相对光栅传感形成了一套全新技术解决方案[58-67]，与中国计量科学研究院联合研究产品计量性能的优化方法及在角度基标准上的应用方案；中国航空工业集团公司西安飞行自动控制研究所开发了环形激光陀螺测角仪，浙江大学开发了光纤陀螺测角仪，将陀螺仪从惯性导航系统中独立出来，实现小型化、工程化，可作为独立的角度测量仪器使用[68-71]，目前中国计量院、浙江大学、西安飞行自动控制研究所、北京长城计量测试技术研究正在联合研究光学陀螺测角仪向角度计量基准量值溯源方法及作为计量标准器开展量值传递的方法。

（六）量仪量具

国内量具量仪行业发展受到整个国际、国内制造业的迅速发展的影响，发展势头迅猛。目前，国内量具生产企业已近百家，逐渐摆脱了技术力量不强，以仿制为主、贴牌出口，低价竞争占领市场的格局。在中低端仪量具方面，电子数显量具、数字化量仪产品的技术水平和国外差距正在缩小，出口量在增长，在国内外市场已占有一定份额，并逐步成为世界上量具生产的大国。在高精技术端量具量仪方面，国内涌现出了一批高新技术仪器公司，包括思瑞测量技术、无锡富瑞德、西安力德以及深圳市中图仪器，研发出了具有自主知识产权的三坐标、影像测量仪、测长机、轮廓仪以及激光干涉仪等众多测量设备。[72, 73]

尽管我国的量具产业在某些方面已经有了质的提升，但总体来说，与国际先进水平还存在较大差距，仍然处于技术追赶阶段。尤其是在先进测量技术和仪器的基础理论研究、共性关键技术的开发方面，远远不能满足国内机械装备制造产业自主发展及应用的需求。[74]

在计量研究方面，针对形状计量，中国计量科学研究院研究了圆度的误差分离技术，国际比对中实现 6nm 的测量不确定度，达到国际先进水平；研究了高精度平晶的绝对检测技术，在两次的平面度国际比对中均取得满意结果，测量能力位于国际先进行列。

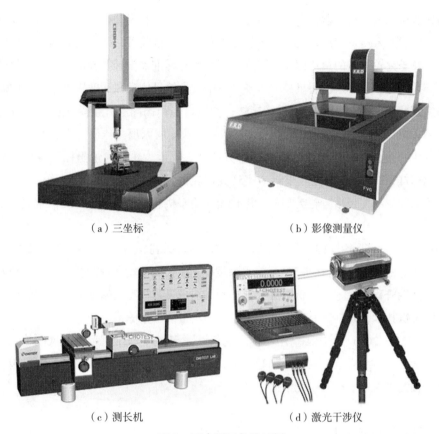

（a）三坐标   （b）影像测量仪

（c）测长机   （d）激光干涉仪

图3　国内测量仪器示例

　　针对锥度计量，研制了基于光学原理的圆锥量规锥度测量装置，测量不确定度达到0.3角秒级。

　　针对齿轮计量，在大齿轮计量、齿轮数字化计量等新兴领域与德国物理技术研究院开展联合研究项目，并拓展和齿轮计量相关的其他复杂型面的计量研究，为国内齿轮行业智能制造升级发展提供计量技术支持和保障。

　　基于已建立的新一代螺旋线标准装置，开展了大角度螺旋线量值的测量和误差评定研究工作，研制了45°大角度螺旋线样板，并于2017—2018年与德国国家计量院开展了45°大角度螺旋线量值双边非正式比对，所有参量比对一致，这使得齿轮螺旋线的校准能力处于国际先进水平。在2018年的CMC国际同行评审中，将新一代齿轮螺旋线标准装置纳入齿轮螺旋线CMC项目中，提升齿轮螺旋线CMC校准能力。另外，增加齿轮渐开线和螺旋线形状及总偏差校准能力项目，总计增加齿轮校准项目数十二项，提升原有指标三项。

　　针对国内齿轮行业的发展需求，长度所在大齿轮计量领域投入了更多的科研力量。2016年将齿轮计量范围从原有500mm拓展到1000mm，2017年针对大齿轮量值无法准确

测量和无法统一的关键问题，开展大齿轮几何量坐标计量与溯源技术研究，研究激光测长及多轴坐标系冗余测量方法，建立大齿轮多参量计量标准装置；研究齿轮量仪几何误差的影响机理及与齿轮误差的量化模型；研究大尺度齿轮标准器设计及校准方法。最终实现建立和完善大齿轮计量体系，满足高端装备制造中大齿轮量值溯源和准确测量的迫切需求。

为实现齿轮计量与国际最高水平接轨，长度所与德国国家计量院的精密工程处持续开展长期人员交流和科研合作，"十三五"前期，长度所派出两位研究人员赴德国国家计量院开展大尺度齿轮标准器的研制和评价方法及大尺度齿轮几何量坐标计量技术合作研究。[75] 双方的长期合作研究成果将为实现大齿轮的量值准确溯源及传递提供技术支撑，为中德间国际贸易（包括齿轮类零件、齿轮变速箱整机、齿轮测量仪）提供重要计量技术服务。

2018 年开展了凸轮轴标准器校准装置的建立及关键技术研究，解决当前凸轮量值无法统一和溯源的问题，项目研究可直接溯源至激光波长的凸轮参量测量方法，研究基于最小条件的凸轮升程角度零位求解方法、异形测头对应升程模型及基准偏心及倾斜的误差补偿模型等关键技术，研制偏心轴标准器，建立凸轮量值计量体系。

《JJF 1561—2016 齿轮测量中心校准规范》《标准齿轮校准规范》及《凸轮轴测量仪校准规范》三项技术规范正在修订和起草中，以便为齿轮测量中心的校准、标准齿轮的校准和凸轮轴测量仪校准提供校准依据。

三、国内外几何量计量研究进展比较

（一）波长基准

2005 年德国马普所的 T. Hansch 和美国 NIST 的 J. Hall 因发明光学频率梳获得诺贝尔物理学奖。它的出现解决了长期困扰物理学家的激光波长或频率准确测量难题，随后国外多个研究团队先后利用光学频率梳对稳频激光波长进行了精密测量，极大地提升了这些原子或分子跃迁频率的准确度。我国是较早开展光学频率梳研究的国家之一，主要有中国计量科学研究院、中科院物理所、华东师范大学、安徽光机所、上海光机所以及清华大学等单位。中国计量科学研究院于 2010 年在国内率先利用光频梳对 532nm 和 633nm 碘稳频激光波长进行了测量。近年来又实现对弱功率碘稳频 He-Ne 激光波长的常态化测量。

国际上主要国家计量院在二十世纪九十年代以后均开展了近红外稳频激光相关研究，并于 2005 年获得 CIPM 推荐，成为光通信波段内唯一一条复现"米"定义的激光谱线。2017 年丹麦计量院报道了一种基于光纤窄线宽激光的乙炔饱和吸收稳频的近红外激光，秒稳达到 3.0×10^{-13}，是目前最好的研究结果。我国于 2000 年开始研究基于分子线性吸收稳频的近红外激光，波长不确定度达到 5.0×10^{-8}，随后发展了一系列不同波长的稳频激光器。2015 年开始攻关乙炔分子饱和吸收光谱的稳频技术，目前秒稳达到 3.5×10^{-12}[76]，与国际最好水平还有不小差距。

小型化碘稳频激光国外主要由捷克计量院、Winters 光电公司以及德国 High Finesse 公司三家提供。其中 Winters 光电公司的 Model100 和 Model200 是目前国际上技术最成熟和使用最广泛的碘稳频激光，已经作为多个国家的长度激光波长基准使用，并成为绝对重力仪中标配激光光源。我国研制的小型化碘稳频 He-Ne 激光在技术指标上与其相当，在环境适应性和使用稳定性上优于国外激光，但是在可维修度以及智能化程度上仍有一定差距。

（二）端度（量块）与线纹

近年来，国际计量局和发达国家的计量机构在量块计量方面的进展幅度不大，主要研究内容集中在量块测量装置中使用激光波长的增加和改进、温度控制及测量的改进等方面，原理方面没有太大的进展，这种情况与国际上对于量块测量的需求相适应。[77-78] 特别需要指出的是，有几个国家实验室已经开始了量块非研合的测量研究（双端干涉法）。[79] 这个研究的意义在测量不确定度提升方面并没有太大的意义，其意义在于量块长度定义的改变。目前量块长度的定义有国际建议[80]和国际标准[81]两种，目前国际上通行的是国际标准的定义。其最大的缺陷是量块本身没有长度，必须借助于辅助面才有量块的长度，也就是必须研合才能实现量块长度的测量。非研合方式的测量方法一旦达到现在研合方式的测量不确定度水平就有可能进行量块长度定义的修订。2017 年中国计量院完成了双端干涉法量块测量装置的自主研制，在这方面的研究工作我国已处于世界前列。

在国内端度计量方面，中国计量科学研究院处于领先地位，具有开发研制各类量块测量仪器的能力，并已经取得了一些开发成果。

线纹尺国际比对一直是国际计量局长度委员会 CCL 的关键比对之一，持续开展线纹尺高精度测量的研究，开展对多样化、高精度的线纹类传感器的测量校准研究，解决其溯源问题是各国计量院特别是发达国家计量院长期连续不断进行的工作。国际上，当前发达国家计量院，如：PTB、NIST、NRC 等，他们的比长仪线纹测量不确定度一般在几纳米到 20nm 之间。[82-85] 德国 PTB 与海德汉（Heidenhain）公司合作研制的真空纳米比长仪在一维测长领域代表着世界领先水平，其测量范围达到 610mm，测量不确定度 2nm 左右。在二维线纹计量领域，德国 PTB 光学测量仪 LMS2020，不确定度优于 50nm，为世界领先水平。我国和瑞士计量院 METAS 水平相近，网格坐标测量能力在 100nm 以上

（三）坐标计量

坐标测量机技术在国际上已经非常成熟。产品包括三个运动轴相互垂直的坐标测量机，以及一个回转轴和两个直线轴的齿轮测量中心、两个旋转轴和一个直线轴的激光跟踪仪等不同类型的坐标测量系统，也包括结构光作为辅助手段的图像坐标测量系统，新的进

展在测量头的研发方面。利用上述坐标测量机构与接触探头、影像探头、光学扫描探头、白光色散探头和共焦探头等各种测量原理的瞄准手段结合在一起，可以测量各种不同材质、不同结构的物体几何尺寸、形状和位置参数。

现在国外的研究文章主要集中在如何利用校准信息评价坐标测量机的测量能力，进一步细化坐标测量机探头对测量结果的影响，进行探头的改进，以进一步改善坐标测量机的测量能力。[24, 86]

由于坐标测量技术的复杂性，我国的坐标测量技术研究系统性不够。虽然国内坐标测量技术研究取得不少成果，但是总体而言，研究工作是在国外已经推出产品基础上进行的模仿性研究占比很大，局部的研究比较好，整体的研究比较欠缺。

当然，我们也可以看到一些不错的案例，例如：苏州天准科技股份有限公司研制的亚微米级高精度复合式坐标测量机，从技术指标上已经接近国际先进水平。其定制的影像测量系统在手机生产线上得到大量应用。台湾大学机械工程学系、合肥工业大学仪器科学与光电工程学院开展的坐标测量机微纳探头的设计与验证工作很有创意。中国计量科学研究院开展的三维测量设备的在线校准技术及溯源体系研究，基于对标准器校准技术的基础，没有重复国外已经完成的研究内容，而是利用国外研究成果，开展向工业应用的方法研究，解决量值传递链中缺失的环节，推动坐标测量技术的发展。

（四）大长度计量

1. 野外基线计量技术国内外比较

野外基线计量的国外研究主要集中在基于 GNSS 的测距[87-89]、空气折射率测量[90-92]和光电测距[93, 94]、光频梳测距[95, 96]等领域。主要开展单位有德国计量院 PTB、芬兰计量院 MIKES、芬兰大地研究所 FGI 等，其中显著的进展是 PTB 研制的多波长绝对测距仪。

PTB 研制的一套新型基线溯源装置：多波长干涉绝对测距仪 TeleYAG。该装置采用波长 1064nm 的 Nd：YAG 激光和倍频 532nm 激光作为光源，用双波长测长。该装置在 PTB 50m 比长仪进行精度测试与双频激光干涉仪比对，偏差小于 $200\mu m$。该装置在 PTB 600 米基线、慕尼黑德国联邦国防军大学基线和芬兰大地研究所 FGI 奴米拉（Nummela）基线进行测量，实验证实了该装置的性能指标。

2. 大尺寸坐标计量技术国内外比较

国外对于大尺寸坐标计量技术的研究主要集中在多边法测量系统和激光跟踪仪测量系统。2012 年，德国 PTB K.Wendt 等人使用四台激光跟踪干涉仪组成 M3D3 测量系统，用于测量三坐标机的高精度校准，在空间中用独立的激光干涉仪进行坐标精度验证实验，实验结果表明，在 $1m^3$ 的测量体积内，坐标测量不确定度小于 $0.4\mu m$。与国内相比，中国计量院研制的大尺寸坐标测量系统在 $1.4m \times 3.7m \times 1.3m$ 的范围内，坐标测量不确定度优于 $8.9\mu m$，虽然测量不确定度较大，但是应用在较大的测量范围中，实现了大尺寸坐标的精确测量。

2019年瑞典海克斯康公司研制了 Leica ATS600 绝对跟踪仪，增加了直接扫描功能，即不需要任何靶标、反射球或者手持测头，即可对零件表面进行高精度的扫描，大大降低了检测所需要的时间。ATS600 除了具有高测量精度和优异的跟踪测量性能之外，还保留了绝对跟踪仪原有的诸多先进功能，如 PowerLock、全景相机、重力对齐、IP54 防护等，无论是质量控制还是调装检测，大大提高了大型零部件的检测速度和测量效率。

（五）角度计量

德国国家计量科学研究院（PTB）、日本国家计量科学研究院（NMIJ）目前在角度计量基标准技术上国际领先，其全圆连续角度测量与校准能力达到测量不确定度 $U=0.005''$（$k=2$），优于我国一个数量级。韩国国家计量科学研究院（KRISS）和意大利国家计量科学研究院（INRIM）也研制成功了全圆连续角度标准装置，装置测量不确定度与我国持平。

PTB 开展了空间角度量值溯源技术研究，研制了空间角度标准装置。NMIJ 将角度自校准技术应用于角速率测量，发展了商用导航器件角速率参量校准能力；应用于轴系回转误差的检测，实现了轴系径向位移的反演检测。中国计量院目前正在相关领域跟跑。

（六）量仪量具

先进发达国家掌握着量具产业的核心技术，控制着量具的许多重要专利技术，拥有高水平的设计以及精湛的加工工艺，其量具厂商已占领了量具的高端市场，并正向中低端市场扩展。与国内大部分量具量仪相比，国外的相关产品的整体性能、精度和功能更优。他们在尝试着将传统测量方法与精密的非接触式扫描测量技术的结合，实现多功能、多种传感器的集成和融合，使量具量仪更加丰富和实用，比较有代表性的包括配备有光学 / 激光式非接触扫描传感器的水平臂三坐标测量机、激光扫描测量系统的便携式柔性关节臂测量机、多测头 3D 影像量测仪等。[97]

针对直径计量，德国 PTB、美国 NIST、瑞士 METAS 等国家的计量机构均处于国际领先水平。目前国际上外径测量不确定度最高达到 10~30nm，内径测量不确定度最高达到 50~70nm，我国直径的测量水平目前在 0.1~0.3μm。随着国内超精密制造工业的不断发展，直径计量能力还需进一步提高，目前正在通过各种渠道争取科研项目的立项。

针对形状计量，与德国 PTB、美国 NIST 等先进国际计量院相比，我国的"平面度基准装置"和"圆度标准装置"测量能力均处于国际先进水平。通过深入研究测量原理和方法，进一步扩展测量范围、提升测量精度，并拓展其应用领域是目前的重要工作。

针对齿轮计量，各国的齿轮计量研究进展各不相同。德国物理技术研究院（PTB）近年一直将大齿轮和小齿轮的计量作为工作重点。由于德国近年大力发展风电能源,大齿轮量值计量溯源也因此成为 PTB 的研究重点,PTB 研制了 LaserTRACER 的第一代样机用于大齿轮测量,并分别研制了两个大齿轮样板(直径分别是 1m 和 2m)[98],同时开展了多种大齿轮测量方法的研究,另外 2017 年在新建的风能能力计量中心(Competence Center for Wind Energy)内建立了大齿轮计量实验室。小齿轮是 PTB 另外一个研究重点,前期 PTB 开展了多种传感器测量小齿轮的研究工作,包括采用 Werth 公司的光纤测头、CT 断层扫描等。目前 PTB 与布伦瑞克工业大学的 IMT(Institute of Microtechnology)研究所共同合作研究开发微小接触式扫描测头,并用于小齿轮计量上,另外 PTB 研制了模数 0.1~1mm 区间的内外小齿轮样板。[99] 日本国家计量院(NMIJ)在齿轮方面的研究一直集中在异形齿轮样板的研制。近年日本 NMIJ 试图通过简单的几何元素包括平面或圆来替代齿轮齿廓,迄今为止已经相继研制了双球样板、斜面螺旋线样板、多球齿距样板及凹球面内齿轮样板。[100, 101]

四、几何量计量发展趋势及展望

(一)波长基准

高稳定度激光波长标准在保证量值传递准确性已经完成,其发展趋势主要有两个方面。一是,波长标准的芯片化,这方面可能实现的波长为 780nm 和 1.5μm。通过微电子技术手段,在微米尺度的芯片上实现激光产生、原子分子光谱探测以及波导分光等,实现量子标准的嵌入式应用与原位在线实时校准。美国 NIST 于 2018 年率先报道了基于铷原子饱和吸收的芯片级稳频激光的原型[102]。二是,精密测量中的应用,利用高稳定度激光波长标准中的关键技术,研究新型干涉测量方法,以应对未来测量场景复杂化、维度多样化以及实时远程化方面的需求。目前可能的实现方法是发展基于光纤干涉测量方法,利用光纤布局的灵活性、低成本以及传输损耗低等特点,有利于实现多路信号传感和阵列化布局。[103]

空气折射率计量方面,目前绝大多数是干涉仪测量仪器均在大气压力下使用,因此空气折射率准确测量对干涉测量结果起着决定性作用。经典方法主要依赖于经验公式并通过测量温度、湿度、气压以及二氧化碳浓度等方式实现空气折射率修正,其在稳态环境条件下的测量准确度极限为 2×10^{-8}。近年来美国 NIST 和德国 PTB 先后开展了量子化空气折射率测量方法研究[104],其技术本质是通过测量激光频率的变化来实现光程的精密测量,进而实现空气折射率的高准确度测量。该项研究中需要激光波长标准、激光波长监测以及激光波长锁定等多项关键技术,是激光波长标准在几何量计量基础研究中的重要应用。

光梳激光波长基准的应用方面,目前有两个趋势。一是芯片光梳[105],其特点是尺寸小利于小型化和集成化,单个梳齿功率高有利于信号的提取与分析,重复频率特别高有利于应对宽线宽激光波长的测量需求。这方面目前国内外有大量团队开展研究，是光电子研究的前沿热点领域。二是中远红外光梳[106]，目前光梳波长范围为 500~2000nm，覆盖可见波段和近红外波段。近年来随着中远红外分子光谱探测、高分辨光谱成像等研究的兴起，中远红外光梳作为精确的波长参考将会得到重要应用。

（二）端度（量块）与线纹

1. 端度（量块）

由于国际上端度计量发展的需求不足，在量块高端研究方面的动力缺乏。但是由于我国制造业的大力发展，特别是高端制造和进口替代的需求增长迅猛，端度计量研究仍有很多工作要做。

尽管我国的端度计量的在各个方面已经处于世界先进水平，但是很遗憾，在量块的向下传递链上却没有太大的进步。也就是我国制造业，特别是与几何量计量紧密相关的机械制造业水平没有很大的提升。因此，我们今后的工作重点应该在提升量块的使用水平上。研究对于不同使用需求的量块进行不同的检测校准，进行使用量块进行仪器校准方面的更准确、更实用的方法研究和推广。

2. 线纹

线纹工作基准作为国家线纹量值溯源的源头，其主要应用为代表国家参加国际比对实现线纹间距参量与国际接轨和校准高精度的线纹尺、高精度测长仪器。因其能够实现一维高精度的测长和线纹高精度对准。除了现有的线纹对准，拓展其他对准应用，发挥其测高精度测长功能，实现其高精度的面间距和球体间距的多功能测量应用意义明显。另外，线纹工作基准的长度测量精度受限于空气中测长精度的限制，要提高线纹工作基准测长的精度水平需要采用真空干涉测长方式，这是目前线纹工作基准的国际发展趋势。

在二维线纹计量上，一方面测量范围不能满足大尺寸测量仪器溯源的需要，另一方面当前的静态测量方法中，测量速度和效率是目前面临的最大问题。测量点受测量速度及温漂的影响，无法满足全尺寸测量需求。因此，开展大尺寸网格坐标溯源方法及基于动态扫描精准定位的快速高精度测量研究，实现网格全尺寸快速校准及溯源，是当前二维线纹的发展趋势。

（三）空间计量

坐标测量技术是几何量测量技术的发展趋势，各种不同坐标测量原理的设备已经在市场上广泛获得应用。通用的坐标测量机可以代替大部分的传统测量手段。专用的齿轮测量中心已经完全替代了传统的齿轮测量仪器，可以提供包括变位齿轮在内的检测功能。激光跟踪仪、激光扫描仪、影像测量仪器等解决了大型工件的检测和快速检测的需求。

目前工业界为了解决坐标测量设备的溯源，通常利用测量系统分析方法，利用统计

技术实现测量仪器适应性的评估。随着测量精度的提升，测量仪器引入的不确定度与公差之比越来越大。产品质量控制的精细管理需要基于测量结果的不确定度层面的质量风险评估。坐标测量技术中点测量获得数据的测量不确定度与测量策略关系极大，造成不确定度评定的困难。今后在通用的不确定度评定方法研究和推广方面将有巨大需求。

（四）大长度计量

1. 野外基线计量技术将向更大范围 / 复杂环境条件方向拓展

野外基线是测绘导航行业的量值源头，标准基线建立在野外，距离较长、受环境因素影响，提高野外基线测量精度是大长度研究难点，保证基线量值的准确可靠对于地理信息行业量值和国家长度标准统一具有重要意义。近年来在新型激光、环境传感器和光电技术方面，新的测量方法和仪器装置不断出现。

随着激光技术、光电技术的发展，高精度的精密测量仪器、新的测量方法和测量装置不断涌现。德国 PTB 和中国计量院研制了基线环境监测系统，为光电测距、激光测距仪器提供了空气折射率实时补偿。中国计量院利用 μ-base 高精度测距仪进行了野外基线量值溯源实验，达到了很好的重复性。德国 PTB 研制了多波长激光干涉绝对测距仪实现了空气折射率的自补偿，芬兰 MIKES 研制了光谱法测温技术用于大范围长度测量。中国计量院、天津大学、德国 PTB 利用飞秒激光频率梳研究新一代野外基线量值溯源装置。随着新技术、新装置的不断发展，野外基线计量基线发展，精度有望进一步提高，为测绘、导航、航空、大地监测等领域提供量值溯源服务。

2. 大尺寸坐标计量向更高精度 / 更高效率方向发展

近年来，伴随着高精度和高效率的坐标测量仪器的研制和测量方法的不断改善，我国大尺寸坐标测量精度、测量效率得到了不断提升，大尺寸计量技术不断发展完善，整体朝着高精度测量、高效率测量、大空间组合测量的方向发展。

在航空航天、汽车舰船等大尺寸工业领域都需要准确的大尺寸计量，因此利用大尺寸坐标测量仪器建立测量系统对大尺寸装置实现精确、高效计量至关重要。在满足现行国际标准的前提下，正确并高效率地对系统空间测量不确定度进行评定成为人们关注的热点问题，逐步实现更精确、高效率、低成本的大尺寸测量手段成为研究人员和用户共同追求的目标。

（五）角度计量

角度计量技术发展的趋势为：参量特征上，从单一参量向复合参量发展，与时间参量结合，导出角速度、角加速度等角运动参量，建立角速度计量标准装置、角加速度计量标准装置，并形成相应的角运动参量量值溯源技术体系；空间维度上，从平面向空间发展，建立空间正交的多轴回转角度标准装置，同时建立包含水平准线零位及地球真北零位的空间绝对零位角度测量标准，形成空间姿态角度计量标准体系。

基于极坐标系的空间位姿测量将成为几何量计量发展的重要方向，以矢量方式表述几何要素要求角度与长度测量将更加紧密的结合。

导航领域将成为角度计量的主要应用领域，微机电陀螺、光学陀螺等新型角度传感器件将同时具备动态测量及空间姿态测量能力，必然要求全新的动态、空间角度计量技术体系，保证导航系统测量结果的可靠，保障交通运输的安全。

（六）量仪量具

量具量仪未来的发展趋势以提高测量精度、测量效率以及测量范围为主要目的。同时，为了满足工业生产质量监督的新需求，光机电一体化技术、网络技术及其他高新技术被引入到量具量仪的改进和开发过程中，促进了相关测控系统远程诊断、咨询、监控服务闭环测量物联网平台的建立，强化了精密测量的质量监控和服务功能，实现"被动"检测到"主动"监控的职能转换和提升。除此之外，量具量仪的设计趋向于通用化、模块化，不同产品间可以相互通用、借用，每一模块实现单一功能，既便于维护，又可以根据具体的检测需求进行灵活组装。这也为量具量仪的集成化提供了可能，通过对高精密机械加工、光学技术、微电子技术、软件技术、传感器技术和激光技术等各种先进技术的借鉴和集成，测量仪器也将发展成为一个各种学科集成的先进检测仪器，这也给未来相关测量仪器、参数的溯源带来了新的挑战和机遇。[107]

针对直径计量，借助新原理、新方法解决非全形元件、深孔、微孔等特殊对象的测量难题。针对形状计量，开展对非球面和自由曲面，复杂参数的计量研究。针对纹理结构，如：扭纹、橘皮等波纹类轮廓形状开展计量方法研究。

针对齿轮计量，主要向"极大"和"极小"两个极端量的计量溯源方向发展。大齿轮的计量研究主要包括大型坐标测量机几何误差对风能传动部件测量误差的影响模型、大型坐标测量机及风能传动部件受温度影响误差模型、光学及多传感器结合的空间坐标点测量方法等。小齿轮的计量研究主要集中在微小测头的设计优化及标定、微小齿轮样板设计加工、多种传感器测量微小齿轮的方法研究等。在其他复杂参量计量方面，随着国产机器人行业的不断发展，其关键复杂零部件的计量需求越为紧迫，包括谐波齿轮及摆线齿轮的关键校准技术将会成为领域的研究热点。随着"德国工业4.0"战略及"中国制造2025"的持续深化推广，未来物联网大数据、智能工厂的发展和计量需求将会逐步改变传统齿轮计量模式，基于物联网的数字化证书、齿轮校准评定大数据云平台的构建等关键技术将会是新领域研究的发展方向。

参考文献

［1］ JJF 1001—2011 通用计量术语及定义.

［2］ JJG 1010—1987 长度计量名词术语及定义.

［3］ SI Brochure_9th edition（2019）_Appendix 2，Mise en pratique for the definition of the metre in the SI，CCL，2019.

［4］ Iwakuni K，Okubo S，Tadanaga O，et al. Generation of a frequency comb spanning more than 36 octaves from ultraviolet to mid infrared［J］. Optics Letters，2016，41（17）：3980.

［5］ 劳嫦娟，孙双花，叶孝佑，等. 长度单位变革的历程［J］. 计量技术，2019（5）：21-24.

［6］ 孙双花，叶孝佑，毛起广，等. 中国长度单位的保持及贡献［J］. 计量技术，2019（5）：14-17.

［7］ 高宏堂，孙双花，沈雪萍，等. 线纹计量中的对准技术［J］. 计量学报，2017，38（6A）：6-12.

［8］ J Wang，J Qian，C Y Shi，et al. Diode laser wavelength standard based on $^{13}C_2H_2$ near-infrared spectroscopy at NIM［C］//SPIE/COS Photonics Asia，2018.

［9］ 田蔚，张为民，钱进，等. NIM 稳频激光器在 FG5-112 绝对重力仪上的测试分析［J］. 大地测量与地球动力学，2015，35（06）：151-153.

［10］ P. Gournay，B. Rolland，R. Chayramy，et al.，Comparison CCEM-K4.2017 of 10 pF and 100 pF capacitance standards［J］.Metrologia，2018，56：01001.

［11］ 叶孝佑，高宏堂，孙双花，等. 2m 激光干涉测长基准装置［J］. 计量学报，2012，33（3）：193-197.

［12］ 高宏堂，叶孝佑，邹玲丁，等. 2m 比长仪纳米级精度线间距测量系统的研究［J］.计量学报，2012，33（2）：97-103.

［13］ Sun S H，Xue Z，Wang H Y. Experiment study on the characteristics of two-dimensional line scale working standard［C］// Ninth International Symposium on Precision Engineering Measurement and Instrumentation. International Society for Optics and Photonics，2015.

［14］ Sun S，Gan X，Xue Z，et al. High precision calibration for 2D optical standard［J］. Proceedings of SPIE - The International Society for Optical Engineering，2012：8417H.

［15］ 薛梓，叶孝佑，孙双花，等. 激光二坐标测量装置不确定度模型的研究和建立［J］. 计量学报，2012，33（5A）：1-5.

［16］ 杨聪，王志伟，等. 亚微米级高精度复合式坐标测量机的研制［J］. 仪器仪表学报，2018（12）：1-8.

［17］ 张馨龙，等. 三轴正交机器人运动误差的建模与分析［J］. 计量学报，2017，38（4）：396-401.

［18］ 施玉书，等. 微纳坐标测量机间接校准方法的探究［J］. 计量学报，2017，38（1）：47-50.

［19］ Ding Lijun，Dai Shuguang，Mu Pingan. Point cloud measurements-uncertainty calculation on spatial-feature based registration［J］. Sensor Review，2019，39（1）：129-136.

［20］ 范光照，李瑞君. 三坐标测量机微纳探头的设计与验证［J］. 计测技术，2018（3）：60-81.

［21］ Wang Zhi，Dong Huimin，Bai Shaoping，et al. A new approach of kinematic geometry for error identification and compensation of industrial robots［C］//Proceedings of the Institution of Mechanical Engineers，London，2019：1783-1794.

［22］ Zhang，Haitao. A study on the key techniques of application of REVO five-axis system in non-orthogonal coordinate measuring machine［C］// Proceedings of the Institution of Mechanical Engineers，London，2017：730-736.

［23］ 刘博文，等. 基于多线激光扫描的叶片轮廓快速测量系统标定方法［J］. 纳米技术与精密工程，2017（06）：532-537.

［24］ Pahk H J，Burdekin M，Peggs G N. Development of virtual coordinate measuring machines incorporating probe errors ［C］//Proceedings of the Institution of Mechanical Engineers：Journal of Engineering Manufacture，London，1998：533.

［25］ 杨俊志，薛英. 野外基线长度量值的溯源［J］. 中国计量，2009（08）：48-51.

［26］ W. Heiskanen. The finnish 864m-long nummela standard baseline measured with vaisala light interference comparator［J］. Bulletin Géodésique（1946-1975），1950，（17）：294-298.

［27］ 部晨光，付子傲. 不同型号 GNSS 接收机短基线检定实验研究［J］.测绘工程，2017（09）：32-35.

［28］ J.S. McCall. Distance Measurement with the Geodimeter and Tellurometer［J］. Journal of the Surveying and Mapping Division，1957，83（2）：1-6.

［29］ 周泽远. Kern ME5000 精密激光测距仪及其应用简述［J］. 勘察科学技术，1989（04）：47-51.

［30］ 王海滨. ME5000 在小浪底水利枢纽外部变形测量平面控制网测边中的应用［J］. 测绘通报，1997（03）：1-4.

［31］ 陈杨，李建双. 基于传感器阵列的野外基线环境参数自动测量系统研制［J］. 计量学报，2018，39（04）：455-460.

［32］ 陈杨. 基于绝对测距的野外基线溯源关键技术的研究［D］. 2018.

［33］ Hanzhong Wu，Tu zhao. Long distance measurement up to 1.2 km by electro-optic dual-comb interferometry［J］. Applied Physics Letters，2017，111（25）：251901.

［34］ 李建双. 室内 80m 大长度激光比长国家标准装置的研制［D］. 天津：天津大学.2017.

［35］ 杨凌辉. 基于光电扫描的大尺度空间坐标测量定位技术研究［D］. 天津：天津大学.2010.

［36］ Shi S D，Yang L H，Lin J R，et al. Omnidirectional Angle Constraint Based Dynamic Six-Degree-of-Freedom Measurement for Spacecraft Rendezvous and Docking Simulation［J］. Measurement Science & Technology，2018，29（4）：45005.

［37］ 张亚娟. 单站式激光跟踪坐标测量系统研究［D］. 天津：天津大学.2012.

［38］ Estler W T，Edmundson K L，Peggs G N，et al. Large-Scale Metrology-An Update［J］. CIRP Annals，2002，51（2）：587-609.

［39］ 胡进忠，余晓芬，彭鹏，等，基于激光多边法的坐标测量系统布局优化［J］.中国激光，2014（01）：185-90.

［40］ Miao D，Wang G，Li J，et al. An improved self-calibration algorithm for multilateration coordinates measuring system ［C］// International Society for Optics and Photonics. Eighth International Symposium on Advanced Optical Manufacturing & Testing Technology. 2016.

［41］ Xue Z，Huang Y，Wang H，et al. Calibration of Invar Angular Interferometer Optics with Multi-Step Method［J］. International journal of automation technology，2015，9（5）：502-507.

［42］ Huang Y，Xue Z，Wang H. Comparison between angle interferometer and angle encoder during calibration of autocollimator［C］// Proc. SPIE 9446，Ninth International Symposium on Precision Engineering Measurement and Instrumentation，Changsha，China，2014：944624- 944629.

［43］ Huang Y，Wang W，Xue Z. Study on high resolution and high repeatability target localization algorithm in development of national level standard［C］// Proc. SPIE 9675，AOPC 2015：Image Processing and Analysis，Beijing，China，2015：967534- 967539.

［44］ 黄垚，薛梓，王鹤岩. 基于 LabVIEW 的小角度基准装置测控系统软件设计［J］. 计量学报，2014，35（Z1）：63-66.

［45］ Huang Y，Xue Z，Huang M，et al. The NIM continuous full circle angle standard［J］. Measurement Science and Technology，2018，29：074013-074030.

［46］ Huang Y，Xue Z，Lin H，*et al.* Development of portable and real-time self-calibration angle encoder［C］// Proc.

SPIE 9903, Seventh International Symposium on Precision Mechanical Measurements, Xiamen, China, 2015: 99030F1–99030F7.

[47] Wang Y, Xue Z, Huang Y, et al. Study on self–calibration angle encoder using simulation method [C] // Proc. SPIE 9903, Seventh International Symposium on Precision Mechanical Measurements, Xiamen, China, 2015: 99032O1–99032O4.

[48] Huang Y, Xue Z, Qiao D, et al. Study on the metrological performance of self–calibration angle encoder [C] // Proc. SPIE 9684, 8th International Symposium on Advanced Optical Manufacturing and Testing Technology, Suzhou, China, 2016: 96840O1–96840O8.

[49] Hou J, Xue Z, Huang Y, et al. Effect of varying load on angle measurement deviation of rotary table [C] // Proc. SPIE 11053, 10th International Symposium on Precision Engineering Measurements and Instrumentation, Kunming, China, 2018: 1105333–1105342.

[50] 乔丹, 薛梓, 黄垚, 等. 等分多读数头位置偏差对测角误差的影响研究 [J]. 计量学报, 2017, 38（06）: 676–680.

[51] Qiao D, Xue Z, Huang Y. Study on the Calibration Method of Metrological Performance of Ring Laser Gyroscope [C] // Proc. SPIE 10155, International Symposium on Optical Measurement Technology and Instrumentation, Beijing, China, 2016: 101552M1–101552M8.

[52] 黄垚, 薛梓, 乔丹. 光学陀螺测角仪计量性能测试 [J]. 计量学报, 2017, 38（S1）: 61–64.

[53] Ye G, Liu H, Li X, et al. Development of a polar–coordinate optical encoder: principle and application [J]. Optical Engineering, 2018, 57（1）: 014108.（SCI: FV0TS, IF= 0.993）.

[54] Li X, Ye G, Liu H, et al. A novel optical rotary encoder with eccentricity self–detection ability [J]. Review of Scientific Instruments, 2017, 88（11）: 115005.（SCI: FO4AI, IF= 1.428）.

[55] Ye G, Liu H, Wang Y, et al. Ratiometric–linearization–based high–precision electronic interpolator for sinusoidal optical encoders [J]. IEEE Transactions on Industrial Electronics, 2018, 65（10）: 8224–8231.（SCI: GQ8GG, IF= 7.050）.

[56] Ye G, Wu Z, Xu Z, et al. Development of a digital interpolation module for high–resolution sinusoidal encoders [J]. Sensors and Actuators A: Physical, 2019, 285: 501–510.

[57] Ye G, Fan S, Liu H, et al. Design of a precise and robust linearized converter for optical encoders using a ratiometric technique [J]. Measurement Science and Technology, 2014, 25（12）: 125003–125011.

[58] 刘小康, 彭凯, 王先全, 等. 纳米时栅位移传感器的理论模型与误差分析 [J]. 仪器仪表学报, 2014, 35（5）: 1136–1142.

[59] Chen Z, Pu H, Liu X, et al. A Time–Grating Sensor for Displacement Measurement With Long Range and Nanometer Accuracy [J]. IEEE Transactions on Instrumentation and Measurement, 2015, 64（11）: 3105–3115.

[60] Liu X, Peng K, Chen Z, et al. A New Capacitive Displacement Sensor With Nanometer Accuracy and Long Range[J]. IEEE Sensors Journal, 2016, 16（8）: 2306–2316.

[61] 彭凯, 于治成, 刘小康, 等. 单排差动结构的新型纳米时栅位移传感器 [J]. 仪器仪表学报, 2017, 38（3）: 734–740.

[62] Peng K, Liu X, Chen Z, et al. Sensing Mechanism and Error Analysis of a Capacitive Long–Range Displacement Nanometer Sensor Based on Time Grating [J]. IEEE Sensors Journal, 2017, 17（6）: 1596–1607.

[63] Peng K, Yu Z, Liu X, et al. Features of Capacitive Displacement Sensing That Provide High–Accuracy Measurements with Reduced Manufacturing Precision [J]. IEEE Transactions on Industrial Electronics, 2017, 64: 7377–7386.

[64] Yu Z, Peng K, Liu X, et al. A new capacitive long–range displacement nanometer sensor with differential sensing

structure based on time-grating [J]. Measurement Science and Technology, 2018, 29 (5): 054009.

[65] Pu H, Liu H, Liu X, et al. A novel capacitive absolute positioning sensor based on time grating with nanometer resolution [J]. Mechanical Systems and Signal Processing, 2018, 104: 705-715.

[66] Liu X, Zhang H, Peng K, et al. A High Precision Capacitive Linear Displacement Sensor with Time-Grating that Provides Absolute Positioning Capability Based on a Vernier-Type Structure [J]. Applied Sciences, 2018, 8 (12): 2419.

[67] Yu Z, Peng K, Liu X, et al. A High-precision Absolute Angular Displacement Capacitive Sensor Using Three-stage Time-Grating in Conjunction with a Re-modulation Scheme [J]. IEEE Transactions on Industrial Electronics, 2018: 1.

[68] Fu X, Wang J, Chen L. Application of non-planar four-mode differential ring laser gyroscope in high-performance dynamic angle measurement [C] //2014 DGON Inertial Sensors and Systems Symposium (ISS), Karlsruhe, Germany, 2014: 1-10.

[69] 杨梦放, 陈磊, 田慧, 等. 光纤陀螺一维惯性角度测量误差标定技术研究 [J]. 现代防御技术, 2017, 45 (04): 11-16.

[70] 杨梦放, 陈磊, 张登伟, 等. 基于激光测量的高速非接触角度检测技术研究 [J]. 激光与红外, 2017, 47 (05): 595-599.

[71] Zhao S, Chen L, Zhou Y, et al. Evaluation on the fiber optic gyroscope dynamic angle measurement performance using a rotary table angle encoder [J]. Optik, 2019, 185: 985-989.

[72] 陆蕊. 国内外量具产业发展状况和形势 [J]. 中国计量, 2010 (3): 36-37.

[73] 谢华锟. 近年数字化测量技术及量具量仪发展综述 (续) [J]. 设备管理与维修, 2006 (1): 13-16.

[74] 谢华锟, 段建英. 从近几届中国国际机床展览会看国内外量具量仪技术的发展 [J]. 工具技术, 2004 (11): 3-9.

[75] Hu Lin, Frank Keller, Martin Stein. Influence and compensation of CMM geometric errors on 3D gear measurements [J]. Measurement, 2020, 151.

[76] Talvard T, Westergaard P G, Depalatis M V, et al. Enhancement of the performance of a fiber-based frequency comb by referencing to an acetylene-stabilized fiber laser [J]. Optics Express, 2017, 25 (3): 2259.

[77] Schodel, Rene. Modern Interferometry for Length Metrology: Exploring limits and novel techniques [M]. London: IOP Publishing, 2018, 1-14.

[78] René Schödel, Günther Thummes, Helzel S. Enhancement of PTB'S Ultra precision interferometer for characterization of ultra stable materials at cryogenic temperatures [C] //12th European Conference on Spacecraft Structures, Materials and Environmental Testing, Noordwijk, Netherlands, 2012 (ESA SP): 691.

[79] Abdelaty A, Walkov A, Franke P, et al. Challenges on double ended gauge block interferometry unveiled by the study of a prototype at PTB [J]. Metrologia, 2012, 49 (3): 307-314.

[80] R 30 End standards of length (gauge blocks)[S]. 1981.

[81] International standard ISO/FDIS3650 Geometrical Product Specifications (GPS)—Length standards—Gauge blocks [S].

[82] Jens F, Rainer K, Eugen S, et al. Improved measurement performance of the physikalisch-Technische Bundesanstalt nanometer comparator by integration of a new zerodur sample carriage [J]. Optical Engineering, 2014, 53 (12): 122404

[83] Bahrawi M, Farid N. Application of a commercially available displacement measuring interferometer to line scale measurement and uncertainty of measurement [J]. MAPAN-Journal of Metrology society of India, 2010, 25 (4): 259-264.

[84] Rainer K, Christoph W, Bernd P, et al. Implementing registration measurements on photomasks at the nanometer

comparator［J］. Measurement Science and Technology，2012，23（9）：094010.

［85］ Harald Bosse，Bernd Bodermann，Gaoliang Dai，et al. Challenges in nanometrology：high precision measurement of position and size［J］. Technisches Messen，2015，82（7-8）：346-358.

［86］ Danilov M F，Ivanova A P，et al. Evaluation of the Error of Coordinate Measurements of Geometric Parameters of the Components on the Basis of the a Priori Data［J］. Measurement Techniques，2018，61（3）：238-243.

［87］ Baselga S，Luis García-Asenjo，Garrigues P. Submillimetric GNSS distance determination：an account of the research at the Universitat Politècnica de València（UPV）［C］// 1st Workshop on Metrology for Long Distance Surveying.

［88］ Zimmermann F，Kuhlmann H. Investigations on the influence of near-field effects and obstruction on the uncertainty of GNSS-based distance measurements［C］// 1st Workshop on Metrology for Long Distance Surveying.

［89］ Teresa F. Pareja，Miguel C. Cortés Calvo. Metrological Control of Global Navigation Satellite System（GNSS）Equipment［C］//1st Workshop on Metrology for Long Distance Surveying.

［90］ Tuomas H，Mikko M，Markku V. High-precision diode-laser-based temperature measurement for air refractive index compensation［J］. Applied Optics，2011，50（31）5990-5998.

［91］ Tomberg T，Fordell T，Jokela J，et al. Spectroscopic thermometry for long-distance surveying［J］. Applied Optics，2017，56（2）：239-246.

［92］ Meiners-Hagen K，Bošnjakovic A，Köchert P，et al. Air index compensated interferometer as a prospective novel primary standard for baseline calibrations［J］. Measurement Science & Technology，2015，26：084002.

［93］ Meiners-Hagen K，Meyer T，Mildner J，et al. SI-traceable absolute distance measurement over more than 800 meters with sub-nanometer interferometry by two-color inline refractivity compensation［J］. Applied Physics Letters，2017，111（19）：191104.

［94］ Mildner J，Meiners-Hagen K，Pollinger F . Dual-frequency comb generation with differing GHz repetition rates by parallel Fabry-Perot cavity filtering of a single broadband frequency comb source［J］. Measurement Science and Technology，2016，27（7）：074011.

［95］ Steven A. van den Berg，Sjoerd van Eldik，Nandini Bhattacharya. Spectrally resolved frequency comb interferometry for long distance measurement［C］//1st Workshop on Metrology for Long Distance Surveying.

［96］ Yang R，Pollinger F，Meiners-HagenK. Heterodyne multi-wavelength absolute interferometry based on a cavity-enhanced electro-optic frequency comb pair［J］. Opt. Lett.，2014，39：5834.

［97］ 中国机床工具工业协会工具分会秘书处. 第十二届中国国际机床展览会（CIMT2011）量具量仪展品述评［J］.世界制造技术与装备市场，2011，（5）：75-81.

［98］ Wiemann A K，Stein M，Kniel K. Traceable metrology for large involute gears［J］. Precision Engineering，2018.

［99］ Jantzen S，Neugebauer M，Meeß，Rudolf，et al. Novel measurement standard for internal involute microgears with modules down to 0.1 mm［J］. Measurement Science and Technology，2018.

［100］Komori M，Takeoka F，Kondo K，et al. Design Method of Double Ball Artifact for Use in Evaluating the Accuracy of a Gear-Measuring Instrument［J］. Journal of Mechanical Design，2010，132（7）：071010.

［101］Komori M，Takeoka F，Kubo A，et al. Evaluation method of lead measurement accuracy of gears using a wedge artefact［J］. Measurement Science and Technology，2009，20（2）：025109.

［102］Hummon M T，Kang S，Bopp D G，et al. Photonic chip for laser stabilization to an atomic vapor with 10-11 instability［J］. Optica，2018，5（5）：443.

［103］Thurner K，Quaccquarelli F P，Braun P F，et al. Fiber-based distance sensing interferometry［J］. Applied Optics，2015，54（10）：3051.

［104］Egan P F，Stone J A，Ricker J E，et al. Cell-based refractometer for pascal realization［J］. Optics Letters，

2017, 42（15）：2944.

［105］Kippenberg T J, Holzwarth R, Diddams S A. Microresonator–Based Optical Frequency Combs［J］. Science, 2011, 332（6029）：555–559.

［106］Picqué N, Hänsch T W. Frequency comb spectroscopy［J］. Nature Photonics, 2019, 13：146.

［107］刘晓军. 全自动高精密光学影像测量仪的发展现状及前景［J］. 科技信息, 2012,（10）：336.

撰稿人：殷　聪　王建波　刘香斌　孙双花　王为农　李建双

薛　梓　黄　垚　李加福　康岩辉　林　虎　周　冰

热工计量研究进展

一、引言

热工计量学科是按照热力过程应用领域的主要测量参数划分的计量学分支。热工计量参数主要涉及热学量和部分力学量，其中最基础的是温度、压力（与真空）和流量，也包括材料的热物性参数以及载能流体介质携带的热能。

本文分三部分：第一部分为基础研究部分，重点介绍近年来在温度单位重新定义和温度的实际复现国际体系中我国的研究进展与贡献；第二部分介绍我国热工计量体系整体的发展与提升；第三部分，主要为热工计量在几个重要应用领域的研究进展与研究领域的延伸。

二、最新研究进展

（一）基础研究

2015 年至 2019 年是温度计量产生历史性变革的重要阶段。

国际温度计量界经长期的、特别是近十几年的协同努力，实现了突破 1×10^{-6} 标准不确定度对玻尔兹曼常数的重新定值，该结果被用于基于玻尔兹曼常数对国际单位制的基本单位开尔文的重新定义。它是以基本物理常数重新定义国际单位制[1, 2]的重要内容之一。

随着多种热力学温度原级测温法的发展，国际温度咨询委员会制定并发布了实现温度量值的新国际体系。[3]热力学温度原级测温法与此前采用的热力学温度近似定义国际温标同时被规定为在世界范围可正式复现和传递的温度量值定义。见图 1。

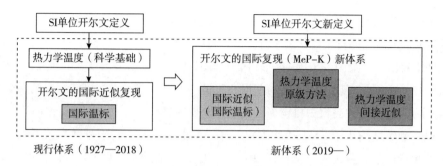

图 1　开尔文重新定义后的温度国际量值新体系

我国相关的研究工作是由中国计量科学研究院（以下简称中国计量院）承担的，并在该历史性变革中做出重要贡献：分别采用圆柱声学原级测温法和量子电压噪声原级测温法实现了对玻尔兹曼常数的测量，不确定度水平满足国际上对开尔文重新定义提出的测量不确定度要求；该项研究成果获 2018 年国家科技进步奖一等奖。建立了热力学温度的圆柱声学原级测温法、量子电压噪声原级测温法和带通辐射原级测温法；利用中国计量院的辐射法热力学温度测量和高温固定点研发能力，参加国际温度咨询委员会对高温固定点的首次热力学温度联合赋值，成为测量结果全部对最终定值有贡献的实验室之一，成果于 2018 年获行业科技进步奖一等奖。

1. 用于开尔文重新定义的玻尔兹曼常数测量

自有测温以来，人们一直寻求用稳定的物性温度关系定义温度单位。英国科学家开尔文根据可逆热机冷热源的热量之比为状态量的事实，提出了绝对温度（即热力学温度）的概念，并指出可以用一个自然固定点的绝对温度来定义温度单位。

水三相点是水的固相、液相、气相平衡共存状态的热力学温度。在 1954 年第九届国际计量大会上，将水三相点的热力学温度定义为 273.16 开尔文，即 1 开尔文等于水三相点热力学温度的 1/273.16。近三十年来，随着核物理和精密测量技术的发展，发现构成水分子的氢、氧原子同位素的丰度关系随着水源的不同而改变，使得从不同地点取水制造的水三相点所指示的温度存在不一致性；此外，水被存放在玻璃容器内，玻璃中钠离子溶入水中，也引起水三相点指示温度的改变。这些因素会导致水三相点容器相变温度千分之几开尔文的差异或变化，引起开尔文的定义和实现的不一致性。

得益于现代物理学理论的深入发展，人类对温度的物理本质有了更加确切的认识，温度反映了一个物理系统内部粒子热运动的剧烈程度，表示二者之间转换关系的基本物理常数——玻尔兹曼常数则建立了温度与系统内能的关系。2018 年 11 月 26 日，第二十六届国际计量大会批准了对国际单位制（SI）的重新定义，其中热力学温度的单位重新定义为：开尔文（K），是热力学温度的 SI 单位，通过固定玻尔兹曼常数以 J/K 为单位的值等于 1.380649×10^{-23} 定义。新定义反映了温度的物理本质，彻底摆脱定义对实物的依赖，使

得定义不受时空限制，在全温区恒定一致，它必将催生出革命性的原级测温方法和技术，温标的定义和温度的测量不再是两个独立的过程，可极大地改善测温的准确性和可靠性。

从四十年前起，英国、美国均开展了温度单位重新定义的关键技术的研究，其中精确测定玻尔兹曼常数是实现重新定义的前提和关键。为避免单一方法可能存在的系统误差，2014 年国际温度计量最高权力机构国际温度咨询委员会（CCT）要求使用至少两种独立方法，实现不确定度均小于 3×10^{-6} 的测定。这一要求涉及多个物理量的高精度绝对测量，是对精密测量极限的巨大挑战。直到 2017 年，国际计量界才攻克了这个阻扰温度单位重新定义的关键技术瓶颈，最终，仅美国、英国、法国、意大利、德国、中国六个国家计量机构的三种独立原理的测量结果对温度单位的重新定义有贡献。[4]

中国计量院采用了独特的圆柱声学和量子电压噪声原级测温方法，开展了以下技术创新：提出了虚拟定程圆柱声学原级测温方法，首次解决了圆柱腔内理想声场无法实现的难题；[5, 6] 其次，提出了圆柱声场和内长的原位实时精确测量方法，极大地改善了声学信号测量的信噪比、微波测长的不确定度，显著地扩展了声学原级法的测温上限。发明了无感应误差磁通量子调控技术，攻克了量子准确度交流电压信号合成的技术瓶颈；提出了全要素精确匹配的量子噪声原级测温技术，消除了寄生滤波效应和电路非线性响应对测量准确度的影响[7]。通过上述方法和技术上的创新，两种原级测温方法分别获得了不确定度为 2.0×10^{-6} 和 2.7×10^{-6} 的玻尔兹曼常数测量结果[8]，被国际计量委员会录取用于温度单位的重新定义，是全球唯一成功实现了两种方法有贡献的成果[4, 10]，为我国在计量领域的重大变革中赢得了决策权，并确立了我国在国际温度计量领域的领先地位；该项目的创新技术，为国家重大工程第四代核反应堆堆芯温度的直接测量提供了解决方案。

2. 高温固定点与辐射法热力学温度测量

热力学温度是对温度的科学描述，然而，热力学温度原级测量难度大，长期以来只有极少数发达国家实验室具备此能力，其测量结果仅作为制定与改进国际温标的科学基础；国际温标在高温区一直面临复现不确定度大、缺乏良好的保存和比对标准器的困境。

日本国家计量院（NMIJ）Yamada 首次报道将金属 – 碳共晶体作为高温固定点的新思路和初期实验研究成果[11]，为高温计量展现了阶跃性提高的前景，CCT 自 2007 年开始大力推动高温固定点和热力学温度测量的技术突破，于 2019 年构建了开尔文重新定义后的实现温度量值的新国际体系——《SI 中开尔文的定义的实际实现》（Mise-en-Pratique for the Definition of the Kelvin in the SI，缩写 MeP-K）[3]，见图 1。开尔文重新定义和 MeP-K 的研究与执行是世界范围内温度计量领域最前沿和最热点的研究方向。为实现此目标，CCT 主导了高温固定点联合研究计划和欧洲研究项目 "EMRP-InK: Implementing the New Kelvin"，集全世界主要先进国家计量院（英国、德国、法国、西班牙、加拿大、中国、俄罗斯、美国、澳大利亚、日本、意大利、韩国等）之力，围绕高温固定点研究和辐射法热力学温度测量分工合作共同攻克科学和技术难题，目的是研制耐用稳定的高温固定点，对其实现热力学温度赋值，并推动带通辐射原级测温法和高温固定点进入高温区的新温标或热力学温标的实用复现方案 MeP-K，以期实现大幅降低高温测量的不确定度的目标。

我国自 2005 年起自主研制了覆盖 1597~3020K 温区、复现性优于 0.1~0.5K 的 Co-C（1597K）、Pt-C（2011K）、Re-C（2747K）和 WC-C（3020K）高温固定点和性能评价体系。

高温固定点研究过程中，在国际上面临的共性难题包括：灌注成功率低和耐用性差；相变温度赋值模型及非理想因素影响缺乏定量表征。我国围绕相关问题，开展了一系列国际同步前沿研究。提出并应用高温固定点研制的"预共晶"新方法，解决了灌注成功率低和耐用性差的难题[12]，提出了一种基于 HTFP 平衡液相温度（即固态完全转变为液态的温度点）的杂质影响评价模型[13]，有效解决了杂质成分难以精确测定的瓶颈，并被 CCT 用于国际联合赋值中相变温度不确定度评价。

中国计量院利用高温固定点自主研发能力，为国际上首次开展的高温原级热力学温度国际联合定值研制提供了全部种类高温固定点标准器[149]。2011—2012 年中国计量院主导了 WC-C 高温固定点的国际温标研究比对，研制的 WC-C 被 ITS-90 温标实施以来首次开展的上限达 3020K 的高温国际关键比对 CCT-K10 作为传递标准器，并被英国国家物理实验室（NPL）作为英国最高温度的国家标准。[15]

中国计量院的高温范围的热力学温度原级辐射测温法研究，自主设计和建立了绝对辐射温度计及其溯源系统，突破绝对光谱照度响应度、探测器光谱响应非线性、透镜光谱积分透射比和光阑面积测量等高准确度溯源难题，2015 年实现的原级辐射法热力学温度测量能力在 1377~2747K 的标准不确定度为 0.07~0.36K。同年在对高温共晶固定点热力学温度的首次国际联合赋值中，中国计量院对 Cu、Co-C、Pt-C 和 Re-C 高温固定点的赋值测量结果全部有效，成为九个对最终定值有贡献的国家实验室之一。[16]

我国在高温范围已具备了温度量值复现新国际体系中新增的热力学温度原级复现、间接复现和原有的国际温标复现的全部三种复现能力，中国计量院被承认为首批能够传递热力学温度的国家实验室之一。

（二）热工计量基标准能力的提升

至 2019 年，我国在热工计量领域共建有国家基准十二项，其中温度五项（含两项副基准）、流量三项、压力四项。在国际计量局网站上公布的我国温度、流量和压力真空获国际互认的校准与测量能力（CMCs）共七十项，各专业的 CMC 水平都达到国际先进，数量处于中等。

1. 温度基标准

中国的温度基准由复现 ITS-90 国际温标的三个温区的基准装置构成，分别为 13.8033~273.16K、83.8058~1234.93K 和 1234.93~2473K 温度基准装置。

83.8058~1234.93K 温度基准装置的 ITS-90 定义固定点中的金属凝固点复现装置在原

有密封固定点容器基础上，改进为可准确调控相变压力的开口固定点容器[17]；基于对标准铂电阻温度计铂丝材料的微观氧化、晶格位错机理研究，建立了研制标准铂电阻温度计的新工艺，实现更好的长期稳定性。[18]

1234.93~2473K 温度基准利用对基准高温计光电探测器非线性测量[19]上限的提升，将基准温度上限扩展到3020K，高温基准不确定度 U=0.08~0.88K（k=2）[20, 21]，对新型高温固定点的 ITS-90 温度进行赋值[22, 21]，开展国际比对证实了该温度基准至上限温度3020K 的量值的国际等效[23, 24]。在以基准复现方法传递国际温标的基础上[25]，利用高温固定点内插法传递国际温标，减小传递不确定度[26]。结合中国计量科学研究院健全了至下限温度 In 点（156.5985℃）系列中温固定点黑体辐射源[27]，从156~2747℃（3020K）形成不确定度优于1℃（k=2）的固定点法辐射温度计校准能力。北京长城计量测试技术研究所、北京航天计量测试技术研究所、中国航天科工集团第三〇三研究所和浙江省计量科学研究院建立了高温固定点黑体并用于高温量值传递[28]。

在温度计量标准方面，中国计量科学研究院、专业计量站、大区计量技术机构、省市计量院所、区县等计量技术机构依据需求及技术能力，建有不同等级的各类常规计量标准，以满足不同用户对仪器设备溯源与量传的需求。

在热电偶检测方面，中国计量科学研究院以及北京长城计量测试技术研究所等单位分别建立了高温固定点标准装置[29, 30]。中国计量科学研究院在从 Sn 点（231.928℃）到 Cu 点（1084.62℃）的金属固定点基础上，增加了 Co–C（1324℃）和 Pd–C（1492℃）固定点，使得标准 S 型和 B 型热电偶的固定点法传递范围扩展到0~1500℃，不确定度从0.5~1.8℃（k=2）减小到0.3~0.8℃，也增加了金/铂和铂/钯热电偶的校准服务。

从 2012 年起，基于热管和恒温槽的标准黑体辐射源的多波长亮度温度校准方法[31, 32]在我国应用于变温黑体辐射源校准，大幅度减小变温黑体辐射源的温度均匀性和发射率对量值传递应用的影响。2016 年起，随着相应国家计量检定规程和校准规范的实施[33, 34]，亮度温度溯源的黑体辐射源成为辐射温度计检定的优选标准器，在全国推广应用。

2. 流量基标准

水流量国家基准装置采用静态质量法原理，流量测量范围（0.01~200）m³/h，不确定度0.05%（k=2），称重系统及换向器带来的测量不确定度是基准装置不确定度的主要来源。2018 年，具有喷口宽度可调、光栅触发功能的新型换向器，在 300kg 台位基准装置投入使用，换向器引入的不确定度由原来的约0.01%降至0.005%以下[35]。2016 年，中国计量院自主研发了我国首套最大口径达 DN250、（10℃~85℃）宽温区的高准确度液体流量校准装置，不确定度达到0.05%（k=2），拓展了常规水流量装置测量的范围。2018 年底，完成了"用于贸易结算的流量量值传递技术的研究"课题，深入研究了流量标定装置的评价方法[36]，建立了耐久性实验室装置、在线环境实验装置等流量仪表性能综合评价系统，拓展了服务范围，正在逐步实现流量计量服务的升级与转型。

气体流量国家基准采用 pVTt（pressure volume temperature time）法原理，流量测量范围 0.1~1300m³/h，不确定度 0.05%（$k=2$）。为促进我国高压气体流量量值的统一，为天然气贸易的公平、公正保驾护航，2014 年底中国计量院建成以空气为介质的最大流量 1400m³/h、最大压力 2.5MPa 的正压气体流量标准装置，具备了在正压条件校准音速喷嘴和其他流量计的能力。它可采用三种不同原理工作，以兼顾测量水平的实验效率，其中：①pVTt 法原级标准装置，不确定度 0.08%（$k=2$）；②音速喷嘴法次级标准装置，不确定度 0.15%（$k=2$）；③环道式工作级标准装置，不确定度 0.20%（$k=2$）。

正压 pVTt 法气体流量标准装置依靠自主研发"双芯联动三通换向阀及相应的测试系统"，可实现"毫秒级进气时间"的准确测量，并保证换向过程中"零泄漏"，流量测量不确定度水平居世界第三，位于美国国家标准与技术研究院 NIST（0.025%）和德国物理技术研究院 PTB（0.07%）之后。2015 年起，pVTt 法原级标准装置及音速喷嘴法次级标准装置陆续与德国物理技术研究院（PTB）开展双边比对[37]，验证其测量能力，2017 年以上装置通过国际同行评审。

空气流速标准装置采用激光多普勒测速仪（LDV）原理，流速测量范围（0.2~30）m/s，不确定度 0.3%（$k=2$）。该装置建立于 2012 年，同期，研制了转盘校准装置，实现了空气流速量值溯源至 SI 单位 m 和 s。2013 年，标准装置参加空气流速国际关键比对 CCM.FF–K3.2011，结果获得等效，目前正在筹备申请建立相应国家计量基准。2016 年，自主研制了基于地下 83m 导轨的相对法微风校准装置，流速范围 0.1~1m/s，扩展不确定度优于 20mm/s（$k=2$），目前正在起草相关校准规范，建立我国的微风速计量标准。在已有工作的支撑下，2017 年，首次申请了风速量值 CMC 并通过了国际通行专家评审。该研究成果支撑了以测量流速分布确定流量的新溯源方式的研究和应用。

3. 压力真空基准

在压力真空领域我国共有四项国家计量基准：1×10^{-4}~1×10^{2}Pa 真空基准 [U_{rel}=0.4%~0.07%（$k=2$）]，0~2500Pa 压力基准 [U=0.13Pa（$k=3$）]，0.1~10MPa 压力基准 [U_{rel}=0.0021%（$k=3$）]，150~2500MPa 压力基准 [150~1500MPa：U_{rel}=0.02%（$k=3$），1500~2500MPa：U_{rel}=0.1%（$k=3$）]。

为了填补目前基准不能覆盖的压力范围，以及进一步提升已有压力范围的测量水平，建立了相应的标准装置，包括：5×10^{-7}~5×10^{-3}Pa 动态流导法真空标准装置 [U_{rel}=10%~5%（$k=2$）]，0~15kPa 气体活塞式压力计标准装置 [U=0.005%p+20mPa（$k=2$）]，5~175kPa 气体活塞式压力计标准装置 [U=0.0013%p+0.2Pa（$k=2$）]，175~600kPa 气体活塞式压力计标准装置 [U=0.0015%p（$k=2$）]，600~7000kPa 气体活塞式压力计标准装置 [U=0.002%p（$k=2$）]，10~200MPa 液体活塞式压力计标准装置 [U=3.3×10^{-5} p+$9 \times 10^{-14}p^{2}$（$k=2$）]，200~500MPa 液体活塞式压力计标准装置 [U=$2.4 \times 10^{-5}p$+$1.4 \times 10^{-13}p^{2}$（$k=2$）]。

对于基准和标准活塞压力计，采用稀薄气体动力学理论计算了气活塞间隙中的气体运动，建立了更为精确的活塞有效面积计算理论[38]，保证了压力量值的可靠性。为了提升绝压10kPa以下范围内的测量能力，开展了油介质液体压力计的研究[39]，在绝压100Pa~10kPa范围内，实现的压力测量不确定度为$U=3.26 \times 10^{-5}p+30$mPa（$k=2$）。开展了由NIM主导的与PTB在1MPa~10MPa压力范围内的国际比对[40]，比对结果获得等效，验证了0.1~10MPa压力基准的水平。此外，为了提升活塞式压力计校准的效率，研究了传感器辅助校准活塞式压力计的方法[41]，并建立了一套活塞式压力计自动校准装置[42]，校准效率比传统方法提升了四倍以上。

北京长城计量测试技术研究所在动态压力测试和校准方面开展了较为全面的研究，建立了一系列动态压力校准装置，包括激波管动态压力标准装置、中频正弦压力标准装置、微压正弦压力标准装置、1000MPa高压动态标准装置、脉冲式动态压力校准装置等，建立了相应的动态压力国防最高标准。

真空计量向更低压力和更小漏率方向发展。为了延伸真空国家基准的测量下限，中国计量院于2016年建立了动态流导法真空标准装置，测量范围：5×10^{-9}~5×10^{-3}Pa，在10^{-6}Pa其不确定度为1.4%（$k=2$）[43]。2010年，兰州物理研究所建立了极高真空校准装置，校准范围：10^{-10}~10^{-4}Pa，标准不确定度为3.5%~1.5%。[44] 在漏率方面，2018年，兰州物理研究所利用静态膨胀法真空装置能够获得稳定的压力值这一特性，实现了10^{-14}Pa·m^3/s极小真空漏率的测量；[45, 46] 2018年，北京东方计量测试研究所研制出下限为10^{-10}Pa·m^3/s的正压漏孔校准装置。

（三）应用研究

1. 红外遥感计量标准研究

对地观测系统实现了全球实时的观测，在获取全球表面和深部的时空信息方面发挥越来越重要的作用，为环境监测、防灾减灾、气象预报、国土资源的有效监管都起到了重要作用。欧美国家都在致力于发展基于卫星的全球对地观测系统，如美国的对地观测计划（EOS）、俄罗斯的地球静止轨道气象卫星（GOMS）计划等，我国也已经建立了由"风云"系列气象卫星、环境卫星、资源卫星和北斗导航卫星等组成的对地观测系统。对地观测主要通过可见－红外和微波遥感等方法测量得到。其定量化，高光谱分辨和高空间分辨成为主要的发展趋势。以红外遥感的定量化为例，其主要的需求有：①气候变化监测的需要；②气象预报和防灾减灾的需要；③全球遥测量值一致性的需要。

中国计量院自2013年开始红外遥感亮温计量标准的研究和应用。建立了满足我国航天红外遥感载荷定标需求的真空低背景红外高光谱亮度温度计量标准装置，为我国风云气象和高分系列遥感卫星红外遥感载荷计量保障。[47-49] 提出了基于微型相变固定点的空间温度传感器计量技术和基于控制环境辐射反射法发射率测量技术的空间基准黑体辐射源的技术方案，为我国红外发射谱段空间基准载荷的顺利实施奠定重要技术基础。[50, 51]为满足不同在研红外遥感载荷高定量化定标需求的研究高精度星上固定点黑体辐射源、实验室定标辐射源和高精度空间温度传感器。

2. 高压气体流量研究成果助力我国天然气行业发展

天然气是一种清洁能源，近年来，我国天然气用量以每年 10% 的速度快速增长，人们对天然气贸易计量的准确度要求不断增加。中国计量院基于 2014 年完成的高压气体流量装置的建设和研究成果[37]，形成高压气体流量标准装置的设计、咨询能力，为中国石油南京天然气计量分站、成都分站、新疆分站及中石化武汉天然气计量分站提供多项技术服务，对促进我国天然气计量行业的健康发展起到推进作用。

作为我国天然气第二大供应商，2010 年起，中国石化开始筹建武汉天然气计量站。中国计量院作为武汉分站建设的技术支持，基于我国已有天然气原级标准装置的问题、不确定度、校准效率等多方面的考虑，确认选择高压体积管（HPPP）原级标准装置，基于该原级标准装置，缩短了溯源链，减少了实验室建设面积、流量标准表及相关测量仪表的设计，为企业节约经费共计四千余万元。2016 年年底，HPPP 原级标准装置、涡轮组工作级标准装置通过国家计量标准建标考核，目前已对外开展天然气流量仪表的测试服务。

俄罗斯是我国天然气主要进口国，其流量量值溯源到全俄流量计量研究院（VNIIR）。2016 年，中国计量院作为主导实验室首次与俄罗斯 VNIIR 开展气体流量基准装置比对，结果获得等效[52]，为两国天然气国际贸易的进一步开展奠定技术基础。

3. 服务于能源、资源和环境的流量在线与现场校准

传统流量计的检定和校准均在实验室流量计量基标准装置上完成，但由于大量流量计在使用过程中无法拆卸送检，而且现场管道内流场条件与计量装置内流场条件的差异会造成附加测量误差，因此对流量在线和现场校准的需求逐渐增加。为了满足这些现场流量计量需求，全国计量技术机构开展了各领域现场流量计量研究工作，研制了许多领域的现场流量计量装置，提升了我国流量计量能力。

针对天然气现场流量校准需求，德国国家计量院（PTB）首先提出了使用激光多普勒速度面积测量方法实现天然气流量的现场校准，并建立了基于激光多普勒测速技术的天然气流量基准装置。此后，中国计量院于 2011 年起开展了使用激光多普勒测速技术对现场安装的天然气流量计进行在线校准的技术研究[53, 54]，使用可以溯源到转盘国家流速基准装置的激光多普勒测速仪和边界层激光多普勒测速仪，同时测量整流喷口下游的主流区流速和边界层流速分布，积分得到标准流量，并对现场安装的被测流量计进行在线校准。

由于引水输水的管道和渠道尺寸巨大，实验室计量装置都无法覆盖。针对水资源计量问题，中国计量院于 2008 年起开展了大口径管道和渠道在线校准研究，形成了基于时差法超声原理的大口径管道和渠道水流量在线校准装置[55]，此装置在线校准管道口径或渠道宽度能够达到十几米，准确度水平达到 1%，形成了国家计量技术规范 JJF 1358—2012

《非实流法校准 DN1000 ~ DN15000 液体超声流量计校准规范》，实现对水资源流量的现场校准。"三峡电站超大流量计量研究及应用"研究成果于 2015 年获得了国家质检总局"科技兴检二等奖"。该领域国外相关研究工作较少，我国处于世界领先地位。

对烟道大气污染物排放量的准确监测有利于政府对排放企业的监管，从而有效改善大气质量。此外，工业企业是碳交易市场的参与主体，烟道排放是工业企业温室气体的主要排放形式，准确的烟道温室气体排放量监测是碳交易市场公平性的保障。由于烟道尺寸巨大，常规的气体流量计量基标准装置都无法实现烟道流量计的校准。针对这一问题，美国国家标准与技术研究院（NIST）搭建了实验室烟道流量模型实验装置，用于研究烟道流量的精密测量方法。此装置的流量能够达到 10 万立方米 / 小时，装置流量不确定度 0.58%。中国计量院于 2012 年起研制并建立了实验室烟道流量校准装置和现场烟道流量校准装置[56]，实验室装置采用了和 NIST 不同的流量溯源方法。现场烟道流量校准装置使用非对向测量三维皮托管作为现场校准的量传标准器，采用速度面积法对现场安装的烟道流量计进行在线校准。现场使用的三维皮托管在实验室烟道流量校准装置上进行流速校准，并对速度面积法模型进行验证。通过两套装置的结合，实现对大口径烟道流量计的在线校准。[53]中国计量院的实验室烟道流量校准装置流量不确定度为 0.61%，现场烟道流量校准装置不确定度优于 5%。

流量现场计量的需求十分广泛，省市级计量机构研制了多个领域的现场计量装置。例如针对蒸汽流量现场计量问题，烟台市计量科学研究所正在研制蒸汽流量现场计量装置；针对液化天然气现场计量问题，中国测试技术研究院研制了 LNG 现场计量装置并投入使用。此外，大量的企业也研发了流量现场计量产品，例如安捷伦的便携式微小气体流量计量装置，以及司亚乐的便携式气体活塞装置等，均能够实现现场校准。

三、发展趋势及展望

CIPM 批准的基于常数重新定义的国际单位制和 CCT 发布的《SI 中开尔文的定义的实际实现》（MeP-K）均于 2019 年 5 月 20 日世界计量日生效。从长远看，新国际单位制特别是开尔文的新定义，将促进原级测温法和技术的发展与应用。在近期，辐射测温计量特别是在高温区，将实现直接以热力学温度进行复现和传递，替代传统的对国际温标的复现和传递。

此外，热工领域计量研究的主体将更多地向应用转移，包括从标准测量条件下的传统热工领域单参数计量，向贴近应用测量条件的传递和跨领域综合性多参数计量体系发展。主要体现在以下方面：

第一，适应现场复杂条件下热工领域多参数相互影响的精细化解决方案。

在航空航天、海洋等领域，需要准确测量上千摄氏度高温环境下的真空度和气体流量，测量几十兆帕或真空环境下的温度。在以往的测量中，这些环境条件的差异被忽略了。但是随着各行业都在向更高、更强发展，对测量准确度水平的要求显著提高。人们认识到环境条件的影响直接导致仪表测量结果的大幅度偏离，如果不能解决这一问题，将制约整个行业的发展。因此，多参数之间的相互影响的机理分析和实验验证已经成为热工计量重要发展方向之一。人们尝试着在不同的环境条件下建立计量标准装置，例如建立在几十兆帕压力环境下测量温度，在一千摄氏度温度条件下测量流量等。而这些标准装置中最主要的是要解决环境条件的变化对量值溯源水平的影响，开展环境条件变化对计量标准装置的量值产生影响的机理研究，从而实现对更宽影响范围的修正，以实现满足各种应用条件的准确计量。例如：适应深海测量的高压力下的温度测量标准装置；适应航天器再入大气层时的高速气流下的高温和真空度测量标准装置；适应烟气排放的高温和旋转气流下的气体流量计量；消除被测对象表面发射率影响的辐射测温技术等。

第二，以准确可靠为目的的计量仪表的在线校准或现场校准。

作为工业过程中最常用的计量仪表，流量计、温度计、压力计的现场使用或安装条件、拆装和送检过程中的长途运输等均可能对仪表产生不可预知的影响。此外，更多需求是检修周期拉长后，要求在实现连续运转前提下对仪表实施校准。近年来，虽然在线校准方法有较大发展，但部分的是以牺牲计量性能为代价，导致校准水平下降。为此发展新型的在线校准技术，分析在线测量应用过程中受到的不同于实验室校准的影响并提出解决方案，是推进在线校准的主要技术方向。例如，在线使用的内嵌小型固定点使得温度的自校准成为可能；超声探头的校准技术及流速分布模拟分析技术的突破使得大口径流量仪表的在线校准成为可能；以热力学测温技术为核心的免校准温度计的研发解决了核电中温度计不便于拆下校准的问题；采用直接比较的方法在线校准流量和压力仪表；采用将温度标准器运到使用现场，用在线插拔方式快速实现现场校准。

第三，向跨领域综合计量的延伸。

尽管计量领域已经从计量学发展之初的十大计量有了较多延展，但一直以来专业间的割裂状态比较明显，随着科学和技术的进步，需要满足各行业综合参数计量的要求。

（1）从单一参数测量向综合参数延伸。例如，天然气流量和成分测量到天然气能量测量；烟气排放流量和浓度测量到大气污染物排放总量的测量，污水排放流量和浓度测量到污染物排放总量的测量。随着天然气贸易结算方式从体积量向能量转变，对天然气能量计量的需求迫在眉睫，这中间除了需要将体积流量和天然气热值分别测量并连续积分之外，还涉及测量方法、采样频率以及计量性能的匹配。

（2）热工参数计量向能耗计量管理延伸。例如，从单一载能流体的流量计量向能源计量转变，并形成能源利用水平的评价体系。

（3）利用多参数相互关联及大数据技术，获得测量应用的计量总体水平或多参数的相互核查。例如，输送热水、蒸汽的热力管道上安装的温度计、压力计、流量计均需要拆下在实验室校准，不仅烦琐，而且在装拆过程中还会影响管道使用，特别是装拆过程可能引起仪表容易损坏，急需发展在线校准及量值核查方法来保证仪表的长期计量性能。利用热力管道中温度、压力、流量间存在的固定关系，可以尝试用热力学方程，采用大数据分析方法获得仪表的正常值区间，从而在实现能耗评估的同时可以实现温度、压力、流量仪表的多参数的相互核查。

参考文献

［1］ BIPM. The International System of Units（9th edition）［EB/OL］. https：//www.bipm.org/utils/common/pdf/si-brochure/SI-Brochure-9-EN.pdf，2019-12-04.

［2］ CGPM. 26th CGPM Resolution 1：On the revision of the International System of Units（SI）［EB/ OL］.（2018-11-16）［2019-12-04］http:/ / www. bipm. org/ en/ CGPM/db/26/1.

［3］ Consultative Committee for Thermometry（CCT of BIPM）. "Mise en pratique for the definition of the kelvin in the SI"，Appendix 2 of The International System of Units（SI Brochure）［9th edition，2019］［EB/ OL］.https：//www.bipm.org/en/publications/si-brochure.

［4］ D B Newell，F Cabiati，J Fischer，et al. The CODATA 2017 values of h，e，k，and N_A for the revision of the SI［J］. Metrologia，2018，55：L13-L16.

［5］ H Lin，X J Feng，K A Gillis，et al. Improved determination of the Boltzmann constant using a single，fixed-length cylindrical cavity［J］. Metrologia，2013，50：417-432.

［6］ Xiaojuan Feng，Keith A Gillis，Michael R Moldover，et al. Microwave-cavity measurements for gas thermometry up to the copper point［J］. Metrologia，2013，50：219-226.

［7］ Jifeng Qu，Samuel P Benz，Alessio Pollarolo，et al. Improved electronic measurement of the Boltzmann constant by Johnson noise thermometry［J］. Metrologia，2015，52：S242-S256.

［8］ X J Feng，J T Zhang，H Lin，et al. Determination of the Boltzmann constant with cylindrical acoustic gas thermometry：New and previous results combined［J］. Metrologia，2017，54：748-762.

［9］ Jifeng Qu，Samuel P Benz，Kevin Coakley，et al. An improved electronic determination of the Boltzmann constant by Johnson noise thermometry［J］. Metrologia，2017，54：549-558.

［10］ Peter J Mohr，D. B. Newell，B. N. Taylor，et al. CODATA recommended values of the fundamental physical constants：2014［J］.Reviews of Modern Physics，2016，88（3）：035009.

［11］ Yamada Y，Sakate H，Sakuma F，et al. High-temperature fixed points in the range 1150℃ to 2500℃ using metal-carbon eutectics［J］. Metrologia，2001，38（3）：213-219.

［12］ Dong W，Machin G，Bloembergen P，et al. Investigation of ternary and quaternary high-temperature fixed-point cells，based on platinum-carbon-X，as blind comparison artefacts［J］. Measurement Science and Technology，2016，27（11）：115010.

［13］ Bloembergen P，Dong W，Zhang H，et al. A new approach to the determination of the liquidus and solidus points associated with the melting curve of the eutectic Co-C，taking into account the thermal inertia of the furnace［J］. Metrologia，2013，50（3）：295-306.

［14］ Yamada Y，Anhalt K，Battuello M，et al. Evaluation and Selection of High-Temperature Fixed-Point Cells for Thermodynamic Temperature Assignment［J］. International Journal of Thermophysics，2015，36（8）：1834-1847.

［15］ Dong W，Lowe D H，Lu X，et al. Bilateral ITS–90 comparison at WC–C peritectic fixed point between NIM and NPL［C］// AIP Conf. Proc. 1552，2013：786–790．

［16］ Woolliams E R，Anhalt K，Ballico M，et al. Thermodynamic temperature assignment to the point of inflection of the melting curve of high–temperature fixed points［J］. Philosophical Transactions，2016，374（2064）：20150044.

［17］ Sun J P，Rudtsch S，Niu Y L，et al. Effect of Impurities on the Freezing Point of Zinc［J］. Int J Thermphys，2017，38（3）：38.

［18］ Sun J P，Zhang J T，Qiu P. Improvements in the realization of the ITS–90 over the temperature range from the melting point of gallium to the freezing point of silver at NIM［C］//AIP Conference Proceedings. AIP，2013，1552（1）：277–282.

［19］ Dong W，Yuan Z，Bloembergen P，et al. Spectral Radiation Drift of LED's under Step–Mode Operation and Its Effect on the Measurement of the Non–Linearity of Radiation Thermometers［J］. International Journal of Thermophysics，2011，32（11–12）：2587–2599.

［20］ Yuan Z，Lu X，Wang J，et al. Realization of ITS–90 Above the Silver Point at the NIM［J］. International Journal of Thermophysics，2011，32（7–8）：1611–1621.

［21］ Wang T，Sasajima N，Yamada Y，et al. Realization of the WC–C peritectic fixed point at NIM and NMIJ［C］// AIP Conference Proceedings，2013：791–796.

［22］ Yuan Z，Wang T，Lu X，et al. T90 Measurement of Co–C，Pt–C，and Re–C High–Temperature Fixed Points at the NIM［J］. International Journal of Thermophysics，2011，32（7–8）：1744–1752.

［23］ Dong W，Lowe D H，Lu X，et al. Bilateral ITS–90 comparison at WC–C peritectic fixed point between NIM and NPL［C］// AIP Conference Proceedings，2013：786–790.

［24］ Machin G，Dong W，Martin M J，et al. Estimation of the degree of equivalence of the ITS–90 above the silver point between NPL，NIM and CEM using high temperature fixed points［J］. Metrology，2011，48（3）：196–200.

［25］ 卢小丰，原遵东，王景辉，等. 以"固定点–高温计"方式传递961.78℃以上国际温标［J］. 计量学报，2014，35（3）：193–197.

［26］ Lu X，Yuan Z，Wang J，et al. Calibration of Pyrometers by Using Extrapolation and Interpolation Methods at NIM［J］. International Journal of Thermophysics，2018，39（1）：12.

［27］ Hao X P，McEvoy H，Machin G，et al. A comparison of the In，Sn，Zn and Al fixed points by radiation thermometry between NIM and NPL and verification of the NPL blackbody reference sources from 156 ℃ to 1000℃［J］. Measurement Science and Technology，2013，24（7）：075004.

［28］ 吕国义，刘裕盛，杨永军，等. Pd–C高温共晶点复现技术研究［J］. 计测技术，2016（2）：19–22.

［29］ 孟苏，蔡静，董磊. Co–C共晶点研制及评价［J］. 计量学报，2019，40（1）：8–12.

［30］ 郑玮，梁兴忠，吴健. 用于分度热电偶的Co–C高温共晶点的制作与复现性研究［J］. 计量学报，2013，34（2）：430–434．

［31］ Yuan Z D，Wang J H，Hao X P，et al. −30℃ to 960℃ Variable Temperature Blackbody（VTBB）Radiance Temperature Calibration Facility［J］. Int J Thermphys，2015，36（12）：3297–3309.

［32］ 原遵东，郝小鹏，王景辉，等. 黑体辐射源的多波长有效亮度温度校准和不同溯源方式特点分析［J］. 计量学报，2017，38（2）：135–140.

［33］ JJF 1552–2015 辐射测温用 –10℃ ~ 200℃黑体辐射源校准规范［S］.

［34］ JJF 856–2015 辐射温度计检定规程［S］.

［35］ 李昊予，孟涛，樊尚春，等. 基于伺服电机的流量标准装置换向器精度的研究［J］. 测控技术，2019，38（1）：17–22.

［36］ Meng T，Fan S C，Wang C，et al. A flow stability evaluation method based on flow–pressure correlation［J］. Flow Measurement and Instrumentation，2018（64）：155–163.

［37］ Mickan B，Jean–Pierre Vallet，Li C H，*et al*. Extended data analysis of bilateral comparisons with air and natural

gas up to 5 MPa［C］//Flomeko，Sydney，2016.

［38］Sharipov F，Yang Y，Ricker JE，et al. Primary pressure standard based on piston-cylinder assemblies. Calculation of effective cross sectional area based on rarefied gas dynamics［J］. Metrologia，2016，53（5）：1177-1184.

［39］Li Y，Yang Y，Wang J，et al. A new primary standard oil manometer for absolute pressure up to 10 kPa［J］. Metrologia，2015，52（1）：111-120.

［40］Yue J，Yang Y，Sabuga W. Final report on bilateral supplementary comparison APMP.M.P-S5 in hydraulic gauge pressure from 1 MPa to 10 MPa［J］. Metrologia，2016，53（Tech. Suppl.）：07004.

［41］杨远超. 活塞压力计自动化校准方法研究［J］. 计量学报，2017，38（6）：708-712.

［42］Yang Y，Driver RG，Quintavalle JS，et al. An integrated and automated calibration system for pneumatic piston gauges［J］. Measurement. 2019，134：1-5.

［43］王金库，于红燕. 动态流导法真空校准装置建立［C］// 中国计量测试学会真空计量专业委员会第十五届年会论文集，无锡，2017：269.

［44］Li D，Guo M，Cheng Y，et al. Vacuum-calibration apparatus with pressure down to 10^{-10} Pa［J］. Journal of Vacuum Science & Technology A Vacuum Surfaces and Films，2010，28（5）：1099-1104.

［45］Feng T Y，Cheng Y J，Chen L，et al. Hydrogen adsorption characteristics of Zr57V36Fe7 non-evaporable getters at low operating temperatures［J］.Vacuum，2018，154：6-10.

［46］Meng D，Cheng Y J，Li D T，et al. Newly developed apparatus of calibration of quadrupole mass spectrometer［J］. Measurement Science and Technology，2017，28（1）：1-7.

［47］Hao X P，Song J，Xu M，et al. Vacuum Radiance-Temperature Standard Facility for Infrared Remote Sensing at NIM［J］.Int J Thermphys，2018，39（6）：78.

［48］郝小鹏，宋健，孙建平，等. 风云卫星的红外遥感亮度温度国家计量标准装置［J］.光学精密工程，2015，23（7）：1845-1851.

［49］Hao X P，Sun J P，Gong L Y，et al. Research on H500-Type High-Precision Vacuum Blackbody as a Calibration Standard for Infrared Remote Sensing［J］. Int J Thermphys，2018，39（4）：51.

［50］Hao X P，Sun J P，Xu C Y，et al. Miniature Fixed Points as Temperature Standards for In Situ Calibration of Temperature Sensors［J］. Int J Thermphys，2017，38（4）：90.

［51］Song J，Hao X P，Yuan Z D，et al. Research of Ultra-Black Coating Emissivity Based on a Controlling the Surrounding Radiation Method［J］.Int J Thermphys，2018，39（4）：85.

［52］Li C H，Mickan B，Isaev I. The comparison of low pressure gas flowrate among NIM，PTB and VNIIR［C］// Flomeko，Sydney，2016.

［53］刘子君，崔骊水，谢代梁. 激光多普勒流速仪的干涉条纹理论分析及测量［J］. 中国激光，2017，44（8）：169-176.

［54］李晋，闫清东，魏巍，等. 激光多普勒测速中平板窗口对测量体位置及形态的影响［J］. 机械工程学报，2015，（8）：198-203.

［55］朱云龙，胡鹤鸣，金仲佳，等. 基于激光跟踪仪的拖曳水槽车速动态校准［J］. 计量学报，2019，40（2）：272-277.

［56］Zhang L，Wang C，Li H，et al. NIM's Research Progress on Flue Gas Flowrate Measurement［C］// FLOMEKO，Sydney，2016.

撰稿人：原遵东　王　池　张金涛　王铁军　郝小鹏　李春辉

杨远超　卢小丰　张　亮　董　伟　于红燕　冯晓娟

力学与声学计量研究进展

一、引言

力学与声学计量是实现力学和声学量单位统一、量值准确可靠的活动，其研究对象为物质力学量和声学量的计量和测试。其理论基础是牛顿定律，凡是与力、质量和加速度相关的量都属于力学与声学计量的范围，如力值计量、质量计量、硬度计量、容量密度计量、转速计量、声学计量、振动与冲击计量和重力计量等，其中：质量是一个基本的物理量，质量单位是国际单位制（SI）现有七个基本单位之一，其他的力学量单位均属导出单位；力值计量就是要保证基标准装置所复现和传递的力值准确可靠；声学计量按照应用领域可以分为电声计量、听力计量、超声计量和水声计量，随着计量单位量子 - 常数化的发展，声压作为导出量也在寻求不依赖于标准传感器及其互易法原级校准的量值复现方法；硬度是材料局部抵抗硬物压入其表面的能力，硬度计量就是保证各种硬度基准准确、可靠的实现硬度的各种定义，并进行硬度量值的传递和测量，硬度的量传主要通过各种硬度基准机、标准机和标准硬度块来实现；振动冲击计量是关于振动冲击测量及其应用的科学，是保证加速度（m/s^2）、速度（m/s）、位移（m）等振动冲击单位统一、量值准确可靠的活动；重力计量研究对象是重力场中一点的绝对重力值、两点之间及相同点随时间的重力变化的测量方法、测量仪器及测量结果的量值溯源技术。容量密度计量系指容器内所容纳物质数量和密度的多少，是研究物质体积或质量的计量专业学科，主要服务于我国大宗液体产品质量交接。

本文在总结过去五年中我国在力学与声学计量学学科上取得的进步，具体内容包括：对计量基标准、能力扩充和量值传递 / 溯源系统的研究成果；围绕质量单位新定义量值传递所取得的科研成果；科研团队和科研平台的建设。另外，本文通过对国内外研究进展的比较，对未来力学与声学计量学科发展趋势进行了展望。

二、我国的最近研究进展

我国质量计量学科在过去五年中，以质量测量与校准能力的提升和扩展为中心，结合国际上对质量单位进行重新定义的变革，不仅在研究领域取得了众多关键的研究成果，也对未来质量量值传递新方法的研究方向进行了规划。

在与质量计量相关基准及校准测量能力的提升和扩展的研究方面（图1），实现了50kg测量扩展不确定度3.8mg（$k=2$），为建立50kg E1等级的质量计量标准打下了基础，填补了我国质量参数在50kg点校准测量能力方面的空白[1]；建立了声学法砝码体积测量装置，声学法砝码体积测量相对不确定度达到1×10^{-3}；研制并建立了500μg、200μg、100μg的质量计量标准、自动无扰动测量系统和微纳力值标准装置，并对微克质量和微纳力值溯源过程中的关键技术和方法进行了研究，初步建立了我国微克质量、微纳力值传递系统[2-5]；建立高精度大质量参数测量装置，实现对大质量砝码的测量能力，具备了面向我国高精密机械功率关键参数量值传递的服务能力，部分成果达到了国际先进水平（图2）[6]；研制了衡器抗干扰测试视觉采集系统；在服务高新技术产业发展的关键测量技术和方法研究上，对自动衡器的测试方法进行了研究。

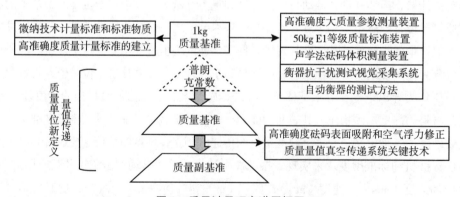

图1　质量计量研究进展框图

图2　2000kg高准确度大质量参数测量装置

在质量单位重新定义后量值传递方面（图1），结合质量单位新定义的计量方法和原理，对高准确度砝码表面吸附的修正方法和空气浮力修正方法进行了研究，并形成了一套方法来提高在质量传递过程中对质量测量的准确度；自主研制了真空条件下连接真空质量比较仪的量值传递系统，实现了在真空条件下，将质量基准从真空质量腔体平稳可靠地运送至真空质量比较仪，为连接能量天平的真空传递装置的研制奠定了技术基础（图3）。经过几年的不懈努力，中国计量科学研究院相关项目组在真空质量测量、真空质量标准的传递，以及异型砝码表面吸附测量和修正等方面取得了一系列创新成果，建立了满载重复性优于 $0.47\mu g$、测量扩展不确定度 $25\mu g$（$k=2$）的高准确度真空质量测量装置；形成了不同材料砝码表面吸附率测量、不确定度评估和吸附修正、空气密度测量、砝码交换称量等一系列具有自主知识产权的技术。此外，还实现了多种砝码表面吸附与其逆过程的精确分析，吸附测量扩展不确定度 $0.0011\mu g/cm^2$（$k=2$），达到了国际先进水平[7]。

在力与扭矩计量方面，我国在微纳力值、中小力值、大力值领域都取得了一定的研究进展。基于静电力以及电磁补偿技术，中国计量科学研究院新研制了微纳力值标准装置，实现 $1\sim1000\mu N$ 的可溯源测量，形成了原子力显微镜探针、纳米压痕仪力值器件的校准能力。静重式力基准装置是力值复现准确度最高的形式，依据国家力值（$\leqslant 1MN$）计量器具检定系统表，是中小力值溯源的源头。中国计量科学研究院利用静重式砝码复现力值，新研制了 200N、10N 力标准装置，覆盖力值范围 1mN~200N。大力值（大于1MN）领域，福建省计量技术研究院采用参考式传感器并联形式，实现了 60MN 的力值复现与溯源。扭矩领域中国计量科学研究院利用静重式砝码以及标准力臂的形式，结合气浮轴承技术，新建了 1Nm、20kNm 扭矩标准装置，替代传统刀口支撑技术，实现了更高精度的扭矩计量。新建了标准扭矩扳子检定装置，进一步完善了工业扭矩测量装置溯源链条，有效保证扭矩测量数据的准确可靠。同时中国计量科学研究院开展了动态力、多分量力值校准技术的研究。

在声学计量方面，激光干涉法（光学法）是实现声压量值直接复现的有效技术手段，通过激光波长溯源到 SI 单位。[8-11]我国已建立的光学法声压复现装置覆盖频段包括：次声（0.1Hz~20Hz）、空气声（20Hz~20kHz）、中频水声（25kHz~500kHz）[47]和高频水声（500kHz~60MHz），除了空气声相应的自由场声压复现装置仍在进一步完善，其余装置均已达到建立基准的技术水平。我国的空气声、水声检定系统表已分别于 2015 年

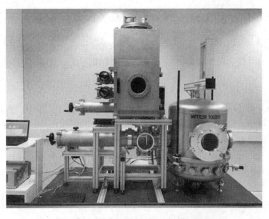

图3　质量量值真空传递系统

和 2017 年进行了修订，为光学法声压基准的建标奠定基础。我国目前的电声计量能力已逐步覆盖声级计、声校准器、传声器、声学分析仪等多种声学计量仪器和材料吸声系数、传输损失、实验室自由场指标等多项声学参数。随着各种智能音频和主动降噪技术的应用，目前正在对各种新技术和新产品的声学性能和参数进行定量分析，确保声学量值的准确。在听力计量领域，围绕耳声发射测量仪和听觉诱发电位仪两类重要客观测听设备的溯源问题，开展了相关计量方法研究，提出了基于反馈测量单元的校准方法。2017 年，中国计量科学研究院首先建立了耳声发射测量仪校准装置和听觉诱发电位仪校准装置，解决了这两类设备的溯源问题。超声计量主要包括医用超声和工业超声两个领域，在国家重点研发计划（NQI）支持下，开展了高强度聚焦超声（HIFU）声场参数计量和激光超声无损检测等前沿课题研究，并已初步建成了实验装置开展 HIFU 声功率、鲁棒水听器校准等量传服务。我国水声计量紧跟国际最新的发展动态，中国计量科学研究院先后利用激光外差干涉测量技术，实现了高频水声（0.5MHz~60MHz）和中频水声（25kHz~500kHz）声压复现；同时，基于声光效应的激光水下声场测量与层析重建研究也取得较大进展，为水中声场分布的快速准确测量和可视化提供了技术手段。

根据硬度的定义，我国建立了八种硬度基准，大类可以分为洛氏基准、维氏基准和布氏基准。根据行业的最新需求和国际上的研究动态，最近研究主要集中于微纳米硬度、仪器化压痕硬度和高精度压头外貌形状的测量方面。目前，中国计量科学研究院建立了微纳米尺度的马氏硬度装置，力值测量范围从 1mN 到 2N，通过进一步的校准，可以形成马氏硬度的量传体系；建立了高精度的压头外貌形状测量装置，可以实现各种压头几何尺寸的准确测量，有效提高了硬度量值的测量不确定度；同时，还完成了维氏硬度基准、显微维氏基准和塑料球压痕硬度基准的能力提升，进一步提高了我国的硬度测量能力。

振动冲击计量方面，我国已经建立了频率范围覆盖 0.005Hz~50kHz、可同时复现加速度幅值和相位的新一代超低频振动、低频振动、中频振动、高频振动国家计量基准（副基准）组；建立了冲击加速度峰值范围覆盖 $50~2 \times 10^6 \text{ m/s}^2$ 的新一代冲击加速度国家基准。2015 年和 2016 年先后完成《振动计量器具》和《冲击加速度计量器具》检定系统表的修订，完善了一维直线振动与冲击国家计量基标准体系。中国计量科学研究院基于研制建立的新一代振动与冲击计量基准的能力支撑，积极承担国际比对主导实验室工作，扩大了我国在计量领域的国际影响力和话语权。2010 年主导完成了亚太区域 APMP.AUV.V-K1.2（40Hz~5kHz）的振动量值比对；2013 年主导完成了首次有七个国家和地区计量院参加的 APMP.AUV.V-SI（0.5Hz~20Hz）低频振动量值比对；2016 年主导完成全球首次十四个国家或地区计量院参比的 CCAUV.V-K3（0.1Hz~40Hz）低频振动关键比对；2013 年至 2019 年先后正在主导完成了亚太区域低 g 值冲击加速度研究性国际比对 APMP.AUV.V-P1 和全球低频振动 0.1~20Hz 国际比对 CCAUV.V-K3。振动与冲击三十一项校准和测量能力（CMCs）在国际计量局关键比对数据库（KCDB）公布。2015 年研制一维旋转中频和低频角振动计量基准（待申请）两项，频率范围 0.0005~1200Hz。随着复杂与极端环境中多分量和旋转振动测量技术的广泛应用，需要研究更接近实际测量环境的多分量运动计量技术以及扁平化振动计量技术[12]。中国计量科学研究院开展了基于空间运动轨迹的三轴向振动绝对校准方法的研究，研制了频率范围 5~1000Hz 三轴中频振动计量标准；开展了复杂现场环境中振动计量的研究，起草完成了国际标准 ISO 16063–45《具有内建校准线圈振动传感器的在线校准》，步入国际领先行列。

测速计量方面，我国通过不断拓宽科研领域，在服务公共安全、民生计量、科学执法等行业取得了较好成绩。机动车测速仪型式评价大纲系列国家计量规范为公安执法领域的超速判罚提供了技术支撑。风速计量标准为疾病防控、公共场所空气质量监测提供了技术保障。中国计量科学研究院与美国、德国、瑞士、荷兰等多个测速计量技术较发达的世界先进国家计量院，建立并保持着密切、有效的合作关系，在法制管理要求、检测技术、现场标准测速装置及试验方法等技术方面开展了多项实质性的合作工作[13-15]。中国计量科学研究院积极参与国际法制计量组织（OIML）测速仪技术委员会的活动和事务，参加《R91 机动车测速仪国际建议》五个工作组的修订工作。

重力计量方面，我国自主研发了光学干涉型绝对重力仪，并通过主办 2017 年第十届全球绝对重力仪国际比对，建立了全球重力量值溯源地和国家重力计量基准。目前，绝对重力仪通过各种层次的比对溯源到 SI 国际单位制，绝对重力仪的研发也从光学干涉绝对重力仪过渡到原子干涉绝对重力仪。在相对重力仪方面，需要建立重力标准点位以及基线场对相对重力仪进行标定。相对重力仪也从金属弹簧原理过渡到石英熔丝弹簧原理，甚至是超导观测原理。

容量密度计量专业主要服务于我国大宗液体产品质量交接。经过近五年的发展，密度专业已经建立起以单晶硅国家密度基准为基础到高精度固体标准、液体标准进一步到各级密度测量仪器的完整量传体系。建立了静力称量法以及压力悬浮法两种固体密度量传装置，目前固体密度基准相对测量不确定度达到 2×10^{-7}（k=2），液体密度标准相对测量不确定度达到 8×10^{-6}（k=2），均达到国际先进水平。[16]容量计量方面已经初步建立了国家容量基准，以及涵盖从 1μL 到 10 万立方米范围的计量标准，其中中容量量程标准相对测量不确定度达到 5×10^{-5}（k=2）。

三、国内外研究进展比较

当前在国际上，质量计量学科面临着对质量单位的重新定义，根据国际质量及相关量咨询委员会制定的路线图，2018 年将完成国际质量单位的重新定义。重新定义后质量单位将由原来的实物基准变为物理常数（阿伏伽德罗常数 N_A 和普朗克常数 h），质量量值传递方法将在空气中量值传递基础上增加真空到空气的量值传递方法。面对质量单位新定义的重大变革，国际计量局（BIPM）、德国、美国、加拿大、英国、法国、瑞士、意大利、日本等都在积极参与质量单位新定义的实现及量值传递方法的研究。在物理常数的测量上，主要使用硅球法测量阿伏伽德罗常数和功率/能量天平法测量普朗克常数。在硅球法测量阿伏伽德罗常数的研究领域，国际计量局当前公布的 N_A 数值的测量相对不确定度为 2.0×10^{-8} [17]。2017 年，国际阿伏伽德罗常数合作组织（IAC）和日本国家计量院发表了分别采用新、旧硅球测得的 N_A 值数据，他们所得到的相对不确定度分别为 1.2×10^{-8}（$k=1$）和 2.4×10^{-8}（$k=1$）。在最新发表的文献中，由德国联邦物理技术研究院（PTB）、意大利国家计量院（INRIM）和日本国家计量院（NMIJ）合作完成的对阿伏伽德罗常数的测量工作中，得到的相对不确定度达到 1.7×10^{-8} [18-20]。在对普朗克常数的功率天平法测量研究上，截至 2017 年年中，国际上在过去五年中取得关键进展的研究机构有加拿大国家研究委员会（NRC）、美国标准技术研究院（NIST）、法国国家计量院（LNE）、瑞士计量院（METAS）、国际计量局（BIPM）和土耳其计量院（UME），公开发表的数据表明，功率天平法测量普朗克常数的相对不确定度分别为 9.1×10^{-9}（$k=1$）、1.3×10^{-8}（$k=1$）、5.7×10^{-8}（$k=1$）、2.9×10^{-7}（$k=1$）、3.0×10^{-6}（$k=1$）和 6×10^{-6}（$k=1$）。同时期，我国使用的能量天平法对普朗克常数测量的相对不确定度为 2.4×10^{-7}（$k=1$）。再晚些时候，德国联邦物理技术研究院（PTB）报道其 PB2 和 PB1 两台普朗克天平测量的普朗克常数的相对不确定度分别为 5.3×10^{-7} 和 1.7×10^{-7}（$k=2$），并且初步实现了在空气中对 1mg 至 100g 的 E2 等级砝码和在真空中对 1mg 至 1kg 的 E1 等级砝码的量值传递和测量装置的小型化。

中国、德国和美国均开展了质量单位新定义下的质量量值传递方法的深入研究。在量值传递装置的研发上，美国的 NIST 使用真空磁悬浮和单机械手的传递方式可对球形、圆柱形和 OIML 型砝码进行量值传递；德国的赛多利斯公司曾使用真空容器法和单机械手的传递方式。这两种质量传递设备在扩展性上有一定局限性。中国计量科学研究院为了使质量传递设备能够与能量天平相连接，自主研制了真空容器法和组合机械手相结合的传递装置对砝码进行量值传递；提出了真空容器中柔性夹持互换支撑，实现球形、圆柱形及 OIML 形等不同类型砝码的真空存储和传递；并结合高清图像监视技术，提出了真空条件下垂直方向长距离砝码传递方法，解决了真空环境多盲点条件下砝码准确传递的难题，实现了砝码在真空条件下不同装置间的准确量值传递。

微纳力值方面，针对原子力显微镜、纳米压痕仪等微观材料试验装置的测量溯源要求，各国、地区计量机构开展了相应的研究。美国标准技术研究院（NIST）[21]、英国国家物理实验室（NPL）、中国台湾工业技术研究院（CMS，ITRI）[22]、德国物理技术研究院（PTB）等机构建立基于静电力的微纳力值标准。2008—2010 年 KRISS 和 NIST 主导了一次微小力值国际比对，NPL、PTB 参加了比对实验[23]。报告提出了建立测量标准程序、确定稳定量值传递规范的要求以及要明确计算影响不确定度的各种因素的方法。中国计量科学研究院与 KRISS 以及 PTB 于 2015—2016 年进行了研究性比对，比对结果证实参比实验室在微纳力值测量能力特别是原子力显微镜探针弹性常数测量方面等效一致。在此基础上，NIST 利用光压共振法实现了 fN 量级的测量。扭矩方面 PTB、NMIJ[24] 已建成 20kNm 扭矩标准装置，KRISS[25] 与西班牙国家计量院（CEM）从 2015 年以后开始筹建 20kNm 扭矩标准装置[26]。

声学计量方面，2000 年以后，声压基准已逐渐由互易法向光学法变革，光学法声压复现的研究已比较成熟，尤其是中高频水声领域，但在空气声的音频段，光学法与互易法仍未取得良好的一致性。我国在光学法声压复现方向的研究起步较晚，但在次声、中高频水声领域已达到与英国国家物理实验室（NPL）并列的国际领先水平。电声计量的大部分技术都已成熟，针对智能音频产品中所使用的各种声学器件，目前国内外尚无统一的检测标准。IEC 陆续颁布了耳声发射测量仪和听觉诱发电位仪的国际标准，对 Click 短声信号和短纯音信号的计量方法和指标做了明确规定，近期正在增加 Chirp 短声信号的参数指标要求和校准方法。同时，目前在研究如何改进测量用耳模拟器参数设计的主要依据。在超声计量和水声计量领域，英国 NPL、德国 PTB 等权威计量机构以及美国 FDA 等的相关研究走在国际前列。开展的医用超声计量研究主要集中在高频、高强度声压量值复现，医疗超声设备溯源及 HIFU 治疗声场参数精准计量等方面。我国超声计量学方面研究也紧跟国际前沿动态，保障国家声学量值溯源体系完善。水声计量方面，我国在高频部分已经达到与 NPL 和 PTB 同等的国际领先水平，中频段利用自主研制的激光干涉仪代替商用仪器，建立的光学法装置达到了国际先进水平。

目前国际上硬度计量研究热点主要集中在微纳米硬度、仪器化压痕硬度、压头形貌测量和高温硬度方面。微纳米硬度方面，美国标准技术研究院（NIST）、德国物理技术研究院（PTB）、英国国家物理实验室（NPL）等世界上的主要计量机构都建立了相应的装置，中国计量科学研究院也具有了微纳米硬度的测量能力，目前还缺少国际间的比对。压头形貌测量方面，2016 年世界主要计量机构进行了一次大范围的国际比对，从比对数据看，测量结果分散性较大，测量方法需要进一步改进和完善，中国计量科学研究院的测量结果接近于平均值。仪器化压痕硬度目前主要韩国 KRISS 在做，主要得益于韩国 Frontics 公司产品的超强竞争力。鉴于高温硬度的技术难度和重大意义，目前英国 NPL 和德国 PTB 刚刚进行初步性的研究。

国际上振动与冲击计量基本上是依据 ISO TC 108（国际标准化组织机械振动、冲击与状态监测技术委员会）制定的 ISO 5347 和 ISO 16063 系列标准进行的。BIPM CCAUV（国际计量局声学超声振动咨询委员会）及 APMP TCAUV（亚洲和太平洋地区计量规划组织声学超声振动技术委员会）等区域计量技术委员会负责国际比对、同行评审等维护国际上振动冲击量值统一的活动。各国经过评审和互认的振动校准和测量能力在国际计量局关键比对数据库（BIPM KCDB）中公布。经过多年的发展，我国的振动冲击校准和测量能力已经进入国际前列。二十世纪八九十年代 ISO/TC108 制订了指导振动和冲击测量仪器校准的 ISO 5347 系列标准。随着振动冲击校准技术的不断进步，ISO 16063 系列标准正在转换为 ISO 16063 系列标准。ISO 16063 系列标准体系中，ISO 16063-1 "基本概念" 是整个 ISO 16063 系列标准的指导性文件；ISO 16063-1X 系列标准是振动和冲击传感器绝对法校准的标准体系；ISO 16063-2X 系列标准是振动和冲击传感器比较法校准的标准体系；ISO 16063-3X 系列标准是振动和冲击传感器各种特性参数测试的标准体系；ISO 16063-4X 系列标准是振动和冲击计量领域新校准技术的标准。ISO/TC108/WG34 是具体负责振动与冲击传感器校准国际标准制修订的工作组[27]。近年来我国在实质性参与国际标准化工作方面取得了显著的成绩，承担完成 ISO 16063-33 "磁灵敏度测试" 和 ISO 16063-34 "固定温度灵敏度测试" 国际标准制的修订，以及 ISO 16063-45 "具有内建校准线圈振动传感器的在线校准" 国际标准制的制定工作。

重力计量方面，二十世纪九十年代美国 JILA 实验室成功实现光学干涉型绝对重力仪产品化，目前美国 FG5（X）和 A10 型绝对重力仪占据市场主流，其中 FG5（X）型绝对重力仪测量结果合成标准不确定度为二微伽。中国计量科学研究院 2013 年最新研制的 NIM-3A 型光学干涉型绝对重力仪测量结果合成标准不确定度已经达到三微伽。随着法国 LNE 在 2009 年第一次携带原子干涉型绝对重力仪参加全球绝对重力仪国际比对以来，原子干涉型绝对重力仪发展在国内也非常迅猛，中国计量科学研究院自主研制了 NIM 型原子干涉型绝对重力仪，其测量结果合成标准不确定度达到 4.5 微伽。绝对重力仪国际比对也日益兴起，目前欧洲区域比对点建立在德国大地测量研究所、亚太区域比对点建立在中国计量科学研究院、美洲区域比对点建立在美国测绘局，这些区域比对点定期主办比对活动，与全球比对点一起支撑全球重力计量体系。

容量密度计量方面，我国目前初步建立起了以较为完整的容量密度量传体系，测量不确定度也达到了国际先进水平。但是同世界先进计量院相比，我们在若干研究领域还有着一定的差距甚至处于空白。例如德国 PTB 能够得到单晶硅球体完整的形貌结果，在有关千克重新定义的阿伏伽德罗常数测量方面世界领先；美国 NIST 在近二十年来不断利用磁悬浮天平测量火箭推进剂、液化天然气、氢气、生物柴油等在极端温度、压力下的热力学特性，得到了非常完整的热力学曲线及状态方程，为航空航天、能源贸易交接都提供了巨大的支撑，而目前国内在这方面的研究工作还处于空白。

四、发展趋势及展望

从长远的发展角度出发，质量计量的发展会持续着眼于进一步提高和扩展校准测量的能力、提高测量的稳定性，以及相关方法的研究和设备的研制工作。结合当前国际上关于质量单位新定义的研究进展与我国已经取得的成果，在国际相关领域与同行们继续保持良好的合作与交流，进一步研究将量值传递新方法和新构想付诸实践，并开展具体的相关研究工作。以能量天平法测量普朗克常数为例，围绕其相关的设备小型化和量值传递装置小型化的构想，可以首先从较小和较低等级质量值的量值传递着手进行探索，建立量值传递新方法的研究基础；在可预见的将来，随着我国能量天平的测量准确度不断提高，逐渐向更大和更高等级质量值的量值传递拓展。

面对微纳力值、大力值、动态力等领域的工业及科学研究需求，传统的力与扭矩计量领域在近几年有了更广阔的发展方向。基于静电力的标准装置成为目前国际上公认的微纳力值标准装置之一，同时形成了有源悬臂和无源悬臂的标准器件与量值传递形式。目前的静态弹性常数标定是随后复杂动态弹性常数标定的重要基础，为以后复杂工况下针尖校准提供可能。随着测量力值不断缩小，进入纳米量级的力值测量则更多地结合位移、时间等物理量的测量，从物质相互作用的角度理解作用力测量技术、实现从力值测量到作用势测量的转变。动态力测量面向工业生产线校准、状态监测、大型交通装置实施测量等需求，在线测量、原位测量对计量溯源链条的扁平化、集成化、数字化的要求越来越高，相关产业发展前景也十分广阔。大扭矩计量则满足了新能源发展下风电、水利行业的发展需求，在功率控制、故障诊断、强度校核、系统分析中大扭矩计量将发挥重要的作用。

近年来，声学计量支撑领域不断扩大，噪声计量、听力计量、工业和医用超声计量、水声计量所涉及声学参量的频率范围、量程、声场指标都有较大幅度的增加。声学计量正面临新的技术变革：一方面是声压量值复现新方法的研究，基于光学法声压基准在复杂与极端环境中实现量值传递的扁平化具有较好的应用前景，需提升空气声光学法声压复现水平、实现低频水声光学法量值复现；另一方面是面临宽范围、大量程、复杂声场等声学计量问题的挑战，例如：强噪声测量传声器的动态范围已拓展至174dB甚至更高，超声计量的功率范围延伸至数百瓦甚至上千瓦，从平面波声场发展到聚焦声场、从线性声场发展到非线性声场、由单一的超声功率指标拓展至声场中的多指标测量等。水声计量也从常温常压发展至变温变压、从单换能器发展至换能器阵列的计量，以适应深海探测、水下目标精确识别和定位的需求。在具体应用层面，电声计量需结合智能音频技术和主动降噪技术的发展，以及在如何保障新的电声计量器具（如鸣笛抓拍系统）的量值准确方面，开展相关计量技术研究。客观测听设备的反馈信号校准、便携式听力计量设备的研制、助听器降噪性能和声源定位功能的定量评价、人工耳蜗声学性能检测等都是听力计量研究需要尽快解决的问题。超声检测需求愈趋在线、智能、多参量等，超声计量高端检测传感器如压电鲁棒水听器、光纤水听器被国外研究机构和厂商所垄断，导致国内计量能力发展滞后，亟须实现核心标准器独立研发，以计量促科技和实业发展。工业超声的计量手段与新型前沿技术结合不足，针对飞机、航空发动机制造等在线超声无损检测设备的量传服务能力有限，亟待提升工业超声计量能力，满足高端制造业检测需求。水声计量方面，随着光纤、矢量等新型水听器技术发展和声呐设备应用需求激增，新型水听器（阵列）和声呐设备的校准技术是水声计量发展的重要趋势。同时，考虑到水声装备的复杂应用环境，在线校准技术

能为水声工程带来极大便利，未来将备受青睐。

面对动态计量、极端环境下的计量和在线计量等需求，传统硬度计量领域需进一步提高硬度计量能力，例如洛氏硬度基准采用气浮支撑技术改进激光干涉测量水平等。微纳米硬度方面需要进一步完善计量体系，研制高精度、高稳定性传递介质，为国际比对做好准备。仪器化压痕硬度方面，急需建立相应的计量标准，开展仪器化压痕的计量特性研究，同时研究仪器小型化技术，为这一新兴市场的成果转化做好技术支撑。鉴于高温硬度的重大意义和目前市场的空白，尽快建立高温硬度的计量能力和仪器的开发能力，对极端环境下高温硬度测量和技术市场的占领都具有重要意义。

随着光学测量技术、动态信号分析技术的发展进步，国际上对振动与冲击测量链中的各种影响因素的认识逐步加深，振动与冲击测量不确定度的评估越来越细致、清晰，测量精度将进一步提高。[28] 随着 MEMS、光学测量、系统辨识等技术的发展，急需开展重力、模型参数识别等振动冲击计量方法的研究。随着振动监测系统的极速发展，急需开展原位和现场校准振动冲击计量方法的研究。另一方面，重力梯度仪的研制和比测日益兴起，也是未来发展的方向之一。重力计量的空间也不断扩大，目前陆地重力计量处于主流，但海上重力与航空重力计量也逐步发展，未来也会成为非常重要的工作。

容量密度计量领域主要有以下几个趋势：①新能源计量和标准物质研究极为活跃；②计量量值传递扁平化，高精度的计量装置将被嵌入到机器中，以极小的精度损失在生产过程中实现实时校准和数据融合。密度计量将紧跟产业发展需要，结合科技发展前沿，进行以下几个方面的工作：①标准物质研发。结合微纳增材制造技术，进行密度标准固体及密度传感器的制造。使密度标准品的特征尺寸控制精度达到微米量级，满足各种高精度密度测量仪器中密度标准体的需求。②军民融合计量标准装置研发。水下潜航武器（潜艇、水下无人机）工作时需实时测量自身状态及周边环境，海水参数（密度、温度、压力及含盐度等）实时准确计量可以保证武器装备感知自身潜航深度，保证各项任务完成，国内缺乏可用的实时测量海洋海水各项参数的仪器。针对这一问题，开发振动式密度计及相应的模块化密度计测量标准装置。③异形超大型容器容积计量系统研发。以超大型地下岩洞型油品存储系统为代表，各种非规则异形超大型容器越来越多的应用到石油石化等行业中，而传统针对规则形状计量器具的测量方法和系统已经不适于这些新型容器，急需设计和研发异形超大型容器容积计量系统。

参考文献

［1］ Ren X P, Wang J, Zhong R L. 50 kg high capacity mass comparator and its performance test ［J］. Journal of Chemical and Pharmaceutical Research, 2014, 6（6）: 1460-1466.

［2］ Wang J, Fuchs P, Russi S, et al. Uncertainty evaluation for a system of weighing equations for the determination of microgram weights ［J］. IEEE Transactions on Instrumentation and Measurement, 2015, 64（8）: 2272–2279.

［3］ Ren X P, Wang J, Zhang Y. Calibration of Weights and Weight Sets Based on Micro–Mass Standard Measurement System ［J］. Key Engineering Materials, 2014, 609– 610, 1473–1477.

［4］ Ren X P, Wang J, Dong L, et al. Dissemination of Micro–gram weights from 500 μg to 50 μg Based on Automatic Mass Measuring System ［J］. Micro–Nano Technology. 2015: 693–697.

［5］ Ren X P, Dong L, Wang J, et al. Titanium microgram weight low to 50 mg and measurement based on exchange weighing method ［J］. International Journal of Modern Physics B, 2017, 31（7）: 1741003–1–1741003–10.

［6］ Wang J. Development of a new, high sensitivity 2000 kg mechanical balance ［J］. Sensors, 2017, 17: 851.

［7］ Ren X P, Wang J, Cai C Q. Comparison between Matrix Method, Equation Method and Full Air–buoyancy Correction Method for Dissemination of Microgram Weights ［J］. International Journal of Precision Engineering and Manufacturing, 2017, 18（9）: 1213–1220.

［8］ Wang M, Koukoulas T, Xing G Z, et al. Measurement of underwater acoustic pressure in the frequency range 100 to 500 kHz using optical interferometry and discussion on associated uncertainties ［J］. In Proceedings of International Congress on Sound and Vibration, 2018, 8: 4909–4914.

［9］ Yang P, Xing G Z, He L B. Calibration of high–frequency hydrophone up to 40 MHz by heterodyne interferometer ［J］. Ultrasonics, 2014, 54（1）: 402–407.

［10］ Elberling C, Crone Esmann L, Calibration of brief stimuli for the recording of evoked responses from the human auditory pathway ［J］. Journal of Acoustical Society of America, 2017, 141（1）466–474.

［11］ Zhang L, Chen X M, Zhong B, et al. Objective Evaluation System for Noise Reduction Performance of Hearing Aids ［C］// 2015 IEEE International Conference on Mechatronics and Automation（ICMA）, 2015.

［12］ Liu Z H, Cai C G, Yu M, et al. Applying spatial orbit motion to accelerometer sensitivity measurement ［J］. IEEE Sensors Journal, 2017, 17（14）: 4483–4491.

［13］ Du L, Sun Q, Cai C Q, et al. Verification methods and antenna horizontal beamwidth of across–the–road radar for traffic speed enforcement in China［J］. Measurement, 2013, 46（4）: 1512–1520.

［14］ 杜磊, 孙桥, 林峰, 等. 基于真实交通状况的固定式机动车现场测速标准装置［J］. 计量学报, 2018, 39（2）: 207–212.

［15］ 孙桥, 白杰, 杜磊, 等. 高转速标准装置研究与建立 ［J］. 计量学报, 2018, 39（2）: 213–216.

［16］ 罗志勇, 王金涛, 刘翔, 等. 阿伏伽德罗常数测量与千克重新定义 ［J］. 计量学报, 2018, 39（3）: 377–380.

［17］ Bettin H, Fujii K, Nicolaus A. Silicon spheres for the future realization of the kilogram and the mole ［J］. Comptes Rendus Physique. 2019, 20（1–2）: 64–76.

［18］ Bartl G, Becker P, Beckhoff B, et al. A new ^{28}Si single crystal: counting the atoms for the new kilogram definition ［J］. Metrologia. 2017, 54（5）: 693–715.

［19］ Kuramoto N, Mizushima S, Zhang L L, et al. Determination of the Avogadro constant by the XRCD method using a ^{28}Si– enriched sphere. Metrologia. 2017, 54（5）: 716–729.

［20］ Fujii K, Massa E, Bettin H, et al. Avogadro constant measurements using enriched ^{28}Si monocrystals. Metrologia. 2017, 55（1）: L1.

［21］ Pratt J R, Kramar J A, Newell D B, et al. Review of SI traceable force metrology for instrumented indentation and atomic force microscopy ［J］. Measurement Science and Technology, 2005, 16（11）: 2129–2137.

［22］ Chen S J, Pan S S. A force measurement system based on an electrostatic sensing and actuating technique for calibrating force in a micronewton range with a resolution of nanonewton scale ［J］. Measurement Science and Technology, 2011, 22（4）: 045104.

［23］ Kim M S, Pratt J R, Brand U, et al. Report on the first international comparison of small force facilities: a pilot study at the micronewton level ［J］. Metrologia, 2012, 49（1）: 70–81.

［24］ Koji O, Takashi O, Kazunaga U, et al. International Comparison of Torque Standards in the Range ［R］. 産総研計量標準報告, 2007.

［25］ Kim M S, Park Y K. Design of the 20 kN·m deadweight torque standard machine ［C］//Proceedings of the 22th IMEKO TC-3 International Conference, 2014.

［26］ Zhang Z M, Zhang Y, Meng F, et al. Design of 20 kN·m torque standard machine at NIM ［C］//Proceedings of the 21th IMEKO world congress Measurement in Research and Industry, 2014.

［27］ ISO 16063-41. Methods for the calibration of vibration and shock transducers: Part 41. Calibration of laser vibrometers ［S］. 2011.

［28］ Xie J D, Yan L P, Chen B Y, et al. Iterative compensation of nonlinear error of heterodyne interferometer ［J］. Optics Express, 2017, 25（4）: 4470.

撰稿人： 张 跃 王 健 蔡常青 杜 磊 郭立功 刘 翔 许常红 吴 頔
蔡晨光 蒋继乐 张智敏 何龙标 冯秀娟 钟 波 牛 锋 王 敏
邢广振 时文才 佟 林 张 峰 崔园园 王金涛

电磁计量研究进展

一、引言

电磁计量是关于电磁量测量及其应用的学科，是研究和保证电磁量测量准确及量值统一的理论与实践的计量学分支。电磁计量包括复现电磁学单位量值，建立实物基准，保存单位量值，以及进行电磁学单位量值传递的全部工作。广义的电磁计量的频率范围既包括直流到 MHz 的低频，还包括微波和射频（无线电计量）。

电磁计量是计量科学技术的重要组成部分。电磁计量产生于各种电磁现象的发现过程之中，同时又促进了各种电磁现象发现的进程。人们通过电磁计量所给出的量的概念，确定了各种电磁现象的原理、定律以及以一些电磁量定义另一些电磁量的相互关系。

直流和低频领域的电磁计量主要包括直流电量和电阻计量、交流电量计量、交流阻抗计量、高压和大电流计量、磁学计量五部分内容。电磁计量的主要内容就是研究电磁物理量的单位复现、量值和频率扩展技术、测量和校准方法等，建立电磁量的计量基准和在国民经济中大量使用的电磁测量仪器仪表、量具及参数的检定测试标准，进行量值传递和统一工作；围绕科学研究、工业生产和生活需求，研究电磁测量仪器的设计和制造原理、技术和工艺，开展检定校准技术和方法，研究测量不确定度各分量的来源及评价方法，制定国际、国家、地方和行业的计量技术法规和标准，开展电磁测量仪器的计量检定、校准、测试服务；参与组织和参加国际和国内比对，在国际互认协议（MRA）框架体系下，实现电磁校准测量能力的国际等效互认。

电磁量在现代测量技术中有着重要的地位和广泛的应用，大部分的物理量都需要通过各类传感器转化为电磁信号来进行精密测量。电磁计量科学技术伴随着电磁计量单位的变革而逐渐发展。二十世纪末，中国计量科学研究院通过质子旋磁比 γ_p 绝对测量电流和计算电容绝对测量 R_K，成为采用绝对测量法同时测量约瑟夫森效应常数 K_J 和冯·克里青常数 R_K 并被采纳的第一批四个国家计量院（美、英、澳、中）之一，为建立基于 $K_{\text{J-90}}$ 和 $R_{\text{K-90}}$

约定值的电磁计量体系做出了重要贡献。

2005 年国际计量委员会（CIPM）提出了重新定义质量单位千克和电流单位安培等四个基本单位的建议，其中电流单位安培建议采用基本电荷 e 进行重新定义。2018 年 11 月，第二十六届国际计量大会（CGPM）通过一号决议，批准采用基本物理常数 e 重新定义电流的单位安培，并决定自 2019 年 5 月 20 日起实施新定义。在新 SI 中，安培根据基本电荷和时间定义。复现方法不做具体要求，可利用单电子隧道效应，或利用 K_J 和 R_K 通过欧姆定律来复现，也可以其他物理公式复现。

在新的 SI 下，普朗克常数 h、基本电荷 e 定义为无误差常数，$K_J=2e/h$ 和 $R_K=h/e^2$ 亦为无误差常数，K_{J-90} 和 R_{K-90} 不再使用，电磁计量新体系既消除了原先的非 SI 电学单位系统，也使电磁计量步入"实物到量子"的崭新时代。为应对电磁计量单位变革，我国在新型电学量子标准研制，独立自主研发量子基标准芯片，提高电磁 SI 单位复现能力和实现扁平化量值传递等领域均开展了卓有成效的研究工作。

二、发展现状与最新进展

（一）量子标准及芯片

1. 量子电压基准

近年来，国际先进计量院在量子电压及应用研究领域取得了多项突破进展。这些研究的开展，开拓了交流约瑟夫森电压的应用前景，为交流约瑟夫森电压的发展提供了方向。

在直流量子电压方面，2015 年，NIST 成功研制基于制冷机的 10V 可编程量子电压系统，随后逐步商业化[1]；日本 AIST、德国 PTB 等先后成功研制出基于制冷机的可编程量子电压系统。俄罗斯开展基于制冷机的 77K 高温量子电压系统，输出电压能力 0.1~10V。在交流电压方面，2015 年，美国 NIST 和德国 PTB 完成 1V 脉冲驱动量子电压系统的研制[2-3]。随后，美国 NIST 于 2016 年和 2018 年分别完成了 2V 和 3V 脉冲驱动量子电压系统，并成功商业化。2018 年，NIST 在世界范围内首次开展可编程量子电压系统与脉冲驱动系统产生直流电压的直接比对，比对结果为直流电压差为 3nV，相对不确定度优于 10nV；BIPM 首次使用 NIST 研制的 4.2K 和日本研制的 10K 10 伏可编程约瑟夫森系统进行了比对[4]，结果差值 0.05nV、不确定度 0.79nV。

在交流量子电压领域，中国计量科学研究院正开展可编程交流量子电压标准的研究[5-6]，进一步推广普及量子电压技术，将约瑟夫森电压基准装备到大区、省级及有需求的实验室，取代目前普遍装备的电压实物标准，中国计量科学研究院正开展基于 1V 可编程约瑟夫森结阵的免液氦量子电压标准的研究。目前从可编程约瑟夫森电压基准所复现的电压范围来看，局限于约 0.1mV 至 10V 电压之间。国家自然科学基金面上项目"基于量子基准的微伏量子电压的研究"于 2014 年开始立项研究，至 2018 年底按计划实现研究目标完成验收。得到了可直接溯源到量子基准上的百纳伏（10^{-7}V）至百微伏（10^{-4}V）量级的低电平量子电压，其准确度优于 10^{-10}（V/V），填补了这一研究领域的空白[7]。另外，首次采用了我国自行设计研制的双通道超导阵列芯片来复现超低电平的量子电压[8]。中国计量科学研究院还开展了基于可编程约瑟夫森系统的磁通 / 互感测量方法研究[9]，通过伏秒差值法，将磁通测量的不确定度从传统的实物基准的 10^{-4} 的量级改善提高到 10^{-7} 量级，可以实现量子磁通基准的建立。

2. 量子电阻基准

近年来，石墨烯在量子电阻基准芯片方面得到广泛关注，得益于其独特的电学性质和能带结构，能够在低磁场、高温下实现电阻量子化，展现出在便携式直流和交流电阻标准方面诱人的应用前景[10]。在石墨烯量子电阻标准研究中，法国国家计量实验室 LNE、英国国家物理实验室 NPL、美国国家标准技术研究院 NIST 等国外研究机构在石墨烯量子电阻计量芯片的制备上遥遥领先于他国[11]，其中 NPL 于 2015 年实现在 5T 磁场、3.2K 温度条件下的小型制冷机制冷的磁体系统复现量子电阻值，NIST 于 2018 年在实验室条件下，研制成基于石墨烯量子电阻的无液氦传递系统，测量装置采用常温直流电流比较仪电阻电桥（DCC）。

中国计量科学研究院 NIM 于 2016 年启动基于石墨烯量子电阻标准的研究工作，并将低频电流比较仪电阻电桥的技术应用于新一代便携式石墨烯量子电阻传递装置中，开展了基于石墨烯量子电阻标准的研究工作，目标在芯片制备、便携式传递系统研制中打破国外技术垄断，加速实现量子电阻的扁平化溯源能力。中国计量科学研究院（NIM）提出将低频电流比较仪电阻电桥的技术应用于新一代便携式石墨烯量子电阻传递装置中，提出一种量子电阻标准器概念，并联合国内高校及科研机构对石墨烯量子电阻的制备技术启动攻关，于 2016 年启动基于石墨烯量子电阻标准的研究工作，在芯片制备、便携式传递系统研制中打破国外技术垄断，便于国内迅速推广。

3. 电学计量用量子芯片

中国计量科学研究院自 2011 年开始开展用于量子电压的集成约瑟夫森结阵芯片的研制工作[12]。2015 年，已经可以实现 500 个单层约瑟夫森结的集成[13]。至今，已实现 40 万结阵，使我国首次采用自主芯片实现 0.5V 高精度量子电压输出，与美国 NIST 芯片比对差值为 5.5×10^{-10}V。设计并实现双通道微伏量子电压芯片，使我国率先实现基于一个芯片的差分法微伏量子电压标准系统。

在量子电阻芯片研制中，基于 GaAs/AlGaAs 二维电子气结构[13]，中国计量科学研究院自主研制成功低磁场（小于 8T）和高磁场（大于 10T）的标准芯片，与国际计量局（BIPM）芯片水平相当，比对差达到 10^{-9} 量级[14]。除单个量子化霍尔标准芯片外，中国计量院研究了十进制整数值量子霍尔阵列芯片，设计了 100Ω、1kΩ、100kΩ 和 1MΩ 芯片结构[15]，其中 1kΩ 芯片霍尔棒数量 29 个，为国际最少，电流比 11.9，也为国际最小。

实现了意大利计量院设计的 $10k\Omega$ 量子电阻，霍尔棒数量仅为 12 个[16]。

在石墨烯量子电阻芯片研制领域，得益于 Linköping University 的 R. Yakimova 教授团队在碳化硅（SiC）外延石墨烯制备方面的杰出工作[17]，SiC 外延石墨烯成为石墨烯量子霍尔电阻标准芯片的主流材料。英国计量院与 R. Yakimova 组合作较早，2015 年已经研制了集成石墨烯量子霍尔电阻标准芯片的桌面式无液氦制冷机系统，在 3.8K、5T 时，实现充分量子化[18]；美国计量院（NIST）也研究了 SiC 外延石墨烯制备，并使用化学掺杂方式制作了芯片，在 3.1K、9T 运行时，准确度为 5×10^{-9}[19]，并在干式制冷机系统上使用二元低温电流比较仪（BCCC）实现 1×10^{-8} 的准确度。法国计量院（LNE）使用的 SiC 高温化学气相沉积制作的石墨烯，在 5K、5T 实现 1×10^{-9} 准确度[20]。其他计量院，如韩国和德国计量院（PTB）也开展了相关工作。国内在 SiC 外延石墨烯制备方面比较落后，目前山东大学晶体所制备的石墨烯由于载流子浓度过高还不适用于量子霍尔芯片制作，正在优化工艺。[21]中国计量院开展石墨烯研究较早[22]，受限于石墨烯质量问题，至 2016 年才从 Graphensic 公司获得高质量 SiC 外延石墨烯材料，并在科技部重点专项和仪器专项的支持下开展高性能石墨烯量子霍尔芯片研制，目前在 1.9K、2 平台起始磁场为 7T 时，可以实现充分量子化。[23]

功率基准芯片是毫米波功率计量基准的核心，实现功率计量系统集成化和小型化，并直接溯源到直流功率。我国是国际上第一个建立基于芯片的毫米波功率标准基准国家，且芯片为计量院自主研制，该芯片大大简化了传统直流替代结构，直流替代效率高于 98%，鉴于此，NIST 采用了中国计量科学研究院的方案。目前 WR-6 和 WR-5 频段的功率标准芯片研制已经完成[24]，WR-3 频段的芯片正在研制过程中。

（二）能量天平

2005 年，国际计量委员会起草了关于采用常数定义部分 SI 基本单位的框架草案，建议采用普朗克常数（h）重新定义质量单位千克（kg），并鼓励有能力的国家级实验室开展相关科研工作，为重新定义这四个基本单位积累试验数据。

在普朗克常数 h 的测量方面，国际上主要有两种方案：第一种采用电学方案测量普朗克常数 h[25]。第二类是用硅球方案测量阿伏伽德罗常数 N_A，进而导出普朗克常数 h。电学方案在具体实施时主要有三种：①国际上普遍采用的功率天平方案（英、美、加、瑞、法、国际计量局、韩国、土耳其等）；②我国独立提出的能量天平方案；③新西兰提出的压力天平方案。

电学方案的第一种，也是目前较多国家正在采用的研究方案是"功率天平（watt balance/kibble balance）"，由英国国家物理实验室（NPL）的 B. P. Kibble 博士提出，后来陆续被美国、瑞士等国采用。为了应对国际单位制的重大变革，中国计量院提出了用能量天平法测量普朗克常数的新方案。在原型试验装置研制成功，能量天平方案原理验证可行的前提下，中国计量科学研究院开展了新一代能量天平装置的研制[25]。

2017年5月，中国计量科学研究院提交了普朗克常数的测量结果，不确定度为 2.4×10^{-7}（k=1）[26]。自2017年5月提交测量数据之后，中国计量院对能量天平装置进行了持续的研究和改进。截至2018年12月，能量天平装置的A类相对标准不确定度已经达到 5×10^{-8}，为最终建成我国独立自主的千克单位复现装置打下了坚实的基础。

（三）交流电量计量

1. 基于量子电压的功率和电能基准

电能作为电学计量领域的一个重要物理量，其量值的准确传递主要依赖于电压和电流的精密测量，电流的精密测量又可以转化为电压的测量。国际上交流电压向量子电压的溯源方法主要有两种，一种是基于阶梯波交流量子电压的量值传递方法，一种是基于正弦交流量子电压的量值传递方法。由于正弦交流量子电压具有纯净的频谱分量，2014年以后，NIST合成幅值能力达到1V[27]，为宽频交流量子电压的广泛应用开启了新的篇章，也使脉冲驱动型交流量子电压的合成及应用成了国际研究前沿和热点。2018年，澳大利亚国家计量院采用高精度感应分压器电压比例技术，实现交流量子电压在40Hz~1kHz时电压量程向上扩展至120V。[28]

我国对于基于量子技术的电能量值传递方法研究起步比较晚，2015年在国家"863"课题的支持下才开展了相应的技术研究。通过该课题的研究，利用NIST的约瑟夫森结阵，采用平衡三进制算法自主设计了阶梯波交流量子电压生成系统，并采用换向差分测量技术实现了50~400Hz电压的量值传递，其测量不确定度达到 10^{-6} 量级。[29]

2. 交直流转换及宽频功率计量

在基于热电转换原理的交直流转换技术方面，我国基于德国PTB和IPHT联合研制的五只平面型薄膜多元热电变换器PMJTC和自行研制的MJTC共同构成我国交流电压基准参考组，在2016年基于研制的量程扩展电阻实现了交流电压量程向上扩展，基于级联二进制感应分压器，实现将交流电压量程向下扩展。[30]

近年来，国际上非常重视宽频带功率基准的研究工作，美国国家计量院（NIST）在实现了量子化的功率、电能基准后，已经开始研究频带向上扩展的方法。欧洲计量委员会（Euramet）也于2007年启动了新一代功率电能基准的联合研究计划（JRP），旨在建立宽频带以及瞬态信号条件下的功率标准。澳大利亚国家计量院在2009年提出了基于功率热电变换器（thermal power converter，TPC）的方法，将交流功率范围扩展至200kHz，在该领域处于领先地位。瑞典和荷兰国家计量院采用数字采样技术用于建立宽频带交流功率国家基准。

中国计量科学研究院在2012年完成的四端电阻时间常数标准，实现了对电流电压转换部分的相位溯源，并在2014年启动的交流功率国家基准的建立课题中提出了一种基于

MN 型结构电阻分压器及其自校验方法，解决了电压比例相位溯源问题，结合我国已完成的交流电压和交流电流国家基准，采用数字采样技术，2016 年完成建立了宽频带交流功率国家基准。[31]

3. 新能源及大数据电能计量

在新能源电动汽车的发展和电动汽车充电设施的建设上，中国走在了世界前列。中国计量科学研究院首先研究了电动汽车充电设施直流电能计量技术，实现了在纹波条件下直流电能的准确计量，并研制了直流电能标准装置，在纹波系数为 5%、纹波频率 500Hz 范围内条件下，电能测量不确定度达到 0.01%（$k=2$）。

在技术研究的基础上，中国计量科学研究院、国家电网公司及国内其他计量机构共同制订了充电设施电能国家计量检定规程，包括："电动汽车交流充电桩"国家计量检定规程（JJG 1148—2018），"电动汽车非车载充电机"国家计量检定规程（JJG 1149—2018）。这些国家标准及计量检定规程指导了充电设施的生产、验收及检定。通过中国计量科学研究院建立的标准装置及制订的计量规范，已构建了我国充电设施的电能计量溯源体系。

同时中国计量科学研究院研究了冲击负荷下电能计量技术。[32] 为了提高能源利用效率，在充电计量技术的基础上，中国电力科学研究院研究了充电设施能效测评技术。[33] 电动汽车充电设施的充电对象是动力电池，为支撑充电设施的计量，北京理工大学对电动汽车动力电池特性进行了分析。[34]

智能电网是未来电网的重要发展方向，而作为智能电网基础的智能电表，其质量好坏对智能电网具有举足轻重的作用。当前国外电力系统中的电表大数据主要应用于电网故障预测、负载分析、电价及居民用电行为分析等方面。美国电力科学研究院利用回归数学方法识别变压器过故障，IBM 公司利用智能表计的大数据对电力用户的行为特性进行分类；美国托莱多大学、密歇根理工大学科研人员采用支持向量机（SVP）算法、马尔科夫决策过程算法来分析电网中的偷电窃电现象等。国外研究对利用数据对电能表计量特性进行分析的研究目前较少。[35]

当前国内智能电表大数据计量技术也逐步开展。中国计量科学研究院开展集群式智能电能表在线计量技术的研究工作，利用通过智能电能表的数据分析，在线计算智能电能表的误差。[36] 通过聚类算法对数据进行预处理，之后利用相同时间内，流经总表的能量与分表的能量之和相等的关系，对多个时刻采集的数据列写方程组，进而方程的解可反映电表的误差性质，误差的在线评估。

（四）交流阻抗及比率计量

计算电容是电磁计量领域中，除了量子电阻、量子电压之外的唯一能够实现 10^{-8} 测量不确定度的基准装置，同时其也是交流阻抗（包含电容、电感和交流电阻）的溯源源头。为了进一步提高计算电容装置的测量准确度，国际计量局 BIPM 和澳大利亚国家计量院 NMIA 与 2001 年联合研制新一代立式可动屏蔽型计算电容，目标不确定度 5.0×10^{-9}。随后，加拿大国家计量院 NRC 和中国国家计量院 NIM 又相继加入该国际合作项目。2013 年 12 月，中国计量科学研究院首先完成了整套装置的研制，实现了 20.0×10^{-9} 的测量不确定度[37]。针对最大不确定度来源的端部效应误差，中国计量科学研究院采用了不同于国外机械补偿方法的电补偿方案，使得新一代立式计算电容复现电容的测量不确定度降到了 1.0×10^{-8}。[38] 2017 年，中国计量科学研究院采用本套装置参加了国际计量委员会电磁咨询委员会（CCEM）组织的电容国际关键比对（CCEM.K4-2017）。比对结果表明，中国复现 10pF 电容量值的不确定度最小，10pF 和 100pF 的电容比对数据均非常接近关键比对参考值（KCRV），其中 100pF 偏离参考值的结果在参与比对的八个国家中最小。比对结果标志着我国新一代计算电容及电桥装置达到世界领先水平，并取得了国际互认。[39]

在交流阻抗领域，交流电阻、电感、电容等参量的准确测量和量值溯源体系的扩展，需要使用以感应耦合比例技术为核心比例臂的电桥法来实现。此外，在交流电测量的其他领域，也需要通过感应耦合比例技术将前端参量转化为适当的量值范围进行测量。

要获得准确的交流比例，主要有两方面条件的制约：一个是比例器件本身准确度，需要从材料选择、结构设计以及屏蔽保护等方面进行专门设计。另一个是比例自校准，需要在自校准方案、误差成因、泄漏补偿等方面仔细研究。

目前准确度最高的单盘抽头式感应分压器由澳大利亚计量院研制，最高工作电压为 1000V，工作频率为 50Hz，比差优于 2×10^{-9}，角差优于 2×10^{-7}。中国计量科学研究院研制了八盘组合式感应分压器[40]，最高工作电压为 1000V，工作频率为 50Hz，比差、角差均优于 1×10^{-7}。在音频范围内，中国计量科学研究院与澳大利亚计量院合作的新一代计算电容项目中，作为电桥比例臂的感应分压器在 1kHz 和 1592Hz 校准结果不确定度优于 5×10^{-9}。

中国计量科学研究院采用基于分流器和采样技术，将大电容计量扩展至 1F，频率范围 50Hz~1kHz，电容范围 10~1F；研制高准确度标准电容器及电容箱[41]，电容范围 1pF~1μF，指标 $\pm 0.0005\% \sim \pm 0.01\%$（1kHz）。损耗因数是电力系统预防性试验的重要测量参数，也是评价电容器质量的指标。损耗因数是微小量，溯源测量需要高准确度的电流比较仪电桥，商用电桥无法满足溯源需求。因此，中国计量科学研究院以电流比较仪为核心，结合双级分压器和分流器技术，优化屏蔽接地及内部结构，研制 10^{-6} 量级的电流比较仪电桥，满足溯源需求，测量指标达到国际先进水平。

（五）高压计量

节能降耗一直是国家着力推广的举措，在节能降耗能源计量领域，能耗计量技术研究是评估节能效果的重要手段。目前欧洲已经颁布了 BS EN 50463 标准和 TECREC 100 001 技术推荐，用于列车运行用能测量以及运行用能统计的规范和验证。2017 年，EUROMAT 设立了一个由六个计量组织牵头、十七个单位共同参与的项目"电气化铁路系统智能电能

管理系统的校准"，开展用于电气化铁路电能交换精密测量和系统可靠性监控的计量基础设施研究。中国计量院开展了列车运行能耗计量技术研究。[42]

作为降低电网能源损耗的关键设备，变压器的效率近年来一直在提升。EURAMET 2018 年启动了"TrafoLoss"项目，研究工业变压器现场损耗校准技术，中国计量院参加了此项目研究。十三五期间，在国家质量基础专项支持下，中国计量院开展低功率因数高压损耗计量技术研究。

为保障航空、航天飞行器及所用材料的耐雷电冲击性能，以及超高压直流、交流输电电网设备的绝缘性能检验，相关实验的雷电冲击电压等级已达到兆伏（MV）量级[43]。针对国防安全和高端制造业对高电压、陡波前冲击信号的测量和计量溯源需求，中国计量科学研究院十三五期间围绕精密测量技术研究及计量标准装置建立为核心，开展器件的传递函数测量，结合时域和频域分析技术，建立了 700kV 雷电冲击标准测量系统并申报了国际测量与校准能力。[44]

在大电流计量领域，在冶金、电力、国防军工、重大科学研究等领域，超大电流的计量溯源尚未得到有效解决。针对大电流设备通常存在的体积、重量庞大，安装、运输不便等客观问题，中国计量院提出了光纤宽带超大电流传感及校准技术研究方向。光纤电流传感技术技术方案包括偏振测量和干涉测量两种。

在超大电流光纤传感技术领域，十三五期间，在国家重大科学仪器设备开发专项的支持下，中国计量科学研究院开展了光纤宽带大电流测量仪研制、校准及应用研究工作。通过理论研究，证明了采用椭圆双折射光纤的电流传感器具有良好的量程自扩展特性，从而确定了干涉式柔性光纤电流传感器的总体技术路线。[45]成功研制了光纤宽带大电流测量仪，测量范围 300kA，直流、工频超大电流准确度优于 0.2%。建立了直流 150kA、工频 50kA 超大电流校准装置，校准测量能力通过国际同行评审。在不断提升直流、工频测量性能的同时，面向国防军工及重大科学研究领域长脉冲超大电流在线测量的需求，开展了光纤电流传感器宽频测量特性的研究工作。[46]研制的光纤宽带大电流测量仪已应用于国防军工大型装备脉冲电焊电流的在线校准。

针对局部放电在电荷量溯源方法和技术的基础上，积极开展科研、法制和技术交流的工作。中国计量院开展了基于罗氏线圈局部放电测量仪校准关键技术研究和高压脉冲校准能力的建立与提升。技术法规进一步完善，我国制定了《JJG 1115—2015 局部放电校准器》检定规程和修订了《GB/T 7354—2018 高电压试验技术——局部放电》国家标准。

（六）磁参量计量

磁计量学主要包括对直流和交流磁感应强度 B、磁通量 φ、磁矩 M 和磁场梯度 G 这些磁参量的定义、复现和量值传递等内容。目前的磁计量体系，以物理常数质子旋磁比 γ_p 作为基准。量值的复现是通过工作基准完成的，其中磁感应强度量值采用核磁共振

（NMR）技术复现，交流磁感应强度和磁场梯度量值以计算线圈实物基准复现，磁通量和磁矩的量值采用计算线圈比较仪实物基准复现，并向各级标准进行量值传递。

在定义方面，近年来最大的变化是国际单位制的修改。质子旋磁比 γ_p 的数值由国际科技数据委员会（CODATA）通过对世界范围内的测量数据进行平差，每四年发布一次最新结果，2014 年公布的结果为 $2.675221900(18)\times10^8 s^{-1}T^{-1}$，相对不确定度达到 6.9×10^{-9}。2018 年国际单位制迎来深刻变革。在磁学方面，由于真空磁导率 μ_0 不再作为物理常数中的定义量，而是降级为可测量的量[47]，μ_0 将具有不确定度。因此，历史上对于质子旋磁比 γ_p 的测量值将引入新的 μ_0 的不确定度分量。

在实际量值复现和传递工作中，磁感应强度 B 的量值准确度水平最高，应用领域最为广泛，近年来该领域的进展也最为迅速。传统上以基于 NMR 技术的工作基准较为常见，NMR 技术是利用原子核磁矩在磁场中的拉莫尔进动效应进行磁场测量的，因为原子核非常稳定，不易受外界温度、电磁波等干扰，稳定性极好，计量学性能优异。但是 NMR 也有其缺点，由于原子核磁矩难于极化，其信号较为微弱，并且会随着待测磁场的减小而减弱。NMR 磁基准的准确度受限于其较低的信噪比。俄罗斯计量院（VNIIM）采用了一种新的基于原子磁共振（AMR）的基准技术，将磁感应强度量值复现的准确度提升到 0.03nT，超越了 NMR 基准的水平，成为目前准确度最高的磁感应强度复现技术。2013 年 VNIIM 和 KRISS 进行了基于 AMR 基准的双边比对[48]，双方的磁感应强度基准相对不确定度都达到了 0.3×10^{-6}。2017 年，中国计量科学研究院又研发了一种基于激光泵浦的 AMR 标准磁强计[49]，将 AMR 磁强计的灵敏度增大了一个数量级，有望进一步提升 AMR 磁基准的准确度。[50]

在应用领域，准确性是磁计量学追求的核心目标。在高准确度磁力仪方面，随着近年来量子精密测量技术的发展，也出现了很多新的进步。如利用精细结构间的原子共振进行磁测量的 HFS 磁力仪，可以在消除死区的同时，消除光频移误差，在地磁范围内相对不确定度达到 0.5×10^{-6}。相干粒子数布局囚禁（CPT）磁力仪，具有 HFS 磁力仪的优点，同时不需要复杂的微波技术，非常适合做高精度的航测磁力仪，目前已用于我国的张衡一号地震预测卫星。[51] 在微型化方面，美国国家标准局 NIST 研制的芯片级磁力仪[52]可以工作在 CPT 的标量场模式，也可以工作在 SERF 的矢量场模式，其探头体积不超过 $1cm^3$，是"NIST-on-a-Chip"计划的一部分，该计划的目标是制作各种量值的芯片级量子基准，最终在一个可以商品化的模块上复现各种可以溯源到物理常数的标准量值，实现从用户直接到基准的扁平化量值溯源链。

三、发展趋势及展望

电学基本单位安培的重新定义，将成为电磁计量科学的又一座里程碑，将成为应对二十一世纪科学技术挑战的重要支撑。电磁计量科学技术未来发展趋势主要体现在如下三

个方面：

（1）电磁计量科学技术将向极限／复杂电磁参量计量方向拓展。

国际单位制重新定义后，量子电压／量子电阻计量基准可直接应用于科技和工业产业现场，进行最佳测量和原地实时校准，可大大节约生产成本，显著提升产品质量；以量子电压为基础的微弱信号极限技术测量的不断发展，将带动众多物理量向着更高准确度的极限测量领域发展，由此可能触发重大科技创新和颠覆性技术的诞生。

科学技术的迅速发展已经使一些极端条件下的测量成为一种深入研究的重要手段，近些年得到了迅速的发展和普遍的重视。随着量子标准研究的进一步深入，通过突破传统的模拟技术和测量方法，开展基于量子技术的极限电磁参量的计量技术研究，有望应用于微弱信号极限技术测量，为极限信号的精密测量提供切实可靠的保障，推动国防、航天、科学前沿研究等相关领域发展。

在电磁计量领域，未来需在交流电参量领域实现 1MHz 交流电流和交流功率、超低频电信号、毫伏甚至微伏交流小电压及毫安甚至微安交流下电流校准或溯源；在高压大电流领域，满足超高压、特高压交直流电网、城市轨道交通和航空航天领域中，实现关键设备的高压大电流参数的测量和溯源。在直流电阻及电气安全领域实现极低阻（$10p\Omega \sim 1\mu\Omega$）、微弱电流（10fA）测量校准能力。实现基于电荷量暂态电气参数、飞行器雷电防护等复杂参数溯源。

在弱磁探测领域，开展航空磁力仪校准研究，研究建立基于多种原子磁力仪的"异质稳场"的标准磁场装置，解决在校准原子磁力仪时的共振干扰误差难题，发展对航空航天磁测绘领域常用的钾光泵磁力仪的检测、校准能力。

针对新能源及智能电网产业发展涌现的复杂电参量溯源需求，开展高压低功率因素损耗现场校准、光伏发电并网计量、电动汽车充电设施能效评测、直流大电流充放电计量、超低频及宽频电容损耗标准及溯源、储能超级电容器关键参数测试及溯源技术研究。

（2）电磁计量科学从传统实物标准向量子标准的迈进，将解决量值传递体系中传递链过长问题，实现真正意义上的量值扁平化传递与溯源。

新 SI 单位制变革，加速了扁平化新型计量方式的应用，即通过采用基于量子效应的计量标准，提供直接溯源至 SI 的校准和测量能力，实现对各种传感器和测量仪器的现场／在线校准，从而大幅提高测量精度和稳定性。对于电磁计量，开展新一代量子电学计量标准传递技术，以应对电学单位扁平化新型计量方式，显得尤为突出和紧迫。未来，新材料的应用为未来量子电学标准的推广和应用起到了决定性作用，大大降低了用户向量子基准溯源的门槛，使得我国的量子电学基准从"高大上"的国家实验室走出去"接地气"，能更好地满足我国能源工业、高新技术、精密仪器等各领域的日益增长的需求，具有良好的应用前景，同时拓宽了我国量子电学相关领域的计量校准能力，实现扁平化计量。

下一阶段，需进一步优化和改进能量天平装置 NIM-2，提升其稳定性和重复性；应对量传扁平化的需求，对能量天平装置的小型化关键技术进行研究。实现电学量子基准的国产化和小型化，形成具有自主知识产权的免液氦量子电压标准系统和量子化霍尔电阻标准系统。开展基于量子比例技术的交流电参量量值传递体系以及基于量子技术的宽频功率基准及量值传递体系的建立，实现交流电参量向物理常数溯源。

众多电学相关物理可通过新一代电学量子计量基准直接溯源至 SI 单位，这将彻底改变过去依靠实物基准逐级传递的计量模式，大幅提高测量准确性和稳定性。通过扁平化量值传递，可将电学量子标准直接应用于工业、电力、国防科技、精密仪表等行业，开展各种传感器和测量仪器的现场、在线校准，推动多个行业和领域的科技发展，进一步提升我国电磁计量科学技术水平。

（3）基于大数据、云计算等新型电磁计量技术的快速发展。

随着扁平化溯源的实现，电磁参量的计量校准自动分析、远程校准、在线测量的进展，校准将从目前的 1 对 1 变为 1 对 n，甚至 n 对 n 的在线计量模式。电磁计量将由单一计量向多元测量转变。计量结果的存在形式就是计量数据，在计量过程中会产生大量的测量数据，因此大数据、云计算等先进技术的应用也势在必行。基于大数据的新型计量形式是电磁计量转向计量服务的一种动向，同样也是量值传递扁平化的又一体现。

目前国内外相关机构都已开始开展电网大数据的研究工作。虽然研究成果仍然比较粗糙，相关的研究和应用多数仍处在研究和探索阶段，国外的研究多集中在电网故障预测、负载分析、电价及居民用电行为分析等方面，对数据计量特性的挖掘较少。

将大数据和人工智能应用于计量，提高广泛在用计量器具的检测效率，降低企业运营成本，支撑市场监管部门对广泛在用计量设备的有效监督，从海量计量数据中挖掘指导社会生产和生活的有价值规律。

国内以中国计量科学研究院和国家电网公司为主的研究机构也开展大数据下电能计量的研究工作，目前已取得一些研究成果，但距离实际应用还需要相关探索和实际验证分析。下一阶段需开展泛在电力物联网的大数据计量体系研究及应用，建立面向泛在电力物联网和新能源领域的新一代先进计量体系平台，实现大规模在用计量设备及电力设备的在线计量、远程校准、性能评价和在线监督。基于上述平台开展计量大数据挖掘和分析研究。

计量是质量的基础，加快构建以量子计量为基础的国家现代先进电磁计量体系，将为国家"质量强国""中国制造 2025"等重大战略的实施提供有力的技术支持。

参考文献

［1］ Rüfenacht A, Howe L A, Fox A E, et al. Cryocooled 10 V Programmable Josephson Voltage Standard［J］. IEEE Transactions on Instrumentation and Measurement，2015，64（6），1477-1482.

［2］ Benz S P, Waltman S B, Fox A E, et al. One-Volt josephson arbitrary waveform synthesizer［J］.IEEE Transactions on Applied Superconductivity，2015，25（1）：1-8.

［3］ Kieler O F, Behr R, Wendisch R, et al. Towards a 1V Josephson arbitrary waveform synthesizer［J］.IEEE Transactions on Applied Superconductivity，2015，25（3）：1-5.

［4］ Solve S, Chayramy R, Maruyama M, et al. Direct DC 10V comparison between two programmable Josephson voltage standards made of niobium nitride（NbN）-based and niobium（Nb）-based Josephson junctions［J］. Metrologia，2018，55（2）：302-313.

［5］ Wang Z M, Li H H, Yang Y, et al. Research on Differential Sampling with a Josephson Voltage Standard［C］// CPEM 2016 Conference on Precision Electromagnetic Measurements Digest，2016：499-500.

［6］ Wang Z M, Li H H, Yang Y, et al. Progress on AC Voltage Measurement System with Josephson Voltage［C］// CPEM 2018 Conference on Precision Electromagnetic Measurements Digest，2018.

［7］ Li H H, Gao Y, Wang Z M. A differential programmable Josephson voltage standard for low-measurement［C］// Conference on Precision Electromagnetic Measurements（CPEM 2016），2016.

［8］ Li H H, Wang Z M, Cao W H, et al. The Development of Differential Programmable Josephson Voltage Standard toward Quantum Voltmeter with Microvolt Range［J］. Proceedings of IEEE ICEMI，2017：249-253.

［9］ Gao Y, Li H H, Wang Z M. Mutual Inductance Measurement with Programmable Josephson System［C］// Proceedings of the 2014 Conference on Precision Electromagnetic Measurements（CPEM 2014），2014.

［10］ Mattias K, Elmquist R E. Epitaxial graphene for quantum resistance metrology［J］. Metrologia，2018，55（4）：R27-R36.

［11］ Lafont F, Ribeiro-Palau R, Kazazis D, et al. Quantum Hall resistance standards from graphene grown by chemical vapour deposition on silicon carbide［J］. Nature Communications，2015，6：6806.

［12］ Cao W H, Li J J, Zhong Y, et al. Study of Nb/NbxSi1-x/Nb Josephson junction arrays［J］. Chinese Physics B，2015，24（12）：531-535.

［13］ Wang L R, Li J, Cao W H, et al. The development of 0.5 V Josephson junction array devices for the quantum voltage standards［J］. Chinese Physics b，2019，28（6）：068501.

［14］ Wang X S, Zhong Q, Li J J, et al. Quantum Hall devices for the primary resistance standard based on the GaAs/AlxGa1-xAs heterostructure［J］. International Journal of Modern Physics B. 2019，33（08）：1950057.

［15］ 钟青，王雪深，李劲劲，等. 1kΩ 量子霍尔阵列电阻标准器件研制［J］. 物理学报，2016，65（22）：275-280.

［16］ Tzalenchuk A, Lara-Avila S, Kalaboukhov A, et al. Towards a quantum resistance standard based on epitaxial graphene［J］. Nature Nanotechnology. 2010，5（3）：186-189.

［17］ Janssen T J B M, Rozhko S, Antonov I, et al. Operation of graphene quantum Hall resistance standard in a cryogen-free table-top system［J］. 2D Materials. 2015，2（3）：035015.

［18］ Yang Y F, Cheng G J, Mende P, et al. Epitaxial graphene homogeneity and quantum Hall effect in millimeter-scale devices［J］. Carbon，2017，115：229-236.

［19］ Lafont F, Ribeiro-Palau R, Kazazis D, et al. Quantum Hall resistance standards from graphene grown by chemical vapour deposition on silicon carbide［J］. Nat Commun, 2015, 6：6806.

［20］ Luond F, Kalmbach C C, Overney F, et al. AC Quantum Hall Effect in Epitaxial Graphene［J］. IEEE Transactions on Instrumentation and Measurement. 2017, 66（6）: 1459–1466.

［21］ 孙丽，陈秀芳，张福生，等. 光电化学刻蚀方法去除SiC衬底外延石墨烯缓冲层及其表征［J］. 化工学报, 2016, 67（10）: 4356–4362.

［22］ Wang X S, Li J J, Zhong Q, et al. Thermal Annealing of Exfoliated Graphene［J］. Journal of Nanomaterials. 2013: 101765.

［23］ Wang X, Zhong Q, Li J, et al. WR–06 Power Standard Devices：2018 Conference on Precision Electromagnetic Measurements (CPEM 2018)［Z］. 2018.

［24］ Stock M. Watt balance experiments for the determination of the Planck constant and the redefinition of the kilogram［J］. Metrologia, 2013, 50（1）: R1–R16.

［25］ Robinson I A, Schlamminger S. The watt or Kibble balance：a technique for implementing the new SI definition of the unit of mass［J］. Metrologia, 2016, 53（5）: A46–A74.

［26］ Xu J X, Zhang Z H, Li Z K, et al. A determination of the Planck constant by the generalized joule balance method with a permanent–magnet system at NIM［J］. Metrologia, 2016, 53（1）: 86–97.

［27］ Li Z K, Zhang Z H, Lu Y F et al., The first determination of the Planck constant with the joule balance NIM–2［J］. Metrologia, 2017, 54（5）: 763–774.

［28］ Benz S P, Waltman S B, Dresselhaus P D, et al. One–Volt Josephson Arbitrary Waveform Synthesizer［J］. IEEE Trans on Applied Superconductivity, 2015, 25（1）: 1–8.

［29］ Georgakopoulos D, Budovsky I, Benz S P. AC Voltage Measurements to 120 V With a Josephson Arbitrary Waveform Synthesizer and an Inductive Voltage Divider［J］. Ieee Transactions on Instrumentation and Measurement, 2019, 68（6）: 1935–1940.

［30］ Jia Z S, Liu Z Y, Wang L, et al. Design and Implementation of Differential AC Voltage Sampling System based on PJVS［J］. Measurement, 2018, 125: 606–611.

［31］ Pan X L, Zhang J T, Shi Z M, et al. Establishment of AC power standard at frequencies up to 100 kHz［J］. Measurement, 2018, 125: 151–155.

［32］ Shi Z M, Zhang J T, Pan X L, et al. Self–Calibration of the Phase Angle Errors of RVDs at Frequencies Up to 100 kHz［J］. IEEE Transactions on Instrumentation and Measurement, 2018, 67（3）: 593–599.

［33］ Huang H T, Lu Z L, Wang L, et al. Dynamical waveforms and the dynamical source for electricity meter dynamical experiment［C］//2016 Conference on Precision Electromagnetic Measurements (CPEM 2016) 2016.

［34］ 李涛永，薛金会，闫华光，等. 一种电动汽车充放电设施现场能效测试方法研究［C］// 第十四届中国科协年会，电动汽车充放电技术研讨会论文集, 2012.

［35］ Wang Z P, Ma J, Zhang L. State–of–Health Estimation for Lithium–ion Batteries Based on the Multi–Island Genetic Algorithm and the Gaussian Process Regression［J］. IEEE Access, 2017, 5: 2759094.

［36］ Wang Y, Chen Q X, Hong T, et al. Review of Smart Meter Data Analytics：Applications, Methodologies, and Challenges［J］. IEEE Transactions on Smart Grid, 2019, 10（3）: 3125–3148.

［37］ LIU F X, HE Q, WANG L, et al. Estimation of Smart Meters Errors Using Meter Reading Data［C］//Conference on Precision Electromagnetic Measurements, Paris, France, 2018.

［38］ Lu Z L, Lu H, Yang Yan, et al., An initial reproduction of SI capacitance unit from a new calculable capacitor at NIM［J］. Ieee Transactions on Instrumentation and Measurement, 2015, 64（6）: 1496–502.

［39］ Lu H, Yan Y, Lu Z L, et al. Practical Application of Latest Optimal Hollow Active Auxiliary Electrode in Vertical Calculable Cross–Capacitor at NIM［J］. IEEE Transactions on Instrumentation and Measurement, 2019, 68（6）: 2144–2150.

［40］ Gournay P, Rolland B, Chayramy R, et al. Comparison CCEM-K4.2017 of 10 pF and 100 pF capacitance standards［J］. Metrologia, 2019, 56（1A）：01001-01001.

［41］ Wang W, Yang Y, Huang L, et al. Establishing of a 1000 V Multi-Decade Inductive Voltage Divider Standard at NIM［J］. Ieee Access, 2018, 6（99）：58594-58599.

［42］ He X B, Dai D X Jin P, et al. Development of High-accuracy Standard Capacitors and Capacitance Box［J］. IEEE Transactions on Instrumentation & Measurement, 2016, 65（3）：666-671.

［43］ Wang J F, Shao H M, He Q, et al. Measurement Analysis on Electric Power Parameters in Electrified Railway Traction Substations［C］//CPEM 2018, Paris, France, 2018.

［44］ 孙晋茹, 姚学玲, 李亚丰, 等. 碳纤维增强树脂基复合材料在多重连续雷电流冲击下的损伤特性［J］. 复合材料学报, 待发表.

［45］ Zhao Wei, Wang Jiafu, Li Chuansheng, et al. Study on the Frequency Bandwidth Limits for Deconvolution of the Step Response［C］//CPEM 2018, Paris, France, 2018.

［46］ 李传生, 邵海明, 赵伟, 等. 超大电流量值传递用光纤电流传感技术［J］. 红外激光工程, 2017, 46（7）：0722001-1-0722001-7.

［47］ 李传生, 赵伟, 王家福, 等. 直流光纤电流互感器谐波测量误差机理及改善［J］. 中国激光, 2017, 44（9）：0910002-1-0910002-7.

［48］ Newell D B, Cabiati F, Fischer J, et al. The CODATA 2017 values of h, e, k, and N A for the revision of the SI［J］. Metrologia, 2018, 55（1）：L13-L16.

［49］ Shifrin V Y, Park P G. Final report on P1-APMP.EM-S9：VNIIM/KRISS bilateral comparison of DC magnetic flux density by means of a transfer standard coil［J］. Metrologia, 2013, 50（1A）：01006.

［50］ Fu J Q, Wang H, Peng X, et al. A Laser-Pumped Cs-4He Magnetometer for Metrology［C］//Institute of Electrical and Electronics Engineers Inc. 2018 Conference on Precision Electromagnetic Measurements, CPEM 2018, Paris, France. 2018.

［51］ 伏吉庆, 张伟. 高准确度铯-氦光泵磁强计的粒子数密度配比研究［J］. 中国测试, 2018, 44（2）：11-15.

［52］ Pollinger A, Lammegger R, Magnes W, et al. Coupled dark state magnetometer for the China Seismo-Electromagnetic Satellite［J］. Measurement Science and Technology, 2018, 29（9）：095103.

［53］ Alem O, Mhaskar R, Jiménez-Martínez R, et al. Magnetic field imaging with microfabricated optically-pumped magnetometers［J］. Optics Express, 2017, 25（7）：7849-7858.

撰稿人：贺　青　邵海明　张江涛　杨　雁　李正坤　李劲劲　张秀增　王　磊　　　　王曾敏　鲁云峰　王家福　付吉庆　潘仙林　黄　璐　黄洪涛

光学计量研究进展

一、引言

光学计量涵盖 1nm~1mm 电磁辐射能量的发射、传输、接收以及与物质相互作用的相关测量，包括光度、辐射度、色度、光谱光度、激光辐射度、光通信等相关的光学测量，其中包含国际单位制（SI）七个基本单位之一的坎德拉的复现、保持和传递。光学计量与其他计量学科一起共同构成国家质量基础的计量体系。

随着科学技术进步和国民经济发展对溯源要求的不断提高，光学计量也经历着持续不断的发展，从准确度的不断提高到参数及量程、量限的扩展，从单一参量实验室校准到多参量综合、在线校准；尤其是在国际单位制七个基本单位基于常数重新定义的大背景下[1]，光学计量也在基于量子方法复现以及相关新技术发展和应用方面取得了多方面进步。本文总结了我国近年来光学计量的研究进展。

二、最新研究进展

近年来，我国的光学计量在其各个方面都取得了显著的进展，接下来将按照光度、辐射度等方面逐一介绍。

（一）光度

随着照明技术的发展，具有节能、环保特性的 LED 已成为替代低光效光源的主流光源，也逐渐成为电光源测试的主要对象。LED 的光谱同白炽灯具有明显的差别，LED 灯具的结构同传统的灯具亦有较大差别，沿用传统基于白炽光源的测量方法测量 LED 会造成测量结果的偏差大，为有效解决 LED 测量中的问题及白炽标准灯短缺的现状，满足产业发展及为消费者营造舒适健康的照明环境，开展了 LED 测量标准的建立及 LED 标准灯的

研制。国家计量院原创性地采用低电流、高电压的 LED 灯丝作为标准灯的发光体，在无须外加控温的条件下有效解决了 LED 标准灯的散热问题。同白炽灯相比寿命由 2000h 提升至 10000h；光衰率仅为白炽灯的 1/30；抗震性优于白炽标准灯；预热时间为 5~12min，与白炽灯相当，优于普通 LED（30min 以上）；制造成本低于白炽标准灯。同国际上其他 LED 标准灯相比具有无须外加温控装置且与白炽灯接口一致的优点，处于国际领先水平。CCPR 关键比对工作组正在着力解决下一轮光度关键比对中替代白炽灯用的发光强度和总光通量传递标准灯。在 2019 年国际计量局光度辐射度咨询委员会（CCPR）的讨论中，我国研制的 LED 标准灯被选为四种备选灯之二。

为提高光度测量的准确度，降低异色光源尤其是 LED 测量过程中光谱光视函数失配引起的不确定度，2018 年在 OPO 可调谐激光器系统上建立光度探测器绝对光谱响应度测量装置，提高了光度探测器相对光谱响应度的测量精度，从而改进了光谱失配修正的准确度。在主要波段范围内，光度探测器的相对光谱响应度相对测量不确定度达到 U_{rel}=0.2%（k=2）。基于 LED 多光谱匹配技术，研制了一种宽波段 LED 光源，将白光 LED 的光谱拓展至整个可见光波段，该方法为解决光辐射测量领域在 380~450nm 波段缺少光谱功率足够大的标准光源的问题，提供了一条新的技术路线。

国际计量体系正在经历历史性变革，2018 年第二十六届 CGPM 大会决定 SI 单位制的基本单位采用七个定义常数来表述。坎德拉虽未被重新定义，但为适应其他单位定义的变化，坎德拉定义的表述也做了相应的改变，引入光视效能常数 K_{cd}。为顺应计量基准的发展趋势和规律，不断提高基本单位量值的复现水平，开展了基于 LED 参比光源复现坎德拉的原理和技术的研究，利用溯源至低温辐射计和量子效率可预测探测器（PQED）的光度探测器，基于 LED 参比光源实现了坎德拉量值的复现，复现不确定度优于 0.22%，与现有国家基准量值在不确定度范围内一致。

为解决特种设备、医疗器械、基础物理、遥感探测、军用设备等领域的最新需求，满足极强、极弱等光辐射领域测量的量程空白，开展了极端光度量测量关键技术的研究，建立了极强和极弱光度计量标准装置，上限可达 10^5lx 或 2×10^5cd/m^2，下限可至 1×10^{-11}lx 或 1×10^{-7}cd/m^2。

（二）辐射色度和色度

1. 辐射度

在基于辐射源的光谱辐射度计量方面，我国建立了基于高温黑体的第四代光谱辐射亮度、光谱辐射照度、色温和分布温度国家基准装置，测量能力大幅提升。新基准装置通过新近参加的亚太和双边国际比对，光谱辐射亮度和光谱辐射照度量值与国际参考值的平均相对偏差绝对值分别为 0.46% 和 0.45%。目前正在参加 2017 年开始的新一轮光谱辐射照度国际关键比对 CCPR-K1.a。

针对短波紫外光谱辐射照度计量基准的空白，国家计量院建立了以氘灯为传递标准的 200~400nm 波段光谱辐射照度国家基准体系，使我国有能力参加 2020 年的光谱辐射照度国际关键比对 CCPR-K1.b；目前正在建立基于大口径 WC-C 高温固定点黑体的光谱辐射度计量基准，将进一步提升光谱辐射度的测量水平。

在红外波段，国家计量院正建立的 3~14μm 光谱辐射亮度计量基准体系，将基准的波长范围扩展至中远红外波段。原有的常温黑体标准装置正在进行技术改造升级，黑体的温度范围覆盖 293~523K，该装置主要由两台变温标准黑体、红外辐射计等组成，标准黑体的发射率大于 0.9995。改造后的全辐射温度测量不确定度 0.6K（$k=2$），全辐射亮度测量不确定度不大于 0.80%（$k=2$），全辐射发射率测量不确定度 0.03（$k=2$）。

在基于探测器的光谱辐射度计量方面，建立了基于可调谐激光器的辐射亮度响应度、辐射照度响应度测量装置，实现至低温辐射计的有效溯源。波长范围 400~900nm，辐射照度和辐射亮度响应度的测量不确定度分别为 0.18%~0.10% 和 0.46%（$k=2$）。

在辐射遥感计量领域，参加了全球四大自主辐射定标示范场之一"国家高分辨率遥感综合定标场"的建设工作，为定标场定期提供量值溯源，该场的实测数据已加入全球示范卫星比对网。参加定标场获取数据（地面、大气外反射和辐射亮度）的不确定度分析工作；承担外场实时观测光谱仪器的实验室定标，对外场观测时有重要影响的温度、稳定性、非线性、杂光等参数进行全面特性化评定，组建数学模型对数据进行修正，确保观测数据的全球准确一致。正在承担国家科技部"地球观测与导航"重点专项子课题——验证场网地基测量量值溯源及一致性校准技术，通过开展标准传递辐射计研制和标准传递辐射计至外场测量设备的量值传递方法研究，构建完整的实验室 - 外场量值溯源链路，提升光学辐射遥感计量不同场地、不同类型仪器测量的精准性和一致性。

2. 色度

在物体色度计量领域，采用分区压铸工艺结合三维打印技术，成功研制漫反射比复现积分球，实现了色度基准标准能力提升，测量不确定度达到 0.27%~0.49%（$k=2$）；建立了荧光色度计量能力，测量不确定度为 2.2%（$k=2$），正在参加国际关键性比对 CCPR-K5，并正在主导 APMP TCPR S7 比对。

在显示和视频测量领域，研究和建立显示器件关键参数计量标准和校准装置，包括显示器亮度、色度、辐射度、显示器测试仪器校准装置、显示屏闪烁率校准装置等；研究和建立显示器件性能测试系统，包括液晶显示器件光电性能测试系统、平板电视和计算机显示器能效测试系统、车载显示器件高低温环境测试系统、显示器视觉人体工学测试系统等；研究动态显示计量标准，通过使用高速测量设备与图像分析设备测试与评估不同显示器在动态显示条件下的图像质量，设计出动态显示测量装置，并将所测量的量值溯源至国家时间、光度、辐射度和色度基准。

（三）激光辐射度

自主研制了在太赫兹频段具有宽波段、高吸收率的材料，实现了太赫兹辐射宽频带吸收，研制了太赫兹辐射计，在可见光波段和太赫兹频段均具有高吸收率[2]，将量值溯源至国家激光功率基准，实现了太赫兹频段辐射功率的量值溯源。[3]2015年参加国际首次太赫兹辐射功率比对，与德国和美国现场比对的结果表明，在比对的2.52THz和0.762THz频点，均取得良好的等效一致，且中国的测量不确定度为国际最小，标志着我国太赫兹功率计量进入国际领先行列。[4, 5]

在前期飞秒脉冲激光计量和太赫兹计量研究取得关键技术突破的基础上，制定相关的校准规范，建立了计量标准；为我国超快光学和太赫兹计量研究和应用单位提供量值溯源服务，保障超快光学和太赫兹领域量值的准确可靠。[6]

在高功率激光计量领域，开展了万瓦级绝对型激光功率计量标准器具的研究，设计了基于水循环的新型热电传感系统，实现了电校准模块与激光吸收体的分离，使量值复现功率达到万瓦以上。在高能量激光计量领域，研究了具有电校准量值复现功能的变容式高能激光测量系统，具有外场测试便携、能量范围宽、抗损伤性能好的特点；研制的大口径高能激光斩光衰减系统，可将测量上限提高一个量级以上；采用反射式设计，保障抗损伤性。基于刀口扫描法，建立了1~200W功率范围的激光束束宽测量校准装置，填补了我国中高功率激光光束质量测量校准能力的空白。正在进行基于光压原理的高功率激光功率测量技术的研究，争取实现激光功率量值新的溯源链路，并为高功率激光的在线、现场校准储备技术。

（四）材料光谱光度

近五年，材料光学与光谱光度计量学科积极推进。当今材料科学已成为全球性的战略技术之一，正深刻影响着国民经济、国防建设的各个领域。在实际研究中，由于材料本身的复杂性，光和材料作用的属性受到散射和吸收的影响。因此，国家计量院在持续研究材料透反射特性的基础上，将角度反射、散射作为新的重点研究方向；同时注重新领域对材料光学这一基础学科的计量需求，发掘其中解决计量溯源关系的新技术。主要的进展有以下几方面：

1. 材料光学的极端量计量技术研究

随着材料技术的蓬勃发展，对于材料光学计量技术的需求不断向极强、极弱等极端情况发展。针对光辐射领域的低方向反射率极端量计量需求以及解决材料光学特性测量量值溯源等问题，围绕不同领域的极端量值溯源需求，研究不同波段低反射比、高吸收比计量技术，建立紫外和红外双向反射分布函数测量装置。在双向反射函数测量方面主要研究双向反射分布函数的绝对量值复现技术，基于等面积绝对定标和辐亮度单次测量的双向反射分布函数绝对量值测量方法。

2. 材料散射特性计量技术研究

光散射性能的研究由于其复杂性，不同于单一的光反射研究，既要有实验测量，还要有同等重要的数学模型分析。光散射测量涉及材料表面形貌、材料次表面结构、材料厚度和成分以及光的特性，一直以来是一个复杂的测量问题，尤其是当材料是生物材料或作为医学组织及其仿生物时，由于其复杂的结构和成分，甚至还有实时动态的因素，导致光散射的测量和分析成为难点。[7, 8] 这个量级的精密测量主要是低温条件下的材料内部电子与入射光子之间相互作用下的信号测量，在一定的视场即作用区域捕捉信号并给出作用轨迹，分析作用结果的测量不确定度。基于此，开展了基于磁共振成像的材料散射特性计量技术研究。

3. 材料光学应用领域计量技术研究

对光学密度在气体、图像等领域的应用计量技术进行了研究。[9-11] 光学密度是表征物体吸收特性的关键参数。基于比尔朗伯定律设计了多光程气体吸收腔并建立了被测气体浓度和光学密度之间的数学关系，将气体浓度 C 的测量转化为光学密度 D 的测量；此外，建立图像灰度与光学密度的计量溯源关系，并以磁共振成像仪为实例，进行了应用计量技术研究，针对国内外磁共振影像设备的生产、临床使用情况，研究可溯源至国际单位制（SI）的磁共振影像设备质控方法并标准化。

（五）光通信光探测器

1. 低温辐射计标准建立

在光辐射功率基准方面，近年来技术发展的核心主要是基于低温辐射计在连续宽光谱范围内建立起辐射功率的基准装置。建立起了基于低温辐射计与单色仪的宽光谱光辐射功率测量系统，实现了基于硅探测器与铟镓砷探测器的连续光谱范围绝对光谱响应度定标系统，并与传统的激光低温辐射计实现了相互验证，从而建立起了基于低温辐射计的光辐射功率量值溯源源头。

2. 研制红外低温辐射计吸收组件

针对"高分""地球观测与导航"等领域中光功率校准的波段扩展、准确度提高等需求，研制低温辐射计吸收组件并对吸收系数进行了准确标定，解决了低温辐射计的高精度测量和量值传递问题。

3. 量子化光辐射计量

在量子化光辐射即光子计量方面，我国开展了光子与红外低温辐射计的相关研究。国际单位制量子化变革及计量扁平化迫切需求极大地促进了新一代计量标准器件研制和溯源方法技术研究，例如芯片尺度计量标准关键器件制备技术、基于量子效应的计量标准和精密测量方法和技术、量子计量标准系统集成技术、扁平化量值传递的方法和技术。

4. 单光子和少光子探测

正在研制基于超导转换边沿传感器（TES）的精密光子测量系统，建立具有光子数分辨能力的单光子辐射基准装置。针对量子保密通信、生物发光、遥感探测等前沿领域中的单光子探测器量子效率定标需求，结合基于自发参量下转换关联光子定标单光子探测器量子效率、可预知量子效率探测器等多种其他基础方法，形成基于光学量子技术的光子计量支撑能力，推动我国光子计量整体达到国际第一梯队水平；促进单光子源技术的发展，为实现高效、自洽的可操控单光子源的研制提供关键验证技术手段，加快国际单位坎德拉的量子化进程；建立国际一流的量子光学测量技术研究与应用平台，为以量子密钥分配为代表的量子光学保密通信系统和部件的研发和应用提供有效的光子水平测量标准；保障量子强化测量技术能力的发展，为发展具有应用前景的突破标准量子极限的成像系统和光机系统奠定坚实的理论和技术基础。正在准备参加 2020 年的光子测量的国际比对。

5. 太阳光伏

在光伏计量方面，开展了地面用太阳电池和航天用太阳电池相关的计量研究。建立了标准太阳电池的标定值、太阳电池的光电性能参数以及太阳模拟器校准装置等计量标准，实现了光伏量值经标准探测器有效溯源至低温辐射计。针对光伏组件的老化测试技术开展了相关研究，为其户外老化和实验室内加速老化试验提供支撑。

6. 光通信

在光通信计量方面，随着物联网与第五代移动通信技术（5G 技术）的飞速发展，光纤传感探测技术与大容量高速光纤通信技术得到广泛的应用，针对光纤传感与高速光电脉冲特性参数的计量研究取得了突破性的进展。国内已经实现了 100GHz 高速光电探测器、光接收机的脉冲响应参数计量标准、光纤波长标准装置、光电探测器带宽特性标准装置、光网络特性测量装置、光纤偏振特性参数等一系列光通信计量标准，为光通信与光传感探测行业提供了量值保障。

7. 研究进展总结

综上所述，我国近年来无论在光学计量的基础和前沿研究以及服务支撑和应用于国民经济方面取得了显著成绩和进展。为参加国际比对奠定了能力基础，为国家光学计量测试能力的国际互认提供了重要支撑。我国光学计量领域通过国际互认的校准测试能力项目在这五年中增加了 120%。但是相对于我国科技发展的要求，光学计量还有很多方面需要进一步赶上。

三、国内外光学计量研究进展比较

（一）光度

国际计量局的 CCPR 和标准化组织——国际照明委员会（CIE）正在致力于建立基

于 LED 的光度量值传递体系及采用 LED 作为光度量值传递的标准器。[12] 新的用于光度、色度、辐射度测量的标准光源（new calibration sources and illuminants for photometry, colorimetry, and radiometry），被列为 CIE 的十大战略规划之首。国际计量局下属的光度和辐射度测量咨询委员会（CCPR）成立了 CCPR WG-KC TG4 工作组探索使用白光 LED 作为光度测量的传递标准的可行性。德国物理技术研究院 PTB、日本计量研究实验室 NMIJ[13]、芬兰 MIKES、俄罗斯 VNIIOFI 分别研制了带有控温装置的 LED 标准灯，重复性与白炽标准灯等同；中国计量科学研究院研制的 LED 灯丝标准灯的空间光分布、兼容性优于其他 LED 标准灯[14]，2019 年 CCPR 会议上成为 CCPR WG-KC TG4 比对的两种传递标准的四种备选灯之二，其中总光通量灯是入选的唯一备选灯。

将光学参量振荡（OPO）可调谐激光应用于光辐射测量能提高光谱测量信噪比，减小测量结果不确定度。美国、德国和韩国均在这一领域开展了研究，其中以美国的 NIST 的技术最完善。OPO 可调谐脉冲激光在探测器上产生的光电流是 ns 量级的脉冲电流，用常规方法做高精度捕捉存在困难，NIST 采用静电计对电流积分获得电荷值的方法，测量硅光电二极管的光谱响应度，测量不确定度与连续激光器法相当，达到 $U=0.07\%$（$k=2$）。然而，NIST 的工作只限于陷阱探测器，中国计量科学研究院跟踪了上述研究，使用一种高速的电压测量技术，捕捉脉冲电流经转换后的电压脉冲，研制了一套基于 OPO 可调谐激光器的光度探测器光谱响应度测量装置。

德国 PTB 在弱光光源校准方面，可以提供的量传标准为 $1\times10^5 \sim 1\times10^{-3}$lx，测量不确定度为 $U=1.5\%$（$k=2$）；美国 NIST 的照度校准范围为 0.1~3000 lx，测量不确定度为 $U=0.5\%$（$k=2$），未开展微弱光量值传递；我国的极端光辐射测量能力已达 $1\times10^5 \sim 1\times10^{-11}$lx 处于国际先进水平，但尚不能满足日益增长的对超微弱星、极限星等天体敏感器光辐射度计量需求，尚不具备十八等星的量传能力。

（二）辐射度和色度

1. 辐射度

在光谱辐射度方面，基于大口径 WC-C 高温固定点黑体辐射源直接复现光谱辐射度量值，能够减小光谱辐射度量值复现中的最大的误差源——黑体温度的测量误差，有效提升当前的光谱辐射度测量水平，这也是国际计量机构研究的热点和难点。美国计量院 NIST、英国计量院 NPL 和德国计量院 PTB 已经开展了基于可调谐激光器的探测器的辐照度、辐射亮度测量研究工作；目前德国 PTB、日本 NMIJ 均已开展大口径高温固定点黑体的研究；NIM 启动了相关研究项目，同时开展基于可调谐激光器的辐射照度和辐射亮度响应度计量，是基于辐射源计量的有效补充。

在对地观测领域，英国计量院 NPL 提出的空间辐射基准 TRUTH 计划将基于传统溯源的空间光谱辐射度测量不确定度提升了一个数量级，我国在此方面与英方开展了国际合作

研究。美国 NIST 也积极开展相关研究。[15] 十四五期间，国家计量科学研究院通过承担科技部"地球导航与观测"科技部重点专项子课题，开展了基于低温辐射计的辐射量传、外场光谱辐射度传递标准器的研制、高精度辐射遥感定标实验室建设、外场精准测量技术等方面的研究。

微光成像技术广泛应用于军用和民用各个领域。2017 年和 2018 年，我国先后发射了"吉林一号"和"珞珈一号01"卫星，可以拍摄夜间遥感影像，可以应用于我国的社会经济发展评估研究。与传统的太阳同步卫星载荷不同，夜间遥感需要在微弱光下成像；太阳轨道卫星和夜视卫星拍摄的光辐射动态变化可以高达九个量级。计量外界辐射度强弱和微弱辐射度仪器功能的关系是微弱辐射技术研究的重要组成部分，但目前国际上急需开展这方面的计量研究，以满足发展需求。

2. 色度计量

在物体色度计量领域，欧洲计量组织 EURAMET 的 EMRP 合作框架下启动了 XD-Reflect 项目，针对具有复杂视觉表观特性的工业品表面，从物体多角度色度、物体荧光色度、物体表面闪烁度等多个参数开展色度计量研究，德国 PTB、芬兰 MIKES、法国 CNAM、捷克 CMI、西班牙 CSIC、意大利 INRIM 等多个国家计量院参与，试图解决多年以来珠光、金属闪烁、角度变色等涂料及树脂的色度特性无法定量测量评估的难题。中国计量科学研究院多年前已建立了变角度散射光谱测量能力，十三五期间，正在开展针对物体荧光色度的研究，以满足我国工业界对于具有复杂视觉表观特性的色度计量需求。

（三）激光

2015 年，德国、美国和中国在柏林举行国际首次太赫兹激光辐射功率测量比对，中国计量科学研究院携带自主研制的太赫兹辐射计参加了现场比对实验，比对取得良好的等效一致，且中国计量院的测量不确定度国际最小，标志着我国太赫兹功率计量步入国际领先行列。在高功率激光辐射功率测量方面美国 NIST 首先完成了基于光压法的激光辐射功率测量装置，目前我国也已启动该方面的研究工作。

（四）材料光谱光度

在材料光谱光度方面，国内外研究进展不一。我国在此领域的研究展现了自身的特色。

在材料光学的极端量计量方面，国际上目前具备中红外波段漫反射比绝对复现的国家主要为美国 NIST、德国 PTB、英国 NPL。其中以 NIST 水平较高，具有代表性。NIST 装置除可以进行 15~200℃的漫反射直接测量外，还可以进行漫透射（直接）、吸收比（间接）、发射率（间接）的测量。中国计量科学研究院正在改进 800~2000nm 光谱漫反射比副基准；紫外区（250~400nm）漫反射比测量不确定度达到 1%（k=2）；中远红外区（2.5~16μm）

漫反射比测量不确定度不大于 3.5%（*k*=2）；开展材料宽波段双向反射分布函数 BRDF 计量技术研究并建立标准装置，实现紫外波段（280~450nm）、（1100~3000nm、3.3μm、10.6μm）测量标准不确定度优于 1.5%。

中国计量科学研究院在材料散射计量方面，提出一种基于磁共振成像的光散射测量方法。在磁共振成像仪中加入光纤阵列，将光纤馈入光信号的方式和磁共振成像技术相结合，将离散的光纤测量光散射信号与光散射磁共振图像进行配准，获得 4π 立体角空间的光散射分布。在材料光学应用计量技术方面，针对数字诊疗设备输出终端影像标准化进行研究，建立灰度计量标准，形成可测量的影像质控方法。研究磁共振影像设备各硬件对成像质量的影响，各量溯源至相应国家基准；按不同临床应用研制均匀水模、多参数水模、动态水模、显微水模以及标准线圈等。研究不同序列、采集方法以及谱仪对成像质量的影响。最终形成磁共振影像设备多层次标准体系，以期打破国外磁共振产业相关设备及技术的垄断和黑箱模式，助力民族产业的振兴。

（五）光通信光探测器

在光辐射功率基准低温辐射计方面各国研究活跃[16-19]，甚至将低温辐射计基准置于空间卫星上作为空间辐射基准源。正在进行的国家重点研发计划"地球观测与导航"专项正在开展将低温辐射计用于空间辐射基准技术的研究，并且建立溯源至国际单位制的链条。

在光子和低温辐射计量方面，目前美国 NIST 等发达国家计量院已经率先研制出红外波段的高性能低温辐射计，光谱辐射通量低于微瓦量级，不确定度达到 0.1% 水平，有效支撑了低背景红外校准系统、同步辐射精准监测等先进计量装置的发展，促进了红外探测器（光谱响应度）和黑体辐射源（发射率）的校准能力，使红外技术在遥感观测、气候变化（例如地球辐射平衡）、安全监控（例如红外安全监控、人员搜救）、诊断医疗（例如高光谱成像）等领域的应用更加深入广泛、为其测量结果准确可靠提供了溯源依据。

国家计量院已长期开展低温辐射计相关计量标准研究工作，逐步建立了激光辅助型低温辐射计的光谱辐射通量绝对定标能力并达到国际先进水平，促进形成了比较完善的光辐射计量体系，为激光、辐射度、光度、色度等计量能力的发展提供了坚实的基础。同时，通过近年来采用新一代光谱型低温辐射计，阶段性地实现了从可见波段到近红外的连续光谱辐射通量绝对定标能力，极大地促进我国光辐射计量溯源能力。完成了"红外绝对低温辐射计研制"，通过自主研制绝对低温辐射计来建立面向中红外波段的光谱辐射通量绝对定标能力，工作波段覆盖 1.55~10.6μm，工作量程达到一微瓦量级，标准相对不确定度达到 0.3% 水平，使我国成为国际上少数具有红外绝对低温辐射计基准能力的国家，为建立低背景红外校准装置和全面开展中红外波段光辐射计量能力建设奠定坚实的基础。

建立具有光学量子态分析能力的光子基准，为 SI 基本单位坎德拉的量子化提供关键支撑技术。发展可靠的光子标准和应用技术，为量子光学保密通信系统和部件的性能评价

提供有效的方法。开展量子强化测量技术基础研究，探索发展具有突破标准量子极限应用前景的方法理论和技术能力。

面向遥感观测领域的激光雷达等探测系统定标需求，研制基于电流驱动微纳激光或发光二极管、具有较窄光谱带宽和较小空间角度的标准光子辐射源，通过短脉冲电流集成电路驱动、结合光谱滤波、光学衰减和监测反馈等技术实现时域和辐射特性调控；面向生物光子学领域的显微成像系统定标需求，研制基于紫外可见光激发荧光材料的具有较宽光谱带宽和较大空间角度的标准光子辐射源，设计垂直分层的激励、发射、耦合输出结构，发展可通过层叠 – 键合 – 切割 – 封装等经典工艺实现的晶圆级系统封装集成技术；面向量子信息领域的光学量子探测系统定标需求，研制基于飞秒脉冲激励量子点或色心、具有单光子源特性的标准光子辐射源，通过表面等离激元波导等技术提高光子特向耦合和传输功能，发展基于可旋转显微成像系统的光子辐射空间分布特性测量装置。

针对空间太阳电池，国际上有空间站标定法、高空气球标定法、高空飞机标定法及地面阳光标定法、差分光谱响应度标定法（DSR 法）和太阳模拟器标定法等。[20, 21]正在开展研究的主要是采用 DSR 法开展空间太阳电池量子效率计量，再基于高光谱匹配，太阳模拟器进行光电性能参数计量，并对 AM0 太阳模拟器等相关关键设备的性能进行校准。初步开展了空间三结砷化镓太阳电池的高空气球标定。

在光通信技术方面，美国、英国等针对高速光电脉冲测量已建立了基于飞秒脉冲采样方法的标准装置，美国、俄罗斯、德国等针对光纤波长已建立了基于气体吸收峰的标准装置。国内相关参数的计量技术紧跟国际发展趋势，为信息互联互通提供量值传递。

四、光学计量发展趋势及展望

随着光技术的快速发展和光技术在科技和产业的广泛和深入应用，光学计量未来将具有很好的发展前景。

在光学计量的基础前沿方面，新的 LED 标准照明体 LED-B3 在 SI 基本单位坎德拉的复现和国际比对技术将是光度计量发展重点；进一步提升基于辐射源和探测器的光谱辐射度计量能力，改善测量不确定度、扩展量程和频段，并应用于带动光学计量体系的提升以及传递到行业应用层面，这些将是是辐射度方面的发展重点；光子计量、基于芯片的标准单光子源的研究将得到进一步发展；基于光压的激光功率计量将为高功率计量开辟新的途径，并因激光功率相对不确定度在很宽的量程上相对一致可能贡献于质量和力值的计量。计量学科发展的趋势之一是量值传递的扁平化，围绕量传扁平化的基标准建立、量值传递技术的发展以及传递用计量标准器的研发也将是接下来光学计量研究发展的重要特点。

在光度方面，基于 LED 的标准光源、近年来新出现的二维影像亮度计、不同种类分布和球形光度计、光谱照度计的校准，新的 LED 标准照明体 LED-B3 在光度领域的应用带来的诸多复现、量传、测量仪器评价指标和方法等方面新的计量难题的解决将是光度计量发展的重要方面。同时，照明品质、健康照明的相关质量评价，如光源的眩光、频闪的测试方法，则是光度计量的另一重要研究方面。另外，农业照明、医疗、通讯及光源非视觉应用的评估方法研究，将从另外方面拓展光度计量的内涵和外延。

在辐射度计量方面，将在基于基准辐射源和辐射探测器开展拓展大气紫外至真空紫外光谱辐射通量和光谱辐射照度、高辐照和微弱辐照计、标准紫外辐射源的计量能力建立，以及在可见至红外光谱范围的光谱辐射度支撑对地观测、海洋水色遥感和光辐射安全领域等方面着力发展。

在色度计量方面，一方面，将在针对汽车、家电等行业的工业涂料等领域提升完善物体 15°、25°、45°、75 和 115° 等多角度下色度测量能力[22]；另一方面，在光源色上提升基于光谱辐射测量的光源色能力并应用于显示和照明产业的产业链上下游，为近眼显示、Micro LED 等新型显示的计量校准需求提供技术保障，促进产业发展。

在激光辐射度方面，一方面将着重满足微弱激光探测、超快超强激光技术、人体安检仪研发与应用以及在危险品探测、物质成分识别等领域应用的计量需求，开展微小功率、超短脉冲激光参数计量以及太赫兹功率、光谱、频率计量；另一方面着眼于满足激光加工、三维打印等领域的计量需求，开展高功率激光以及高功率聚焦光束的光束质量计量检测。

在材料光谱光度方面，对紫外、红外更广的光谱范围的计量及应用研究将会越来越广泛深入，各种目标、环境表面双向反射分布函数的研究越来越受到重视，并将应用于目标材料和涂层发射率及吸收率的检测，以及用于研究提高太阳能产品的光电转化效率等方面。

在太阳光伏方面，三结及更多结砷化镓太阳电池等新型太阳电池的测量将结合空间和临近空间平台的测量技术持续发展；在光通信计量方面密集波分复用系统、光纤传感系统中要求的更高精度的波长测量、更高速率的光电脉冲时域参数计量、高精度及更多光谱范围的光纤功率测量研究将不断深入；在基于探测器的光辐射计量方面，溯源至低温辐射计的测量将向低量程、更宽的光谱范围扩展，并将在遥感观测、生命科学、量子信息等前沿领域支撑应用。

总之，光学计量将在基础前沿方面不断突破新的技术瓶颈提高测量准确度，在量值上不断扩展量程、量限，在量传上不断改进和缩短传递链，在应用上更加准确地针对具体需求，解决动态、多参量综合计量校准，以满足不断提高的计量检测和溯源需求。

参考文献

［1］ Fischer J, Ullrich J. The new system of units［J］. Nature Physics, 2016, 12（1）: 4–7.

［2］ Deng Y Q, Sun Q, Yu J, et al. Broadband high–absorbance coating for terahertz radiometry［J］. Optics Express,

2013，21（5）：5737-5742.

［3］ Deng Y Q，Sun Q，Li J. Traceable Measurement of CW and Pulse Terahertz Power with Terahertz Radiometer［J］. IEEE Journal of Selected Topics in Quantum Electronics，2016，23（4）：1.

［4］ Steiger A，Ralf Müller，Oliva A R，et al. Terahertz Laser Power Measurement Comparison［J］. IEEE Transactions on Terahertz Science & Technology，2016，6（5）：664-669.

［5］ Deng Y Q，Füser H，Bieler M. Absolute intensity measurements of CW GHz and THz radiation using electro-optic sampling［J］. IEEE Transactions on Instrumentation and Measurement，2014，64（6）：1.

［6］ Deng Y，Sun Q，Yu J. On-line calibration for linear time-base error correction of terahertz spectrometers with echo pulses［J］. Metrologia，2014，51（1）：18-24.

［7］ Miedzinski R，Fuks-Janczarek I. Non-linear optics study of the samples which strongly diffuse the Gaussian beam［J］. Optics & Laser Technology，2019，115：193-199.

［8］ Sanathana，Konugolu，Venkata，et al. Solid phantom recipe for diffuse optics in biophotonics applications：a step towards anatomically correct 3D tissue phantoms［J］. Biomedical optics express，2019，10（4）：2090-2100.

［9］ Liu Z L，Sun L Q，Guo Y，et al. The Calibration Research of DOAS Based on Spectral Optical Density［J］. Spectroscopy and Spectral Analysis，2017，37（4）：1302-1306.

［10］ Li J，Liu Z. Optical focal plane based on MEMS light lead-in for geometric camera calibration［J］. Microsystems & Nanoengineering，2017，3（6）：1-7.

［11］ Li J，Liu Z，Liu F. Compressive sampling based on frequency saliency for remote sensing imaging［J］. Scientific Reports，2017，7（1）：6539.

［12］ Zwinkels J C. CCPR Activities Related to LED-based Calibration Standards［C］// CIE. 2016.

［13］ First Development of the Standard LED Covering the full Visible light［EB/OL］Http://www.aist.go.jp/aist_e/list/latest_research/2016/20160414/en20160414.html.

［14］ 刘慧，刘建，赵伟强，等. 一种基于 LED 灯丝灯的标准灯的研制［J］. 照明工程学报，2017，28（2）：13-16.

［15］ Rice J P，Johnson B C. The NIST EOS thermal-infrared transfer radiometer［J］. Metrologia，1998，35（4）：505-509.

［16］ Menegotto T，Silva T F，Simoes M，et al. Realization of Optical Power Scale Based on Cryogenic Radiometry and Trap Detectors［J］. IEEE Transactions on Instrumentation and Measurement，2015，64（6）：1702-1708.

［17］ Tomlin N A，White M，Vayshenker I，et al. Planar electrical-substitution carbon nanotube cryogenic radiometer［J］. Metrologia，2015，52（2）：376-383.

［18］ Molina J C，Bernal J J，Castillo A M，et al. Electrical substitution radiometer cavity absorptance measurement［J］. Measurement，2015，64：89-93.

［19］ Lehman J H，Steiger A，Tomlin N A，et al. Planar hyperblack absolute radiometer［J］. Optics Express，2016，24（23）：25911-25921.

［20］ ISO15387-2005 Space systems - Single-junction solar cells-Measurement and calibration procedures［S］. 2005.

［21］ David B Snyder. Solar Cell Short Circuit Errors and Uncertainties during High Altitude Calibrations［EB/OL］. https：//ntrs.nasa.gov/search.jsp?R=20150009917.

［22］ CIE. Colorimetry［R］. Vienna：CIE Central Bureau，2018.

撰稿人：林延东　甘海勇　马　冲　刘　慧
熊利民　代彩红　陈　赤　邓玉强

时间频率计量研究进展

一、引言

时间单位"秒"是七个国际基本单位制中测量不确定度指标最高的基本单位,通过光速的定义,将基本单位长度"米"直接从时间单位导出。当前,秒被定义为铯133原子基态超精细能级间跃迁的9192631770个周期所持续的时间。[1]铯原子钟是复现秒定义的基准装置,是时间频率计量体系的源头,是一个国家战略竞争力的重要标志之一。

时间频率基准包括秒长基准(输出标准频率)和时标基准(输出标准时间)。时间频率计量研究主要开展秒长基准(微波钟、光钟)和时标基准研究,提升我国时间频率基准的指标,并对未来秒定义的变化做技术储备。此外,还开展通过卫星、光纤、网络等多渠道时间频率传递技术研究,对不同用户提供时间频率基准溯源信号。

二、我国的最新研究进展

(一)秒长计量基准

现行秒定义将铯原子的基态超精细结构能级跃迁频率定义为常数9192631770Hz。铯原子喷泉钟成为直接复现秒定义的实验装置。提高铯原子喷泉频率基准的不确定度指标,提高喷泉钟的稳定度和运行的可靠性,是目前国际上大国计量院不断追求的目标。同时,工作在光频的原子钟比工作在微波的喷泉钟有着天然的优势,理论上不确定度指标可以提高四五个数量级,Sr、Yb、Al$^+$等光钟不仅是秒定义的次级表示,同时也成为将来秒的重新定义的优秀备选。中国计量科学研究院在秒长计量基准的研究方面包括了微波频标和光频标两个研究方向。

1. 微波频率基准

NIM-Cs5 铯原子喷泉钟是我国"秒长国家计量基准",输出标准一秒的时间长度,是我国时间频率的源头。同时还驾驭氢钟守时,形成了我国独立自主的时间频率体系的源头。2013 年 NIM-Cs5 铯原子喷泉钟参加欧亚喷泉钟比对,向世界展现了中国时间频率基准的水平。2014 年,NIM-Cs5 铯原子喷泉钟经原国家质量监督检验检疫总局批准作为"秒长国家计量基准"。同年,秒长国家基准 NIM-Cs5 铯原子喷泉钟通过了国际时间频率咨询委员会频率基准工作组的评审,正式获准成为国际计量局承认的基准钟,与少数先进国家一起"驾驭"国际原子时,是中国唯一一台参与"驾驭"国际原子时的基准钟,使得我国在国际原子时合作中不仅拥有话语权,而且第一次具有了表决权,发挥了和国力相匹配的作用。从 2015 年 3 月起,NIM-Cs5 铯原子喷泉钟的标准频率通过伺服锁定的光纤链路传递到北京卫星导航定位中心,为北斗地面时提供溯源支持。2009 年,与 NIM-Cs5 铯原子喷泉钟平行研制的 NIM-Cs5-M 可搬运铯原子喷泉钟交付北京卫星导航定位中心运行。NIM-Cs5-M 可搬运铯原子喷泉钟独立复现秒定义,为北斗地面时提供溯源。在国内,NIM-Cs5 铯原子喷泉钟作为中国秒长基准,发挥了重要计量支撑作用;在国际,NIM-Cs5 铯原子喷泉钟作为国际承认的基准钟,与其他九国一起驾驭国际原子时,对国际原子时合作做出中国的贡献。

中国计量科学研究院作为国家计量单位对建立和维持中国时间频率体系,多年以来承担了多项国家重大的科研项目,取得了多项科研成果。从二十世纪六十年代就开始了铯原子钟的研制工作,从热铯束钟到铯冷原子喷泉钟。2003 年铯原子喷泉钟 NIM-Cs4 研制成功,是我国第一台研制成功的喷泉钟,在 2006 获得国家科技进步奖一等奖。在国家"十一五"计划经费支持下,继续开展 NIM-Cs5 铯原子喷泉钟的研究,并在国际上率先利用铯喷泉钟驾驭氢钟实现了地方原子时—中国计量院原子时 UTC(NIM),不确定度优于 6×10^{-15}。NIM-Cs5 铯原子喷泉钟 2014 年成为国家秒长计量基准,并通过国际时间频率咨询委员会频率基准工作组的评审参与"驾驭"国际原子时,是中国唯一参加驾驭国际原子时的基准钟。2017 年不确定度提升至 0.9×10^{-15}。2016 年,与原子时标一起作为新一代国家时间频率基准获得国家科技进步奖一等奖。

中科院上海光机所研制铷原子喷泉钟,近年有发表评定不确定度文章;上光所研制的空间冷原子钟 2017 年发射到嫦娥二号空间站,在全世界首次实现空间冷原子钟频率锁定。中科院授时中心从 2005 年起研制铯喷泉钟,未见文章报道评定不确定度。

2. 光频标

中国计量科学研究院的锶原子光晶格钟研究取得了多项关键技术的突破,研究团队从最基本的冷原子物理实验技术开始研究,设计了真空物理装置,采用了基于微通道喷嘴的锶原子炉和单线绕制的自旋反转式塞曼减速器,实现了锶原子速度从 500m/s 减速到约 50m/s,搭建了激光光学系统,实现了锶原子的一级激光冷却蓝 MOT、双频窄线宽二级激光冷却、光晶格装载、核自旋塞曼谱探测、简并谱探测、自旋极化和基于自旋极化的窄原子跃迁谱线探测，得到了最窄为 3Hz 的原子跃迁谱线。基于双侧自旋极化光谱，项目组建立了消塞曼频移的双跃迁锁定系统，实现了锶原子光晶格钟的闭环锁定。通过前馈的技术，采用一对补偿线圈，实现了对地铁磁场的补偿，系统的短期稳定度提高到了 2×10^{-15}，2000 秒稳定度达到了 1.6×10^{-16}。中国计量科学研究院的第一套锶原子光晶格钟 2015 年进行了首轮系统频移评定，评定不确定度为 2.3×10^{-16}，相当于 1.3 亿年不差一秒，实现了我国第一台基于中性原子的光钟，测量得到锶光钟跃迁的绝对频率为 429228004229873.7（1.4）Hz，不确定度为 3.4×10^{-15}。在 2015 年召开的时间频率咨询委员会会议上，计量院的锶原子光晶格钟的频率测量数据被采纳，参与了新的锶绝对频率国际推荐值的计算，体现了我国在国际推荐值定值中的作用，使中国成为世界上第五个研制成功锶原子光晶格钟的国家。中国计量院成功研制首台锶原子光晶格钟增强我国独立自主研制下一代时间频率基准的能力，为国际秒定义变革提供中国的贡献，为秒定义变革后我国独立自主复现量值的能力提供技术支持。

第一次评估完成之后，对第一套光钟系统进行改造升级，并开始第二套锶光钟系统的研究。首先针对评估过程存在的问题，对第一套光钟系统进行了改造，新设计了锶原子炉，对原子束流的控制更加稳定，并大大提高了系统的真空度，有助于提高激光冷却与囚禁系统的原子寿命。基于 30cm 参考腔建立了新的钟跃迁探测激光系统，对于可能影响系统稳定性的振动噪声、电光调制器剩余幅度噪声、光功率噪声和光纤噪声等都进行了精密测量和补偿，使得激光系统的秒级稳定度达到了 10^{-16} 量级。[2] 采用了光晶格能量滤波的方法，只保留光晶格内温度较低的原子。利用新的钟激光系统探测原子跃迁，得到原子跃迁谱线最窄宽度达到了 1.8Hz。通过分时自比对的方式，比较了分时锁定原子系统的稳定度，其频率差的阿兰偏差在 4 万秒左右进入到 10^{-18} 量级，是国内光钟稳定度首次达到 10^{-18} 量级，为后续不确定度评定打下了坚实的基础。

华东师范大学研制的镱原子光晶格钟[3]，2018 年评定不确定度 1.7×10^{-16}；开展了超窄线宽、超稳定激光研究，线宽达到了亚赫兹量级，秒稳定度进入 10^{-16} 量级。中国科学研究院武汉物理与数学研究所正在开展镱原子光晶格钟研究，实现了光钟的闭环锁定。中国科学院国家授时中心正在开展锶原子光晶格钟研究。中科院上海光机所开展了汞原子光钟的研究，也已经取得了阶段性进展。

在离子钟方面，中国科学研究院武汉物理与数学研究所在国内最早开展了钙离子光钟的研究，目前已经实现了频率评定和绝对频率测量[4]，评定不确定度 5.1×10^{-17}，绝对频率测量不确定度 2.7×10^{-15}；中国科学研究院武汉物理与数学研究所还进行了铝离子光钟的研究，并已经实现了闭环锁定；另外，华中科技大学开展了铝离子光钟的研究，国防科大开展了汞离子光钟的研究，都取得了不错的进展。

（二）原子时标

中国计量科学研究院建立并保持着原子时标国家计量基准 UTC（NIM），其基本作用是产生和保持中国统一使用的时间——北京时间，同时产生高度准确和稳定的频率信号，用于国内的量值传递。持续保持原子时标基准连续稳定可靠运行是保障国家安全、时频量值准确一致及国际等效的必要基础。近年来，中国计量科学研究院不断加强时间频率基础建设，坚持创新驱动技术发展，取得了多项科技成果。守时钟组逐渐得到扩充，目前已有十三台氢钟七台铯钟向国际计量局报数。2016 年由中国计量科学院牵头组织国内北斗时标系统、中科院授时中心时标系统和国防 203 时标系统等多家技术单位，联合攻关"中国标准时间"的关键技术。该项目整合国内守时资源，解决国内守时节点的互联互通、资源的共建共享，将为建立独立统一、安全可靠的"中国标准时间"奠定基础。

中国计量科学研究院开展了全球导航卫星系统时间频率传递、卫星双向时间频率传递，长期连续保持 UTC（NIM）国际比对，保证国际溯源。2013 年中国计量院成功主导了包括中、俄、日、印四国计量院的欧亚四国铯喷泉钟国际比对，标志中国第一次成功主导基准钟国际比对。2014 年，中国计量科学研究院被国际计量局 BIPM 指定为国际七家一类时间传递链路校准实验室之一，负责对亚太区域内二类实验室的校准。在 2017 年首次实现了基于北斗的欧亚链路时间频率传递，保证了中国高端原子钟相互比对和时标系统参加国际原子时合作的链接。与此同时，中国计量科学研究院在和平里院区、昌平院区、清华大学、北京卫星导航定位中心之间建立了光纤时间频率传递链路，实现了 200ps 不确定度 ±5ns，处于国际先进水平。UTC（NIM）也是中国唯一采用铯原子喷泉钟参与校准的原子时标，在特殊时期，与国际原子时失去联系时，仍能保持不降低准确度独立运行。

三、国内外研究进展比较

（一）秒长计量基准

1. 微波频率基准

自 1995 年法国计量局 SYRTE 研究所率先报道研制成功激光冷却 – 铯原子喷泉时间频率基准装置[5]以来，世界十五个国家和地区的研究院所先后开展了这项工作。目前，向国际计量局报数的有十个国家十三台喷泉钟。[6]

法国 SYRTE 在时间频率和光频链研究工作领域有悠久的传统和雄厚的基础。继 1995 年在研制成功世界第一台激光冷却 – 铯冷原子喷泉钟，他们相继研制了可搬运铯冷原子喷泉钟和铯铷共用冷原子喷泉钟。目前 SYRTE 是世界上唯一保有三台冷原子喷泉钟的实验室[7-9]，三台钟的评定不确定度均约为（2~5）× 10^{-16}。自 1998 年开始，在欧洲航天局资助下法国 SYRTE 与一系列研究所和公司合作研制冷原子空间钟（space clock），计划搭载国际空间站（International Space Station）建设空间时间频率基准[10]，据称将在近年升空。

美国 NIST 是国际时间频率研究的超级大国。美国 NIST 在激光冷却和离子 / 原子存储领域的研究一直处于世界领先的地位。在法国建成喷泉钟后，美国 NIST 立即集中力量急起直追，在 1999 年研制成功第一台铯喷泉钟[11]。目前 NIST 有两台冷原子喷泉钟[12-13]，F2 的 B 类评定不确定度为 1×10^{-16}。美国航空航天局曾组织美国 NIST 和喷气推动实验室（JPL）等合作研制冷原子空间钟，并取得显著进展。但在 2005 年美国取消了冷原子空间钟的研制计划，并且至今没有恢复的迹象。

美国海军天文台（USNO）作为美国军队的时间频率实验室，承担着保持美国军队标准时间频率的职责，同时也是 GPS 的地面时间频率中心实验室。近年来随着激光冷却 – 铯原子喷泉钟技术的日趋成熟，长时间准连续运转能力增强[14]，人们认识到激光冷却 – 铯原子喷泉钟驾驭守时的潜力。USNO 研制了紧驾驭氢钟的铷原子喷泉钟，并已经按守时钟向 BIPM 报数，长稳已经达到 5×10^{-17}。

德国 PTB 是铯钟研究传统强国。几十年来 PTB 的磁选态铯束基准钟在准确度，特别在连续可靠运行方面一直居世界领先地位。2000 年，PTB 研制成第一台冷原子喷泉钟[15]，2010 年第二台喷泉钟已经正式运行[16]。目前这 2 台钟的评定不确定度约为 1.7×10^{-16} 和 2.7×10^{-16} [17]。

日本 NICT[18]、NIMJ[19]、英国 NPL[20] 和意大利 IEN[21] 于 2004—2006 年相继报道研制成功铯喷泉钟。

俄罗斯（VNIIFTRI）[22] 和中国（NIM）[23] 于 2013—2014 年先后向国际计量局报数，2015 年印度（NPLI）[24] 向 BIPM 报过一次数。2018 年瑞士 METAS 研制的连续喷泉钟开始向国际计量局报数[25]，喷泉钟不确定度为 2×10^{-15}。最终形成了十个国家十三台钟"驾驭"国际原子时的格局。

目前国内大陆地区研究冷原子喷泉钟的主要有三家：中国计量科学研究院、中科院上海光机所和中科院国家授时中心。

中国计量院是国内最早开始做冷原子喷泉钟的，2003 年 NIM4 铯原子喷泉通过鉴定，不确定度 9×10^{-15}；2014 年 NIM–Cs5 铯原子喷泉钟通过鉴定，并于 2014 年开始向国际计量局报数，目前不确定度为 9×10^{-16}。2018 年中国计量院研制 NIM6 初步评定不确定度 6×10^{-16}，预计 2020 年完成。

中科院上海光机所主要以铷原子喷泉钟为主，2011 年完成初步的性能评估并实现长期连续运行，不确定度为 2×10^{-15} [26]。于 2016 年 9 月首次将冷原子钟随天宫二号空间实验室发射升空，首次在国际上实现了空间冷原子钟，并实现了良好运行。[27]

中科院国家授时中心于 2004 年开始研究铯原子喷泉钟，报道频率不确定度为 2.9×10^{-15}。[28]

2. 光频标

光频标的研究主要包括单离子光钟和中性原子光晶格钟。美国 NIST 的 D. J. Wineland 小组创立了基于量子逻辑的铍离子和铝离子光频标，2019 年铝离子光钟的不确定度评定达到了 9.4×10^{-19}，成为目前世界上最准确的原子钟。此外，法国、英国、德国、奥地利、日本、加拿大等也在离子光频标研究方面也都取得了很好的研究成果。中性原子光频标方面，2015 年，美国 JILA 小组实现了总不确定度 2.1×10^{-18} 量级的锶原子光晶格钟；2018 年，美国国家标准技术研究院 NIST 报道了镱原子光晶格钟研究的最新成果，评定不确定度达到了 1.4×10^{-18} 的水平[29]，成为国际上最准确的光晶格钟。2017 年，JILA 小组利用费米简并的锶原子建立了光晶格钟，同一团冷却囚禁的原子云的不同部分之间进行频率锁定和比对，得到的频率比对稳定度进入了 10^{-19} 量级。[30] 2018 年，他们把最新研制的基于低温单晶硅腔的超稳激光应用到了光钟上，两套光钟进行频率比对，在一小时的时间内，两台光钟比对的稳定度就达到了 6×10^{-19}。法国巴黎天文台的锶原子 2016 年向国际计量局报数参与国际原子时的驾驭，2018 年，法国巴黎天文台再次向 CircularT 报数。日本国家信息通信技术研究院的锶原子光晶格钟也开始报数驾驭国际原子时[31]。国内光钟研究相对起步较晚，但有多家单位在进行光钟研究，包括中国计量科学研究院、中国科学研究院武汉数学物理所、中科院国家授时中心、华东师大、中科院上海光机所、华中科技大学等。2015 年中国计量科学研究院的锶原子光晶格频标评定不确定度 2.3×10^{-16}；通过溯源到 NIM–Cs5 铯原子喷泉钟进行了绝对频率测量，不确定度 3.4×10^{-15}，并被国际时间频率咨询委员会 CCTF 采纳，参与了锶原子频率 2015 年国际推荐值计算。华东师大的镱原子光晶格钟自评定不确定度达到 1.7×10^{-16}。武汉数学物理所的钙离子光钟评估不确定度 5.1×10^{-17}，绝对频率测量不确定度 2.7×10^{-15}。国内光钟研究在理论和技术研究方面的创新还不多，与国外领先的实验室之间仍然存在较大的差距。

（二）原子时标

2011 年以来国际计量局 BIPM 通过改进原子时算法、改进时间频率传递及链路校准技术，不断提高协调世界时 UTC 的准确度与稳定度。[32] 在 UTC 的产生过程中，算法主要包括预测算法、权重算法及驾驭算法。[33] BIPM 采用了新权重算法，使得氢原子钟在原子时标中发挥更大的作用，并使自由原子时 EAL 的长短期频率稳定度都得到了改善[34]，2016 年 EAL 的频率稳定度为 3×10^{-16}/月。在驾驭方面，BIPM 一直利用频率基准来估算国际原子时 TAI 与 SI 秒定义的相对偏差及不确定度。根据 BIPM Circular T 的数据，可以看到，UTC（USNO）、UTC（PTB）、UTC（NIST）的时标处于国际领先水平。我国现有四家守时实验室，分别是中国计量科学研究院（NIM）、中科院国家授时中心（NTSC）、中国人民解放军 61081 部队以及中国航天科工集团二院二〇三所（BIRM）。其中，中国人民解放军 61081 部队所保持的守时系统是我国"北斗"卫星导航定位系统的地面主站基准。其他各守时单位均保持各自的 UTC（k），同时定期向 BIPM 报送数据，参加国际原子时 TAI 的归算。其中，UTC（NIM）、UTC（NTSC）与 UTC 的时差近期均优于 ±5ns。

美国参加国际原子时合作的主要单位有美国国家标准技术研究院（NIST）和美国海军天文台（USNO）。NIST 与 USNO 保持的本地协调时 UTC（USNO）和 UTC（NIST）均被认定是美国的官方时间。NIST 保有十三台商品氢钟和十五台商品铯钟的守时钟组与两台铯喷泉钟，产生美国官方时标 UTC（NIST），向全美发播美国法定时间（civil time）。USNO 利用三十三台商品氢钟，八十一台商品铯钟的庞大守时钟组产生美国军用时间 UTC（USNO），利用自研的六台铷喷泉钟驾驭时标，使得 UTC（USNO）一直保持全世界最稳定、最准确的时标地位。UTC（SU）是俄罗斯国家法定时标基准，是俄罗斯境内包括 GLONASS、空间地面通信及电视等传递和发播时间频率信号的唯一参考。其守时钟组由九到十二台俄罗斯研制的主动型氢原子钟与两台铯喷泉钟组成，同时研制了四台铷喷泉钟，与铯喷泉钟共同驾驭时标，大幅提高了 UTC（SU）的准确度和稳定性。

协调世界时 UTC 的形成需要分布在世界各地的守时钟的高精度比对，多通道 GPS 全视 / 共视比对、GPS+GLONASS 一体化全视比对向着亚纳秒精度进军，并在 1 天以上的长期稳定度方面起主要作用。卫星双向时间频率传递（TWSTFT）及 GPS 载波相位技术将在中、短期稳定度方面起主要作用。随着其他卫星导航系统的不断改善，国际计量局计划逐步将 GLONASS、北斗、伽利略等系统纳入国际原子时计算之中。由于多模导航系统研究的不断深入，多种全球导航卫星系统的结合也成为热点，结合多种全球导航卫星系统进行时间频率传递也成为时间频率传递领域的一个重要研究方向。光纤时间频率传递方法是目前短距离最有潜力的时间频率传递方法之一，天稳可以进入 10^{-18} 甚至更高的量级，近年来多家时间频率实验室开展了光纤时间频率传递的研究。中国计量科学研究院 NIM 已实现了全球卫星定位系统（GPS）码基和载波相位时间频率传递法和卫星双向比对法。进行了几十千米级距离光纤时间传递实验，不确定度优于 150ps。

四、发展趋势及展望

（一）秒长计量基准

1. 微波频率基准

目前铯喷泉钟作为频率基准驾驭国际原子时（TAI），喷泉钟的研究主要包括分析影响系统不确定度的各项因素，进一步提高指标，提高系统运行的可靠性、工程化程度。同时超稳微波也是一个重要的研究方向，不仅作为本振提高基准钟的稳定度，同时提高超稳微波的长期稳定度，争取可以直接作为钟使用。微波频标具有广阔的应用市场，研制高指标、高可靠性的冷原子微波钟一直是重要的研究方向。

2.光频标

光钟是下一代秒定义的备选。研究超窄线宽激光器为光钟研究提供更好的本地振荡器，深入研究原子物理理论，为进一步提高光钟不确定度指标提供依据，同时改进光钟系统，提高不确定度指标和运行可靠性是未来的发展趋势。由于光钟的不确定度指标越来越高，最准确的光钟不确定度进入 10^{-18} 量级，因此通过广义相对论的引力红移效应，能够测量大地水准高程差[35]，这是光钟应用方面的一个重要的方向。为了能够进行这样现场测量的应用，需要对光钟的可靠性和可搬运性进行较大幅度的提升，因此提升光钟可靠性和运行能力也是光钟未来发展的一个重要方向。

（二）原子时标

原子时标是连续运行的复杂的高技术含量的综合性系统，其主要功能是产生准确、稳定、可靠的标准时间频率信号，通过授时系统传递给用户。[36-38]守时钟、比对技术及原子时算法互相依赖，是守时系统的关键要素。

目前国际上守时钟主要包括主动型氢原子钟及铯原子钟，经过半个多世纪的发展，氢原子钟及铯原子钟的技术性能已得到充分的开发，进一步提升其性能已经很困难。为了适应修改秒定义的需要，新型守时钟研制受到广泛关注，如离子微波钟、守时型激光冷却喷泉钟等。未来将重点发展新型原子钟的连续运行能力及可预测性，满足高指标的守时要求，形成新型原子钟守时钟组，产生更加稳定可靠的时间频率信号，为中国标准时间及协调世界时 UTC 的产生做出贡献。

目前协调世界时 UTC 的产生主要依赖于 GPS 时间频率传递及卫星双向时间频率传递，为适应守时钟性能的改进，提升时间频率量值的稳定度与准确度，高精度的时间频率比对技术至关重要。因此，在时间频率传递方面加强时间频率远距离传递比对技术的研究及相关时间频率设备的精密计量技术研究是主要发展趋势。我国正在积极推进北斗时间频率传递、高精度卫星双向时间频率传递（TWSTFT）、光纤时间频率传递、比对链路的校准等技术研究工作，以满足高精度时间频率比对及传递的需求，支撑国内国际间高精度的比对时间频率基准比对。[39]

原子时算法及驾驭方法对于提升守时的总体性能起着至关重要的作用[40, 41]，为此，时标算法研究一直以来是领域研究的主要方向之一。铯喷泉钟、铷喷泉钟驾驭氢原子钟（组）产生时标，可充分利用铯喷泉钟、铷喷泉钟的长期频率稳定度和氢原子钟的短期频率稳定度，已成为时标的发展趋势。随着光钟技术的不断成熟，研究光钟驾驭氢原子钟（组）产生高准确度的原子时标也成为时间频率领域研究的热点。[42, 43]

参考文献

［1］ Resolution 1 of the 13th CGPM（1967）［EB］. Https：//www.bipm.org/en/CGPM/db/13/1. 1967.

［2］ Li Y，Lin Y，Wang Q，et al. An improved strontium lattice clock with 10^{-16} level laser frequency stabilization［J］. Chinese Optics Letters，2018，16（5）：051402.

［3］ Huang Y，Guan H，Liu P，et al. Frequency Comparison of Two ^{40}Ca Optical Clocks with an Uncertainty at the 10^{-17} Level［J］. Physical Review Letters，2016，116（1）：013001.

［4］ Gao Q，Zhou M，Han C，et al. Systematic evaluation of a ^{171}Yb optical clock by synchronous comparison between two lattice systems［J］. Scientific Reports，2018，8（1）：8022.

［5］ Clairon A，Laurent P，SantarelliG，et al. A cesium fountain frequency standard：preliminary results［J］. IEEE Trans. Instrum. Meas，1995，44（2）：128–131.

［6］ FTP server of the BIPM Time Department at BIPM website［EB］. Https：//www.bipm.org/en/bipm−services/timescales/time−ftp/Circular−T.html.

［7］ Laurent P，Lemonde P，Simon E，et al. A cold atom clock in absence of gravity［J］. Eur. Phys. J. D，1998，3：201–204.

［8］ Guéna J，Rosenbusch P，Laurent P，et al. Demonstration of a dual alkali Rb/Cs fountain clock［J］. IEEE Trans. Ultrason. Ferroelectr. Freq. Control，2010，57，647–653.

［9］ Guéna J，Abgrall M，Rovera D，et al. Progress in Atomic Fountains at LNE−SYRTE［J］. IEEE Transactions on Ultrasonics，Ferroelectrics，and Frequency Control，2012，59（3），391–410.

［10］ Laurent P，Jentsch C，Clairon A，et al. The PHARAO space clock：Results on the ground operation of the engineering model［C］//IEEE. 2007 IEEE International Frequency Control Symposium Joint with the 21st European Frequency and Time Forum. Switzerland，2007：1106–1112.

［11］ Meekhof D M，Jefferts S R，Stepanovic M，et al. Accuracy Evaluation of a Cesium Fountain Primary Frequency Standard at NIST［J］. IEEE Transactions on Instrumentation and Measurement，2001，50（2）：507–509.

［12］ Jefferts S R，Shirley J，Parker T E，et al. Accuracy evaluation of NIST−F1［J］. Metrologia，2002，39：321–36.

［13］ Heavner T，Donley E，Levi F，et al. First accuracy evaluation of NIST−F2［J］. Metrologia，2014，51（3）：174–82.

［14］ Peil S，Hanssen J，Swanson T B，et al. The USNO rubidium fountains［C］//IOP. 8th Symposium on Frequency Standards and Metrology. Potsdam，2015：012004.

［15］ Weyers S，Hubner U，Schroder R，et al. Uncertainty evaluation of the atomic caesium fountain CSF1 of the PTB［J］. Metrologia，2001，38（4）：343–52.

［16］ Gerginov V，Nemitz N，Weyers S，et al. Uncertainty evaluation of the caesium fountain clock PTB−CSF2［J］. Metrologia，2009，47（1）：65–79.

［17］ Weyers S，Gerginov V，Kazda M，et al. Advances in the accuracy，stability，and reliability of the PTB primary fountain clocks［J］. Metrologia，2018，55（6）：789.

［18］ Kumagai M，Ito H，Kajita M，et al. Evaluation of caesium atomic fountain NICT−CsF1［J］. Metrologia，2008，45（2）：139–148.

［19］ Kurosu T，Fukuyama Y，Koga Y，et al. Preliminary evaluation of the Cs atomic fountain frequency standard at NMIJ/AIST［J］. IEEE Transactions on Instrumentation and Measurement，2004，53（2）：466–471.

［20］ Szymaniec K，Park S E，Marra G，et al. First accuracy evaluation of the NPL−CsF2 primary frequency standard［J］.

Metrologia, 2010, 47（4）: 363-376.

［21］ Levi F, Calonico D, Lorini L, et al. IEN-CsF1 primary frequency standard at INRIM: accuracy evaluation and TAI calibrations［J］. Metrologia, 2006, 43（6）: 545-555.

［22］ Blinov I Y, Boiko A I, Domnin Y S, et al. Budget of Uncertainties in the Cesium Frequency Frame of Fountain Type［J］. Measurement Techniques, 2017, 60（1）: 30-36.

［23］ Fang F, Li M, Lin P, et al. NIM-Cs5 fountain clock and its evaluation［J］. Metrologia, 2015, 52（4）: 454-468.

［24］ Arora P, Purnapatra S B, Acharya A, et al. NPLI Cesium Atomic Fountain Frequency Standard: Preliminary Results［J］. IEEE TRANSACTIONS ON INSTRUMENTATION AND MEASUREMENT, 2013, 62（7）: 2037-2042.

［25］ Jallageas A, Devenoges L, Petersen M, et al. First uncertainty evaluation of the FoCS-2 primary frequency standard［J］. Metrologia, 2018, 55（3）: 366-385.

［26］ 王倩, 魏荣, 王育竹. 原子喷泉频标: 原理与发展［J］. 物理学报, 2018, 67（1）: 174-191.

［27］ Liu L, Lü D S, Chen W B, et al. In-orbit operation of an atomic clock based on laser-cooled [87]Rb atoms［J］. Nature Communications, 2018, 9（1）: 2760.

［28］ 阮军, 王叶兵, 常宏, 等. 时间频率基准装置的研制现状［J］. 物理学报, 2015, 64（16）: 160308.

［29］ McGrew W F, Zhang X, Fasano R J, et al. Atomic clock performance enabling geodesy below the centimetre level［J］. Nature, 2018, 564（7734）: 87.

［30］ Campbell S L, Hutson R B, Marti G E, et al. A Fermi-degenerate three-dimensional optical lattice clock［J］. Science, 2017, 358（6359）: 90-94.

［31］ Hachisu H, Nakagawa F, Hanado Y, et al. Months-long real-time generation of a time scale based on an optical clock［J］. Scientific Reports, 2018, 8（1）: 4243.

［32］ Arias E F, Panfilo G, Petit G. Timescales at the BIPM［J］. Metrologia, 2011, 48（4）: S145.

［33］ Levine J. Introduction to time and frequency metrology［J］. Review of Scientific Instruments, 1999, 70（6）: 2567-2596.

［34］ Panfilo G, Harmegnies A. A new weighting procedure for UTC［J］. 2013, 51（3）: 285-292.

［35］ Grotti J, Koller S, Vogt S, et al. Geodesy and metrology with a transportable optical clock［J］. Nature Physics, 2018, 14（5）: 437-441.

［36］ Gao Y, Gao X, Zhang A, et al. The generation of new TA（NIM）, which is steered by a NIM4 caesium fountain clock［J］. Metrologia, 2008, 45（6）: S34.

［37］ Levine Judah. Invited Review Article: The statistical modeling of atomic clocks and the design of time scales［J］. Review of Scientific Instruments, 2012, 83（2）: 021101.

［38］ Zhang A, Liang K, Yang Z, et al. Research on Time Keeping at NIM［J］. Mapan, 2012, 27（1）: 55-61.

［39］ Kun L, Felicitas A, Gerard P, et al. Evaluation of BeiDou time transfer over multiple inter-continental baselines towards UTC contribution［J］. Metrologia, 2018, 55（4）: 513-525.

［40］ Koppang P A. State space control of frequency standards［J］. Metrologia, 2016, 53（3）: R60-R64.

［41］ Wang Y, Chen Y, Gao Y, et al. Atomic clock prediction algorithm: random pursuit strategy［J］. Metrologia, 2017, 54（3）: 381-389.

［42］ Grebing C, AlMasoudi A, DaRscher S, et al. Realization of a timescale with an accurate optical lattice clock［J］. Optica, 2016, 3（6）: 563.

［43］ Hachisu H, Nakagawa F, Yuko Hanado Y, et al. Months-long real-time generation of a time scale based on an opticalclock［J］. Scientific Reports, 2018, 8（1）: 1-12.

撰稿人: 戴少阳　林弋戈　王玉琢　王少凯　房　芳

电离辐射计量研究进展

一、引言

电离辐射计量学是核测量领域的一门基础学科，是广泛利用原子能科学技术以及研究防范电离辐射可能产生的危害所必需的重要前提和基础。作为基础科学，不但需要探索电离辐射的本性，而且需要利用各种新技术研究原子核内部的结构及运动规律；作为应用科学，直接服从于工业经济和社会生活的发展需要，在核能开发利用、生命科学与环境保护、医学诊断和治疗、辐照加工和国防应用等领域，发挥了越来越重要的作用。

电离辐射计量涉及的量和单位是为描述辐射源和辐射场性质、辐射与物质相互作用时能量的传递关系，反映受照射的物质内部变化的程度和规律而建立起来的物理量及其量度。电离辐射计量的基础任务是实现和传递国际单位制（SI）相关量，包括放射性活度、粒子注量、比释动能、吸收剂量和剂量当量等。复现电离辐射量和单位的测量方法和装置不仅源于学科发展规律，还要以社会需要为依据，并且与国民经济和社会发展紧密相关。近年来，电离辐射计量学所涉及的研究课题大都来自经济发展、社会发展和国防科研的需求。反过来，电离辐射计量学又促进了核技术在现代化工农业和科学技术应用方面的进一步发展。可以说没有电离辐射计量学和测量技术的发展，就不可能有核科学本身的发展和核技术的普遍应用。

我国电离辐射计量工作开始于 1960 年，在中国计量科学研究院（以下简称国家计量院）设置了辐射剂量、放射性活度和中子等三个电离辐射计量相关实验室，着手开展我国电离辐射计量学的科研工作。经过几代计量科学工作者的不懈努力，我国已形成相对完整的电离辐射计量体系，批准建立电离辐射计量基准二十三项，建立相应的计量标准七十多项。在核能开发利用、环境保护、放射医学诊疗、辐照加工和国防应用等领域提供了计量技术保证。国家计量院作为我国最高计量技术机构和计量科学研究中心，研究、建立、保存、维护和改进电离辐射计量基准十八项，国家电离辐射计量标准十六项，负责全国电离

辐射计量的有关量值传递和统一任务，并开展电离辐射计量基础研究和应用研究，在经济建设、社会发展和国防应用中发挥重要的支撑作用。

二、我国近年的最重要研究进展

（一）辐射剂量计量学

在辐射剂量领域，近年来开展了空气比释动能、剂量当量和吸收剂量（空气吸收剂量和水吸收剂量）等相关物理量的测量方法研究和量值复现，参加了相应的国际比对，建立和完善了部分基准装置，使得我国电离辐射剂量的量传体系不断完善。通过进行相关项目的科研攻关，建立了能够初步满足我国当前核技术开发和应用各领域中大部分量值溯源需求的参考辐射场，并基于现有的技术能力建立了一系列用于量值传递的标准装置，为医疗卫生、国民经济、国防安全和公共安全提供了力所能及的计量技术服务，基本解决了相关领域量大面广的计量溯源问题。目前，中国原子能科学研究院、中国辐射防护研究院、中国疾病预防控制中心核与辐射安全研究所、上海市计量测试研究院已成为国际原子能机构次级计量标准实验室网络成员（SSDLs），中国计量科学研究院正式成为国际原子能机构剂量基准实验室（PSDL）成员。

此外，为了更好地开展量值传递和进行量值传递方法研究，由全国电离辐射计量技术委员会牵头，中国计量科学研究院主笔开展电离辐射计量技术法规体系的编制工作，并向相关主管单位提交了电离辐射计量技术法规体系表。

1. 空气比释动能量值复现

目前我国已经建立了一系列空气比释动能基准装置，可以满足光子（X 射线和 γ 射线）环境水平、防护水平、诊断和治疗水平等不同剂量率条件下的常规量传需求：研制了用于 10~60kV 低能 X 射线和 60~250kV 中能 X 射线空气比释动能的自由空气电离室，建立了 10~60kV 低能 X 射线和 60~250kV 中能 X 射线空气比释动能基准装置，并参加了 BIPM.RI（I）-K2 和 BIPM.RI（I）-K3 国际比对，并获得国际等效；研制了用于乳腺 X 射线空气比释动能量值复现的自由空气电离室和 250~600kV 高能 X 射线空气比释动能石墨空腔电离室，完成了乳腺 X 射线空气比释动能和 250~600kV 高能 X 射线空气比释动能基准装置的建立，其中前者也参加了 BIPM.RI（I）-K7 国际比对。研制了一系列的基准石墨空腔电离室组，建立了 ^{60}Co 和 ^{137}Cs γ 射线空气比释动能基准装置，并参加 BIPM.RI（I）-K1 和 BIPM.RI（I）-K5 国际比对，均获得国际等效。高剂量率近距治疗 ^{192}Ir γ 射线参考空气比释动能率量值测定技术和量传溯源体系的研究工作已经初步完成，研制了用于参考空气比释动能量值复现的石墨空腔电离室及其绝对测量方法，目前已经开始了针对近距离治疗用 ^{192}Ir γ 射线的剂量的量传工作。

中国计量科学研究院根据相关的量传系统表和标准考核管理办法建立了一系列的国家

级标准装置开展相应的量传工作，如 γ 射线空气比释动能（环境水平）标准装置、γ 射线空气比释动能（防护水平）标准装置、X 射线诊断水平剂量仪检定装置等。

表 1　我国空气比释动能基准装置

序号	基准名称	主要技术指标	国际比对	备注
1	（10~60）kV X 射线空气比释动能基准装置	（1×10^{-2}–0.1）Gy/min，0.56%（$k=2$）	BIPM.RI（I）–K2	2017 年
2	乳腺 X 射线空气比释动能基准装置	0.58%（$k=2$）	BIPM.RI（I）–K7	2018 年
3	（60~250）kV X 射线空气比释动能基准装置	（1×10^{-2}–0.1）Gy/min，0.44%（$k=2$）	BIPM.RI（I）–K3	2018 年
4	（250~600）kV X 射线空气比释动能基准装置	（3×10^{-3}–0.8）mGy/s，0.62%（$k=2$）	/	/
5	^{137}Cs γ 射线空气比释动能基准装置	（1×10^{-3}–10）Gy/h，0.50%（$k=2$）	BIPM.RI（I）–K5	2014 年
6	^{60}Co γ 射线空气比释动能基准装置	（1×10^{-3}–10）Gy/h，0.54%（$k=2$）	BIPM.RI（I）–K1	2015 年
7	高剂量率 ^{192}Ir γ 射线参考空气比释动能率基准装置	电离电流不确定度 0.1%（$k=2$）	BIPM.RI（I）–K8	预计 2020 年

2. 吸收剂量量值复现

目前，吸收剂量量值复现工作包括：空气吸收剂量、水吸收剂量（分治疗水平和加工水平吸收剂量）和硅吸收剂量。

（1）空气吸收剂量

我国建立了基于 ^{90}Sr/^{90}Y 源的 β 射线空气吸收剂量测量装置，完成了 β 射线空气吸收剂量测量方法的研究，实现了 β 射线空气吸收剂量的量值复现，合成标准不确定度 2.7%。目前正在参加德国国家计量院 PTB 组织的国际比对 BIPM KCDB：EURAMET.R(I)–S16，为建立我国 β 射线空气吸收剂量基准奠定基础。在上述基础上，开展 β 射线组织等效材料吸收剂量的测量研究，有望解决弱贯穿辐射防护仪表无法溯源的问题，为医学诊断和治疗、工业生产、核电站、环境监测、国防安全和科学研究等领域核技术的安全利用提供计量保障。

（2）水吸收剂量（治疗水平）

通过自由空气电离室复现比释动能后转化，测量能量低于 100kV 的 X 射线水吸收剂量，通过水量热方法，进行能量高于 100kV X 射线水吸收剂量绝对测量研究。建立了治疗水平 ^{60}Co γ 射线水吸收剂量基准（u=0.37%），于 2015 年参加了国际原子能机构比对，加入了其次级标准实验室网络，该基准装置于 2017 年正式获批为国家基准，并面向全国开展量值传递服务。采用水量热计方案，完成加速器高能光子水吸收剂量基准装置研制（$u=0.35\%$），参加国际比对取得等效互认，编制完成水吸收剂量国家检定系统表和放疗用电离室剂量计水吸收剂量校准规范，初步建立了放射治疗水吸收剂量量值传递体系。

由于水吸收剂量为放射治疗处方剂量，在医学领域，水吸收剂量的量值传递体系较我国现行的照射量量值传递体系更为简单、先进、科学，可以降低临床放疗的剂量不确定度。2015 年以来，在水吸收剂量量值体系的建立与发展方面，我国已开始进行治疗水平水吸收剂量量值传递，治疗水平水吸收剂量检定系统表和放疗用电离室剂量计校准规范于 2019 年正式颁布，这样进一步规范我国放射治疗量值体系，支撑放疗质控技术发展。我国现有医用加速器超过二千五百台，仍以每年二百台的速度增长，是全球最大的医用加速器及放疗质控设备市场，为应对该类设备的量值溯源需求，需要计量科研机构与医疗卫生机构深度合作，结合临床放疗测量需求，持续开展相关剂量测量技术研究。

（3）水吸收剂量（辐照加工水平）

建立了硫酸亚铁剂量计水吸收剂量国家基准［测量范围 40~400Gy，$U=2\%$（$k=2$）］，参加 BIPM 和 IAEA 组织的 ^{60}Co 水吸收剂量比对，取得国际等效和互认。建立了重铬酸盐剂量计［测量范围 0.5~40kGy，$U=4\%$（$k=2$）］和丙氨酸 /ESR 剂量计［测量范围 10~70kGy，$U=4\%$（$k=2$）］水吸收剂量传递标准，以及辐射加工水平水吸收剂量量值传递系统。为规范辐射加工吸收剂量测量的标准化程序，中国政府参照 ISO 标准，现已颁布了二十个涉及辐射加工剂量测量的国家标准和技术法规。

（4）硅吸收剂量

随着空间技术、航天科技的发展，各种电子元器件广泛应用于人造卫星、宇宙飞船、运载火箭、洲际导弹等装置和系统中。这些电子元器件不可避免地会处在空间辐射和核辐射等强辐射应用环境中，随着时间的推移辐射会对元器件的性能造成不同程度的破坏从而导致整个电子设备发生故障。我国各相关单位均参照美军标 MIL–STD–883D，制定芯片总剂量辐射效应的评价标准。该标准规定了相关的辐射条件和辐射剂量都是以硅材料的吸收剂量为计算依据，即以 rad（Si）或者 Gy（Si）为单位。为了复现芯片材料的硅吸收剂量，计量院正在开展芯片硅吸收剂量测量的研究工作。主要研究 ^{60}Co 伽马射线条件和电子束辐射条件下的硅吸收剂量的测量装置，比较采用量热法直接测量硅吸收剂量和模拟计算给出的硅吸收剂量值的差异，确定其量传方法，为实际的不同种类的电子元器件辐射效应实验提供依据。

3. 剂量当量量值复现

随着核技术应用的日益增多，核安全和防护越来越受到关注，辐射剂量监测是核安全保障的重要前提。辐射防护量——剂量当量也是辐射剂量学最关心的物理量之一，对应到计量领域，相关的物理量是周围剂量当量 H*（p）、定向剂量当量 H'（p）和个人剂量当量 Hp（p）。周围剂量当量 H*（p）、定向剂量当量 H'（p）主要用于环境辐射剂量监测，主要是 H*（10）和 H'（0.07）；对于个人剂量当量 Hp（d），强贯穿辐射对应着 Hp（10），弱贯穿辐射对应 Hp（0.07）和 Hp（3）。

目前通过溯源至空气比释动能基准，如 γ 射线空气比释动能（环境水平）标准装置、γ 射线空气比释动能（防护水平）标准装置和热释光剂量计检定装置等，我国已具备针对强贯穿辐射防护剂量的测量与量传能力，周围剂量当量 H*（10）和个人剂量当量 Hp（10）。2018 年作为链接实验室参与了 APMP 组织的东南亚国家计量院之间的 ^{60}Co 和 ^{137}Cs 辐射防护水平质控比对。

4. 放射治疗水吸收剂量量值体系的建立与发展

水吸收剂量为放射治疗处方剂量，在医学领域，水吸收剂量的量值传递体系较我国现行的照射量量值传递体系更为简单、先进、科学，可以降低临床放疗的剂量不确定度。2015 年以来，我国已开始进行治疗水平水吸收剂量量值传递，治疗水平水吸收剂量检定系统表和放疗用电离室剂量计校准规范将于 2019 年正式颁布，这样进一步规范我国放射治疗量值体系，支撑放疗质控技术发展。我国现有医用加速器超过二千五百台，仍以每年二百台的速度增长，是全球最大的医用加速器及放疗质控设备市场，为应对该类设备的量值溯源需求，需要计量科研机构与医疗卫生机构深度合作，结合临床放疗测量需求，持续开展相关剂量测量技术研究。

5. 开展环境级 γ 辐射量传方法研究

为了实现环境级 γ 辐射空气吸收剂量的量值传递，近年来开展了 γ 辐射能谱 - 剂量溯源方法研究，通过模拟计算和实际测量的方法得到谱仪对不同能量射线的响应函数，实现对测量谱到剂量转换计算，并与参考值进行比较，验证了该方法的可行性，最终建立了基于通过测量能谱得到辐射剂量的剂量监测设备的溯源方法，可用于部分固定式辐射剂量监测仪表的溯源。

6. 提升服务于场所安全防护和个人剂量监测的溯源能力

β 射线剂量量值溯源体系的建立：在 β 射线组织等效材料吸收剂量测量方法的研究基础上，我国在 β 辐射剂量研究领域具备了参加国际比对能力，解决了弱贯穿辐射防护和工作场所辐射监测领域无法直接从 β 射线组织等效材料吸收剂量溯源的问题，初步具备了建立我国 β 辐射剂量的量值溯源体系的技术基础。

光释光剂量计测量与量传方法研究：基于光释光元件的吸收剂量和剂量当量（包括用于环境剂量监测的周围剂量当量和个人剂量监测的个人剂量当量）的检测能力的建立，将能够满足光释光剂量计的辐射剂量量传需要，为包括核电、医疗、航空、环保、科研等在内的多个核技术应用和研究领域提供计量技术支撑支持。

7. 持续提升服务于辐射加工等工业应用的剂量能力

为了适应辐射加工的快速发展，1983年中国政府启动了"建立辐射加工吸收剂量国家标准量传体系"的工程计划。中国计量科学研究院建立了硫酸亚铁剂量计水吸收剂量国家基准、重铬酸盐剂量计和丙氨酸/ESR剂量计国家水吸收剂量传递标准、吸收剂量测量量值溯源系统，实现了我国辐射加工装置剂量学性能的检定、校准和辐射加工日常剂量检测用工作剂量计的量值传递工作。

我国于1988年开始实施"国家剂量保证服务（NDAS）"计划，其宗旨与国际原子能机构（1AEA）的"国际剂量保证服务（1DAS）"计划相同。近年来，我国70%从事医疗用品辐射灭菌和食品辐照处理的辐射加工单位参加了该计划；2007年以来的十年，共进行了988个剂量比对，统计表明有95%的剂量测量数据与评定值一致性好于±5%以内。NDAS计划对定期监督各辐射加工单位吸收剂量测量值是否稳定、可靠起了一定作用。此外，近年来陆续建立了X和γ射线探伤机检定标准装置，针对X和γ射线探伤机的检定工作也持续开展，在实际检测工作中也获得了一定的经验。

8. 为仪器仪表开发提供技术支持

通过开展环境辐射监测设备的性能测试评估工作，进一步完善了对于辐射监测仪表性能测试与评估的能力。中国计量院受生态环境部核与辐射安全中心委托，对拟在全国布放的环境辐射监测设备进行性能测试与评估。作为主导实验室有针对性地提出了环境辐射监测设备的性能测试方案，并最终完成了辐射监测设备的相关测试，获得了业内专家的一致认可，计划作为同类型设备测试工作的样板，在环保领域今后的工作中推广。

9. 拓展服务于大科学装置的计量能力

0.5~300keV单能X射线辐射装置：目前已经建立0.5~300keV单能X射线辐射装置，完成了硬X射线调制望远镜的地面标定，由中国计量院和中国科学院高能物理研究所合作建设的HXCF，其能量范围在15~168keV，我国第一颗天文卫星"硬X射线调制望远镜（HXMT）"提供了能量线性、能量分辨率、探测效率、能量响应矩阵和有效面积等方面的地面标定服务。

开展10~20keV同步辐射注量测量：初步搭建了同步辐射注量测量装置，通过采用自由空气电离室和热释光剂量计对10~20keV同步辐射进行现场测量，并通过理论计算修正，初步实现了同步辐射注量的测量。

（二）放射性活度计量

在放射性活度计量方面，由于涉及的放射性核素种类众多，衰变类型复杂，且被测量核素的活度范围量级不同，因此在放射性活度（Bq）的量值复现方法和量值传递方法有显著差异。目前，以中国计量院、国防科技工业电离辐射一级计量站等计量技术机构建立了基于符合计数法、液体闪烁计数法等绝对测量方法的放射性活度基准，实现了大部分放射性核素的活度量值复现，并通过建立 γ 谱仪、4πγ 电离室等标准装置以及通过放射性标准物质来实现不同量级活度量值的传递。同时，围绕国家在环境保护、辐射防护、核医学等领域发展的计量急需，加强了学科建设，在完善活度计量基标准测量能力的同时，提升服务于满足各行业溯源需求的计量能力。

1. 放射性氡气活度浓度量值溯源体系趋于完善

化学元素氡（Rn）是目前所知仅次于香烟引起人类肺癌的第二大元凶。据统计，世界范围内有 3%~14% 的肺癌由氡诱发。氡具有放射性，其衰变产物也具有放射性，容易沉积在呼吸道壁上并持续产生辐射危害。

经过近年的持续攻关，中国计量科学院研究建立了基于氡冷凝技术的氡活度基准装置，并参加了 CCRI（II）-S14.222Rn 国际比对，测量结果取得国际等效，使我国氡浓度测量能力提升 10 倍以上。目前，氡计量基标准装置能为空气质量检测、工程建设氡检测、国防坑道内氡防护检测、辐射防护、疾病防控与地震科学研究等提供高准确度计量溯源支撑。

2. 基于液体闪烁技术的放射性活度计量能力达到同等国际水平

液体闪烁测量方法，由于其源制备方法简单且无自吸收的优点，在放射性活度绝对测量领域得到了广泛应用。通过自主设计研发，建立了基于三光电倍增管的液闪 TDCR 绝对测量装置，并通过基于双光电倍增管的商用液闪计数器开展了效率示踪 CIEMAT/NIST 方法进行放射性核素的绝对测量。在以上装置上，陆续完成了放射性核素 H-3、Fe-55、C-14、Am-241、Na-22、Mn-54、Tc-99m、F-8、Ge-68、Pa-231 等的绝对测量，并通过参与国际计量局 BIPM、国际电离辐射计量咨询委员会 CCRI、亚太区域计量组织 APMP 等框架下的国际比对实现量值国际等效和互认，为相关放射性核素在核电、环保等领域的监测，核医学领域的应用提供计量保障。此外，与法国亨利贝克勒尔实验室、国际计量局、德国联邦技术物理研究院持续合作，在液闪计数法理论和计算程序、基于液体闪烁技术进行国际参考系统能力扩展等工作中发挥重要作用。

3. 气体活度绝对测量技术研究取得新进展

相比较于放射性溶液和固态放射性物质的测量，我国现有放射性活度量值溯源体系中关于气态放射性的部分还很不完善。按照测量方法以及应用需求，放射性气体主要涉及放射性氡气及子体、放射性惰性气体（如 Kr-85、Xe-133）。为了满足核电、环保领域关于放射性惰性气体监测量值溯源的需求，中国计量科学研究院于近两年建立了基于内充气正比计数器长度补偿法的惰性气体活度浓度绝对测量装置，并通过与法国亨利贝克勒尔实验室合作，对阈值以下小脉冲漏计数修正、气体混合和平衡方法、气体样品定量取样等方面进行了深入研究。这部分工作将为建立我国放射性惰性气体活度浓度国家基准、形成惰性气体量值传递体系奠定技术基础。

4. γ 谱仪和 4π γ 电离室活度标准测量能力得到扩展和提升

由于大部分核素在发生核衰变的同时，都会伴随 γ 放射性的产生。因此，对于很多放射性核素的活度测量，都可以通过对 γ 射线的测量来实现。我国目前建立的 γ 谱仪标准和 4π γ 电离室活度标准装置，基本覆盖了 Bq 至 GBq 活度范围内的量值传递。一方面，为了满足环境放射性监测中对于低放射性水平（mBq 水平）的需求，中国计量科学研究院于近两年开展了基于反符合探测技术的低本底 γ 谱仪系统的研究工作。通过采用低本底铅室、含硼聚乙烯、无氧铜等复合材料的结构设计，以及基于塑料闪烁体作为反符合探测器，有效降低来自宇宙射线和铅屏蔽体内次生放射性在高纯锗探测器内产生的本底计数，以期本底水平下降两个数量级以上。该装置的建立，将显著扩展现有 γ 谱仪标准装置的活度测量下限至 mBq 水平，并提升活度水平在 Bq 级环境样品的测量不确定水平。另一方面，在高活度区间，为了满足核医学临床应用对于新兴放射性药物（如 I-125、Y-90 等）以及成像药物（如 Tc-99m、F-18 等）的量值准确度要求，在现有 4π γ 电离室活度标准装置上，陆续完成了 Tc-99m、F-18、Ge-68、I-125 等医用核素的测量和活度线性研究，扩展了 4π γ 电离室活度标准对于医用核素的测量范围和测量能力。

5. 服务于核电、环保等领域的放射性标准物质研发能力持续提升

与大多数计量标准不同，放射性核素活度的量值传递需要借助于放射性物质。因此，放射性标准物质的研制是体现放射性活度量值服务于行业需求计量保障的重要一环。近年来，中国计量院、上海计量测试技术研究院等计量研究单位加大对放射性标准物质的科研投入，在提升液闪基准、γ 谱仪标准和 4π γ 电离室活度等标准装置测量能力满足放射性标准物质活度定值的同时，在核素分离、电沉积等制源工艺上有了较大突破。在不断提升标准物质研制能力的同时服务于领域测量质量提升需求。

2017 至 2018 年，中国计量院组织了包括中广核集团六大核电基地、环境保护部核与辐射安全中心、中国疾病预防控制中心的 16 家实验室参与的核素活度测量能力验证。能力验证的放射性核素包括 H-3、Cd-109、Co-57、Co-60、Cs-137 和 Am-241 共六种，是与核电站运行安全监测、运行效率监测、核电大修监测、流出物中放射性核素监测、环境保护监测密切相关的放射性核素。通过能力验证客观检验了核电领域关键测量数据的准确性，是核电领域本专业已开展的计量能力验证中专业性水平最高的一次，对于核电检测质量提升具有示范意义和引领作用。

（三）中子计量

目前我国中子计量工作主要涉及与中子防护相关的研究与量传。中国计量院和中国原子能科学研究院是我国开展中子计量的主要研究机构，此外中船重工集团七一九研究所、中国工程物理研究院、中国核动力研究设计院等单位下设的国防工业放射性二级或三级计

量站也开展一些中子计量工作。其中，中国计量科学研究院的中子计量工作始于二十世纪六十年代，目前已经建立了中子源强度、热中子注量、14.8MeV 中子吸收剂量、中子参考辐射等四项国家基、标准装置。中国原子能科学研究院计量测试部是国防工业放射性计量一级站，目前已经建立了 0.1MeV 至 20MeV 单能中子注量、中子源强度等标准装置。近五年，国内的中子计量相关研究进展主要集中在如下方面：

1. 热中子注量基准恢复〔基准编号：GJJ（射）0501〕

热中子注量率基准主要针对能量 0.025eV 的热中子，通过慢化反应堆、加速器或放射性核素中子源产生的中子形成参考热中子束（场），热中子注量率采用金箔活化和 ^{235}U 裂变电离室两种方法进行绝对测量，能谱由蒙特卡洛模拟计算或中子能谱测量装置确定。热中子注量率基准研制始于 1970 年，并于同年通过鉴定，之后由于慢化体发生变形，基准参数变化造成无法正常工作，国内热中子注量的量传工作中断。为应对热中子截面、中子探测器研究与设计、中子防护材料、热中子成像以及在医疗卫生方面应用的需求，2015起开展了热中子注量率基准装置改造恢复的研究工作，并在此基础上开展恢复热中子注量率基准及相关量传工作。2018 年完成热中子注量率基准装置主要设备热中子参考辐射装置的模型设计。

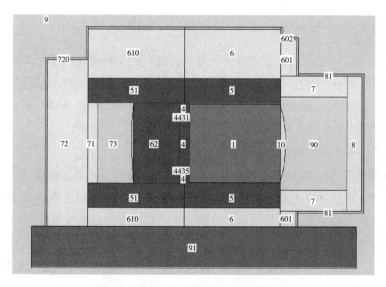

图 1　热中子参考辐射装置设计模型

由于采用重水和石墨作为慢化材料，通过优化设计中子源布局和慢化体结构，并增加了中子透镜和反 / 散射腔，根据模拟计算的结果，改造完成后的热中子参考辐射装置与国际同类装置比较，热中子注量率、镉比和热中子分布均匀性等指标均处于领先。

表 2 各国国家中子计量实验室热中子参考辐射装置技术指标

实验室	装置组成	中子注量率 $cm^{-2}s^{-1}$	镉比	均匀性
中国 NIM	慢化体： 石墨 + 重水 中子源：Am-Be	> 1.5×10^4（内场） > 1500（外场）	> 50（内场） > 1500（外场）	0.4% （ϕ20mm×40cm，内场） 1%（40cm×40cm，外场）
德国 PTB	慢化体：石墨 中子源：Am-Be	83 ± 2	100	≤ 10%（20cm×20cm）
日本 JAERI/NMIJ	慢化体：石墨 中子源：Am-Be、Pu-Be、Cf	（5.54×10^2~4.29×10^3）	4.1~80	30cm×27cm×47cm（内场）
韩国 KRISS	慢化体：石墨 中子源：Am-Be	2689.3	32.5	/
捷克 CMI	慢化体：石墨 中子源：Am-Be 或 Pu-Be	约 2×10^4	35.5	/
巴西 IRD / LNMRI	慢化体：石墨 + 石蜡 中子源：Am-Be	1.934×10^5	约为 2	10cm×10cm×10cm
意大利 ENEA-INMRI	慢化体：石墨 + 聚乙烯 中子源：Am-Be	1.217×10^4	11	ϕ5cm×10cm
法国 LNE-IRSN	慢化体：石墨 中子源：Am-Be	1531.2	10	/

2019 年该装置将进行装置搭建并开展参数测量，配套测量装置已经设计完成进入加工、组装阶段。该装置改造完成后，将恢复国内中断多年的热中子注量量传工作，为热中子探测器、中子防护与监测仪表、中子防护材料及热中子物理研究提供计量支持，同时可作为科研平台支持热中子成像和热中子截面的研究工作。

2. 直读式中子个人剂量当量仪校准方法研究

2015 年在基于 Am-Be 中子源的中子剂量当量标准装置上完成了直读式中子个人计校准方法的研究，在国际尚无统一方法的情况下确定了散射中子对校准结果影响的评估方法，完善了直读式中子个人剂量测量和检测仪表的校准方法，在此基础上，2018 年向全国电离辐射计量技术委员会申请编制直读式中子个人剂量计和监测仪校准规范，目前编制立项已获批，2019 年完成，统一国内直读式中子个人剂量测量和检测仪表的校准方法。2020 年该装置将参加 BIPM 组织的中子个人剂量当量国际比对。

3. 用于热能 ~20MeV 能区的单球中子谱仪研制

为解决中子多球谱仪测量过程中可能出现的空间或时间占位问题，沿用中子多球谱仪的测量原理，优化设计一个聚乙烯慢化球，在其内部沿 X、Y、Z 中心轴均匀布置十九对 $^6Li/^7Li$ 对玻璃闪烁体探头形成位置灵敏探测器布局，实现将整个慢化球分割成多个壳层，通过对三维空间内不同位置的热中子探测，达到类似中子多球谱仪对于不同能量中子的慢化效果。通过 ^{6}Li/^{7}Li 玻璃闪烁体组合探测器的 n、γ 射线甄别功能，该探测器可用于混合场中子能谱测量。

4. GEM-TEPC 研究

对基于 TEPC 的微剂量学实验测量方法进行研究，并结合多室 TEPC 及新型气体倍增电极（GEM）的工作原理，将 GEM 应用于 TEPC，代替传统的阳极丝，并利用 GEM 探测器的位置灵敏特性，将探测器设计为内置 ^{241}Am 及 ^{55}Fe 校准源的具有多室结构的新型 GEM-TEPC。利用内置放射源可以实现探测器增益的测量及能量在线校准。独立腔室可用于高注量率辐射场剂量当量测量，形成基于 GEM 的多室 TEPC 后，亦可用于低注量率辐射场剂量当量测量，拓展了 TEPC 的测量范围，其周围剂量当量率测量范围为（0.05~1）× 10^3 mSv/h。

5. 20MeV 以上高能中子参考辐射场

随着人类航天活动、高能加速器应用以及核聚变研究等方面的发展，传统中子计量向高能中子扩展，建立 20MeV 以上准单能中子注量率标准及参考辐射是中子计量目前的研究热点。目前世界上在运行的用于 20MeV 以上能区准单能中子辐射场共有 4 个实验室，分别是德国 PTB 在比利时 UCL 回旋加速器上建立的（20~70）MeV 准单能中子辐射场、日本 JAEA 在高崎先进辐射研究所（TARRI）在先进辐射应用粒子加速器上（TIARA）建立了（40~90）MeV 准单能中子参考辐射场、日本东北大学在东北大学同步辐射中心（CYRIC）上建立了（20~90）MeV 准单能中子参考辐射场、日本大阪大学在核物理研究中心（RCNP）建立了（140~390）MeV 准单能中子辐射场。

中国原子能科学研究院依托自研的一台 100MeV 强流回旋加速器，正在研建（70~100）MeV 准单能中子参考辐射场，主要包括质子能量单色化系统、中子产生靶、中子准直器、束流偏转系统、束流监视系统、中子注量绝对定值等技术研究。

6. 新型 8keV~1.5MeV 单能中子注量绝对测量方法研究

将基于反冲质子三维重建这一新原理、新方法的时间投影电离室（μTPC）装置应用于中子计量技术研究，研制基于 H（n,p）H 标准截面法的 μTPC 中子注量绝对测量装置，将中子与氢原子核弹性散射作用之后的反冲质子径迹进行空间三维重建，确定入射中子与反冲质子之间的运动学夹角，从而通过动力学方程确定入射中子能谱信息和注量信息。

7. 中子能谱测量方法

鉴于中子与物质相互作用的机制及现有测量方法，中子防护测量结果受中子能谱变化影响较大，根据 ISO8529 系列标准建立的中子参考辐射场及校准方法获得的校准结果无法有效修正现场测量数据，通过测量中子能谱的方法有针对性地开展校准可解决这一问题，提高中子辐射防护测量结果准确度。为此 2017 年起中国计量院联合中国工程物理研究院、中国原子能科学研究院、中国原子能科学研究院、苏州大学和北京大学开展了针对重水堆核电站和中子测井两类工作现场中子辐射水平测量及量传方法研究，通过采集特定工作场所中子能谱，建立相应中子剂量当量标准，开展有针对性的校准，2018 年利用中子多球谱仪完成重水堆核电站核岛内部不同位置和测井中子源及源罐表面中子能谱的测量和采集工作，为下一步建立核电站现场校准方法和模拟测井现场环境中子参考辐射场提供了重要的基础数据。为进一步提高中子能谱测量水平，将开展混合场粒子甄别及中子能谱测量技术研究，研发基于塑料闪烁体 – 液体闪烁体组合的层叠闪烁探测器，根据不同粒子在探测器中产生光脉冲的时间差异，进行混合场中带电粒子 – 中子 – γ 射线粒子分辨。研究建立不同类型粒子的响应函数矩阵及多道解谱算法，给出中子能谱。此外，中子参考辐射系列标准 GB/T 14055/ISO 8529 中指出，对加速器单能中子参考辐射场而言，注量率、监视器、中子能量及能散度、散射中子等都是其主要参数。针对 20MeV 以下单能中子参考辐射场开展飞行时间法中子能谱研究，基于脉冲束研建适用于（0.1~1）MeV 能区基于锂玻璃闪烁探测器、（1~20）MeV 能区基于液闪探测器的飞行时间法高分辨中子能量测量系统，研究实验测量和理论计算的修正方法，实验确定单能场的中子能量及能散度。

三、国内外研究进展比较

（一）辐射剂量学

国际计量局 BIPM，国际原子能机构 IAEA 和全球各大区域计量组织（APMP、EURAMET、SIM、COOMET、AFRIMET）持续开展基于空气比释动能、参考空气比释动能，水吸收剂量、剂量当量、空气 / 组织吸收剂量等剂量领域的关键比对（key comparison）和辅助比对（supplementary comparison）。美国 NIST、德国 PTB、英国 NPL、法国 LNE–LNHB、俄罗斯 VNIIM 等具有较大影响力的计量院主导或者作为 link 实验室参与了相关比对，其中国际计量局组织开展的 CCRI（I）关键比对受到各计量院的重点关注。欧洲计量组织近年来主要开展了一系列的辅助比对，如针对 X 射线、γ 射线和 β 射线的空气比释动能长度（air kerma–length product）、比释动能面积（kerma–area–product，KAP）、周围剂量当量［ambient dose equivalent H*（10）］和个人剂量当量（personal dose equivalent）等诊断水平和防护水平的剂量比对。国际电离辐射咨询委员会在 2018—2026 战略中，提出进一步发展量热计技术以降低临床放疗剂量不确定度的计划，并将建立质子水吸收剂量基准进而组织国际比对。德国、加拿大、美国等计量院均完成了加速器光子水吸收剂量比对。

英国国家物理实验室成立了医学物理计量中心，整合资源以应对医学物理发展的计量需求。研制了石墨量热计用于质子束绝对剂量测量，并在小野剂量学领域和核磁引导加速器电离室剂量测量方向进行了研究工作。德国、加拿大、美国等计量院均开始进行粒子束剂量测量研究，并尝试进行放疗剂量相关的质子重离子作用截面、12C 在水中电荷态深度分布、DNA 纳米剂量测量、粒子相对辐射效应因子等辐射生物学领域研究。美国计量院开展了超声和激光方法水量热计的研究，超声方法已经能够测量高能电子的剂量分布曲线，激光方法获得了亚 mK 级探测灵敏度。美国计量院维护光子和带电粒子数据中心运行，并根据 ICRU90 报告更新了相关数据，进行了 6MV 光子空气比释动能绝对测量。德国、加拿大和英国计量院安装了用于临床放疗剂量测量研究的第二台医用加速器，并与医院开展了相关研究工作。国际原子能机构在次级标准实验室网络下，组织全世界的医院放疗科进行点剂量验证，与美国医学物理学会联合发布了小野剂量学报告（TGS483）。

随着眼晶体剂量限制的大幅下降，眼晶体所受到的剂量准确测量成为计量领域关注点之一，为此德国 PTB 和比利时核研究中心 SCKCEN 在欧洲剂量组织发起了眼晶体剂量标准电离室的研制工作，并开展相关的国际比对。中国计量科学研究院目前与 PTB、SCKCEN 联合开展眼晶体标准电离室的研制工作。PTB 基于 X 射线发生器建立了脉冲 X 射线参考辐射场，实现了对于脉冲 X 射线防护水平剂量和诊断剂量的量值传递，并根据建立的脉冲 X 射线辐射场形成了 ISO 标准。海军是美国最为重要的武装力量之一，肩负美国对全球作战任务，其单兵个人剂量监测的计量保障直接由美国 NIST 电离辐射实验室负责，常年为海军提供直接计量保障服务。

日本福岛核电站事故之后，全球对核电安全和环境辐射安全的重视程度提上了新高度。欧盟国家建立了环境辐射监测网络，以便对环境辐射进行实时监测，为保证监测数据的准确可靠，需要对所采用的设备进行校准/刻度。为此，德国 PTB 在盐矿井建立了本底剂量率为 nGy/h 量级的剂量率参考辐射场（μGy/h 量级），开展相关的性能评价方法研究，实现了定期对德国以及欧洲地区环境辐射监测仪表进行性能评价和比对。德国 PTB 依据 ISO4037 标准，在加速器核反应产生的 γ 射线基础上，建立了（4~7）MeV 高能 γ 射线空气比释动能标准装置，并对外开展环境和防护剂量监测仪表的能响测试和校准服务。美国 NIST 基于加速器产生的 X 射线，完成了高能 X 射线（1MeV 以上）参考辐射场建立及其空气比释动能的测量，并对外开展校准服务。

NIST 美国国土安全部门联合开展辐射探测系统测试研究，所得到的相关成果和报告被 ANSI/IEEE 标准采纳：如针对货物和车辆测试方法 ANSI N42.46 和 IEC62523 的比较，用于货物和车辆的 X 射线安检设备性能测试等。德国政府授权 PTB 开展射线类安检设备的性能评价，为此 PTB 组建了专门的团队开展射线类安检设备的型式试验研究工作，并形成了受到欧盟认可的测试标准。

近年来 NIST 和 PTB 开展了放射生物学剂量的标准化研究，对辐射损伤机理和效应，在细胞层面和 DNA 分子层面开展不同射线辐照的相关测量研究。NIST 专门组建了剂量理论计算工作组，持续开展了难以进行实验测量的模拟计算和辐射传输计算方面的研究工作。

（二）放射性活度计量

放射性气体的活度计量工作一般包括氡及其子体活度计量和放射性惰性气体活度计量。相对于其他物态的放射性活度计量工作而言，我国在气体核素计量工作方面开展较晚，无论在氡及子体测量方面还是惰性气体测量方面，相关工作都是最近五年才陆续开始的。在氡计量基标准方面，国际上包括法国 LNHB、德国 PTB、瑞士 IEA 及韩国 KRISS 均建立了氡活度绝对测量装置。中国计量科学研究院基于冷凝原理及小立体角方法，于 2018 年建立了氡绝对测量装置，并参加了与法国国家计量院（LNE-LNHB）和瑞士国家计量院（IRA-CHUV）间的三方国际比对，准确度水平与这两家实验室相当，结果等效。至此，中国计量院建立了从氡活度绝对测量装置（国家基准）到氡浓度标准、氡子体浓度标准的氡计量能力。世界范围内，德国、法国、美国、瑞士、韩国等测量技术先进的国家都进行了氡测量的研究与应用。特别是德国，德国的物理技术研究院（PTB）先后建立了基于正比计数方法和氡冷凝小立体角方法的绝对测量装置，并将量值传递给 PTB 自有的次级标准和德国辐射防护联邦办公室（Bfs）等检测机构，从根本上确保了德国国内系列氡标准的高精度水平，为德国生产出的系列高准确度的氡气浓度测量仪、氡子体测量仪（如 Genitron AlphaGuard、BWLM、Sarad 等品牌）提供了精细化检验、校准的保障。而法国、瑞士、韩国等的国家级计量研究机构，也都建立了从氡活度基准到各种标准的较为完善的计量体系。在惰性气体绝对测量方面，包括美国 NIST、法国 LNHB、英国 NPL 等发达国家计量院早在二十世纪九十年代就已经完成了基于内充气正比计数器绝对测量方法的惰性气体活度测量装置，韩国 KRISS 和日本 NMIJ 也在近十年开展了相关工作。在我国，虽然在放射性惰性气体的计量工作开展较晚，但如西北核技术物理所、中国工程物理研究院等核技术机构结合自身的需求陆续建立了相关装置。中国计量科学研究院于 2015 年开始关于惰性气体活度基准的建立和研究工作，目前已基本具备开展惰性气体核素 Kr-85 的活度浓度绝对测量能力。

表3　各实验室采用的液闪装置技术方案

实验室	技术方案		
	光室	电子学	数据处理方法
法国 LNHB	三维打印 + 机械加工	Nano TDCR（专用电子学）	在线符合
德国 PTB	机械加工	4KAM（专用电子学，NIM 插件）	在线符合
英国 NPL	机械加工	MAC3（专用电子学，NIM 插件）	在线符合
意大利 ENEA	机械加工	Digitizer（通用数字化采集模块）	全数字化分析，离线符合
保加利亚索菲亚大学	三维打印 + 机械加工	Nano TDCR（专用电子学）	全数字化分析，离线符合
中国 NIM	三维打印 + 机械加工	Digitizer（通用数字化采集模块）	全数字化分析，离线符合

在便携式液体闪烁计数器研究方面，国际上主要有五家研究机构在开展相关研究工作，包括法国亨利贝克勒尔实验室（LNHB），德国联邦技术物理研究院（PTB），英国国家物理实验室（NPL），意大利国家新技术、能源和可持续经济发展署（ENEA）和保加利

亚索菲亚大学（Sofia）。国内目前中国计量科学研究院在进行相关研究工作。

在电子学部分，上述几种方法均能实现 TDCR 符合算法。其中法国 LNHB 和保加利亚索菲亚大学采用 Nano TDCR 专用集成电路电子学单元，体积最小，可实现在线、实时数据处理。意大利 ENEA 和中国 NIM 采用通用数据采集电子学 Digitizer，通过软件分析实现全数字化分析，离线符合。德国 PTB 和英国 NPL 分别采用 4KAM 和 MAC3NIM 插件，体积较大，需使用 NIM 机箱，便携性较差。

（三）中子计量

英国 NPL、美国 NIST、德国 PTB、法国 LNE–IRSN、日本 NMIJ 和俄罗斯 VNIIM 等实验室是国际上中子计量工作开展得比较好的国家实验室，在传统中子计量领域这些实验室均已建立了比较完善的中子计量标准体系，中子辐射包括采用核素中子源的谱中子参考辐射和利用加速器的单能中子参考辐射（热中子至 20MeV），其中谱中子源的参考辐射主要采用 ^{252}Cf（裸源及重水慢化）和 Am–Be 源作为标准源，加速器采用 3.7MV 的 Van de Graaff 加速器或 2MV 串列加速器（Tandetron），日本 NIMJ，除传统中子计量领域的工作外，与日本原子能机构（JAEA）利用日本国内 TIARA、CYRIC 和 RCNP 三个装置，建立 50MeV、65MeV 等具有国际领先水平的高能中子注量标准，2015 年起对外开展校准服务。在围绕完善和拓展中子计量体系方面开展了中子计量的研究和量传工作，同时上述中子计量实验室也开展了与中子计量相关的中子基础研究，特别是中子寿命、中子测量方法、辐射生物效应、中子成像、中子能谱、中子反应截面等方面。尽管近年来国内中子计量取得了一些进展，但由于历史原因，主要工作是完善传统中子计量领域的基/标准，在与中子计量相关的基础研究领域和高能中子方面相比于国外中子计量的研究工作还存在相当的差距和空白。

四、发展趋势及展望

（一）辐射剂量学

随着技术的不断进步，对量值溯源的要求也不断提升，在放射诊疗、环境保护、安全防护、新型仪表研发和性能测试、前沿科学研究以及军民融合方面对于电离辐射剂量提出了更高的要求，结合国内外发展趋势，今后有必要继续开展计量科学研究，以满足新的需求，并不断开发新的计量技术，以保证我国计量主权安全。展望未来，将着重发展以下计量能力。

1. 诊疗应用

在基准和国际比对层面，在完善高能光子水吸收剂量基准的同时，各国正在进行电子、质子和重离子水吸收剂量绝对测量方法研究，国际计量局将组织国际比对。在放疗剂

量应用层面，将进行剂量分布测量技术研究，实现矩阵探测器和自动扫描水体模系统的计量校准。进行小野剂量学、点剂量核验、核磁引导放疗剂量学、石墨等材料电子阻止本领、支撑放疗质控的无均整光子电子质子重离子的辐射品质修正项等面向临床应用剂量测量的研究，支撑我国精确放疗质控的发展。

2. 环境保护

极低剂量率参考辐射场：目前我国环境和防护水平剂量仪表的检定和校准的参考辐射场剂量率校准范围 $0.5\,\mu Sv/h$–$1Sv/h$（@^{137}Cs），环境本底水平约在（100~200）nSv/h。对于需要测量较低剂量率（$0.1\,\mu Gy/h$ 以下）的仪表的检测只能采用外推的方法对于环境级辐射仪表在该水平的剂量校准，但不确定度较大，难以满足要求。为解决这一问题，有必要建立极低本底剂量率条件下的低剂量率参考辐射场，对环境剂量监测仪表进行校准溯源，为我国辐射环境监测工作提供计量保障。

现场量传方法研究：目前我国绝大部分环境辐射自动监测站点配备的剂量仪表难以溯源的问题，此外，重要核设施安全监测用的固定式监测仪表的溯源问题也没有很好地解决，有必要开展便携式标准装置，开发现场量传方法，针对上述仪表实现现场量值传递，为包括核电站在内的重要核设施、环境监测仪表提供可靠的溯源途径。

3. 安全防护

放射影像模体检测能力建设：针对目前放射影像模体的部分关键参量量值溯源问题一直没有得到根本解决的现状，开展放射影像模体射线吸收系数测量能力研究，建立我国放射影像模体 CT 值等关键参量的溯源能力，完成模体 CT 值等关键参量的量值溯源体系，提升我国对电离辐射成像设备的计量管理能力，为我国医用 CT 模体的发展提供技术保障。

射线无损探伤量传能力建立：随着我国工业化程度大幅度提高，各种机械装置、武器装备、复杂结构在各行各业的应用越来越普及，各种设备装置获得了大量应用，但设备结构或者部件的缺陷、疲劳、裂纹等导致的安全隐患也逐渐显露出来，无损检测作为发现这类安全隐患的直接有效的重要手段，为了规范射线无损探伤的检测能力，有必要开展相应的量传方法研究，具备相应的技术评价和量传能力，为我国高端设备制造、重大工程建设和研发项目提供计量保障。

射线类安检设备的性能评价测量能力建设：近年来我国有关射线类安检设备的有关标准获得了不断地完善，但是仪器检测与量值传递、监测质量保证体系不够完善，导致相关安检设备的应用还存在一定的隐患，为了确保射线类安检设备各方面的性能满足安检和公众辐射安全需求，有必要开展射线类安检设备性能评价和测量方法研究，建立和完善性能评价和测量能力，规范和确保我国在用射线类安检设备的整体水平的不断提升，为社会公共安全提供计量技术支撑。

4. 仪表开发

核仪器仪表综合测试平台的建设：在我国提出"智能制造2025"的产业升级战略和

"核电走出去"战略的大背景下，核与辐射探测设备也需要与时俱进。我国核技术应用日益广泛，核仪器仪表行业发展得非常迅速，核技术应用相关的探测设备不断涌现，围绕核技术利用相关的核仪器仪表行业研发获得了快速发展。为进一步提升我国核仪器仪表的研发水平，针对核仪器仪表研发和生产过程中的功能设计、参数测试、校准以及性能评估等方面的计量需求，建立较为齐全的核仪表性能测试和评价实验室，形成国家级核仪器仪表综合测试平台，开展相应的测试技术与评价方法研究，为提高我国核仪表技术水平提供计量技术支撑。

5. 科学研究

细胞 / 分子尺度下的微剂量测量能力：利用现有研究基础开展基于正比计数器、雪崩电离室的等探测器的测量研究，与蒙卡模拟计算相结合，开展辐射损伤过程中，细胞、DNA 分子（微米、纳米）尺度的辐射剂量的测量研究，为辐射损伤机理及其他生物效应提供计量支持。

同步辐射注量测量与量传技术：同步辐射光源已经成为生命科学、材料科学、环境科学、物理学、化学、医药学、地质学等学科领域基础和应用研究的一种最先进的、不可替代的工具，并且在电子工业、医药工业、石油工业、化学工业、生物工程和微细加工工业等方面具有重要且广泛的应用。在这些研究过程中很多情况下都需要同步辐射光子的注量、能注量（率）进行绝对强度测量。

目前在国内同步辐射领域内，同步辐射 X 射线射束能注量（率）的溯源还是空白，制约了我国同步辐射科研和应用的发展，尤其是在新型武器研制、惯性约束核聚变研究、新材料研制等方面，有关计量保证和溯源遇到严重困难，结合现有工作基础和条件，今后有必要开展同步辐射 X 射线射束能注量（率）计量技术的研究及其测量装置的研制，同步辐射 X 射线射束的电离室监测和计量标准技术；同步辐射 X 射线射束能注量（率）量热计量技术研究和建立相关的标准装置，最终实现同步辐射注量的计量自主溯源。

此外，还应积极参与本领域重要国际比对并紧跟国际先进动态，开展一系列相关研究：不断涌现的新型探测器 / 测量设备（如核径迹、能谱剂量转换类仪表）的量传方法研究、弱电流仪表检定 / 校准装置研制、混合辐射场条件下的辐射剂量测量与溯源方法研究、空间辐射剂量测量与量传方法研究以及开展主要基于蒙卡模拟计算的剂量学研究等。

6. 军民融合量传能力建设

当前军用核辐射监测设备中用于剂量监测的设备具有涉及人员范围广泛、溯源需求量大、现场环境条件复杂等特点。而且该类设备的计量保障对专业技能要求较高，有投入周期长的特点。当前军用核辐射监测设备计量保障体系还难以满足实际需求。针对剂量监测用装备的计量溯源需求，有必要开展剂量仪表的量传方法研究，研制可用于剂量监测现场质控的标准装置，建立相应的现场作业指导书，以期满足遂行任务过程中剂量的质控和溯源保障的基本需求。开展当前急需的高能 γ 射线剂量测量和量传能力，解决当前高能 γ

射线剂量无法溯源的问题，为战时和核应急条件下对于高能 γ 射线剂量测量提供计量支持。

（二）放射性活度计量

在放射性活度基标准体系方面，重点提升基于数字化符合方法的放射性活度测量能力，扩展现有基标准装置的核素测量种类和活度测量范围。在服务于相关涉核行业计量需求方面，重点提升服务于国家核工业安全、辐射环境监测和核医学领域新型放射性药物及新的诊疗设备需要的核素活度计量能力。主要表现在：

1. 发展基于加速器质谱（AMS）的放射性核素计量技术

相比基于衰变统计测量的各类传统核素计量技术，对于较长半衰期的放射性核素具有革命性的灵敏度和分辨能力。在超铀放射性元素的含量、较长半衰期放射性同位素比值的计量方面，在分析、测量效率方面均具有无可比拟的优势，能大大提升放射性核素的计量能力，形成未来核素活度计量研究的关键基础设施。

2. 提升放射性氪及子体、惰性气体等放射性气体的活度计量能力

当前，我国对放射性氪（如 ^{85}Kr、^{88}Kr 等）、氙（如 ^{133}Xe、^{127}Xe 等）、碳（^{14}C）及氚（^{3}H）等反应堆运行过程中释放到环境中的放射性气体的计量能力还很薄弱。急需加强研究，建立相关的计量基准和标准装置，并不断提升测量能力，更好地满足辐射防护与环境保护需求，为我国核电工业的安全高效发展及乏燃料后处理工作的推进提供计量支撑。天然放射性气体氡的污染治理当前面临较大的挑战，急需建立基于精确测量、高效去除、长期可靠运行的除氡装备，满足军用和民用洞库内防氡降氡需要。

3. 满足于核工业发展需要的乏燃料后处理关键基础计量技术

乏燃料后处理对于核能可持续发展非常迫切又十分困难。测试与计量方面，乏燃料后处理涉及大量裂变核素、次锕系及锕系放射性核素的测量和计量问题。需要建立并完善这些核素的活度计量基准，从根本上解决量值溯源问题，并通过国际比对实现国际等效。需要考虑乏燃料后处理测量的复杂性，建立相关的量值传递标准装置与方法，服务于乏燃料后处理中工艺提升、辐射防护及环境保护等需要。

4. 提升复杂条件下混合核素的活度计量能力

核设施运行期间，流出物中放射性核素监测、核设施周围环境中的辐射监测，以及乏燃料后处理过程中的放射性核素监测等，所监测的土壤、生物样品基质样品中一般既含有 γ 放射性核素又含有 α、β 核素，需要发展更高效的放射化学方法及计量技术，研制裂变产物和次锕系元素的各类标准物质，以便保障和提升相关测量质量。

5. 核医学核素计量

放射性核素计量是保障核医学向更加精准、更加安全方向发展，实现功能诊断和有效治疗的基础。随着核医学的发展，新型放射性药物核素的开发及核素诊疗设备的进步，涌现出新的计量需求。需要在新型放射性药物核素的计量、模体研究、测量准确性提升、医

用放射性废物管控和处理等方向开展研究。

（三）中子计量

面对飞行器宇宙射线剂量测量、高能加速器和新型强子治疗设备防护的问题，建立20MeV 以上高能中子测量标准越发重要，一些大型科学研究设施如实验核聚变设施、散裂中子源等的研究与运行也需要相应中子计量标准的支撑，如针对核聚变反应的高强度脉冲计量标准以及针对散裂白光脉冲中子源的飞行时间中子能谱装置。但产生相关中子辐射的装置费用昂贵，国家计量实验室可能无法建立此类装置，针对这种情况，国际计量局在其 2018 年至 2027 年战略规划提出将推动国家计量实验室以及计量实验室与建有此类装置机构的合作。此外在辐射生物学效应领域，利用现有研究基础开展基于微网的具有不同尺度灵敏腔室阵列和气压的正比计数器以及基于光学雪崩电离室的粒子径迹探测器的研究工作，实现一百纳米至两个微米尺度的人体组织的辐射响应的模拟测量，开展纳剂量学研究。

中子输运程序对于中子计量越来越重要，采用计算方法可以扩展并增强中子计量的测量能力，例如仪器设计、模拟工作场所中子场以及修正因子确定等，典型应用是响应函数的计算，特别是对于中子标准无法覆盖的能量范围。开展中子截面标准的研究以及发展中子模拟技术将有效地推动中子计量的发展。

参考文献

［1］ Consultative Committee for Ionizing Radiation（CCRI）．Strategy 2018–2028［R］．2019.

［2］ Meghzifene A. Medical Physics Challenges for Implementation of Quality Assurance Programme in Radiation Oncology［J］．Clinical Oncology，2017，29（2）：116–119.

［3］ Debbie，van，der，et al. Accuracy requirements and uncertainties in radiotherapy：a report of the International Atomic Energy Agency［J］．Acta oncologica，2016：1–6.

［4］ Carlino A，Palmans H，Kragl G，et al. PO–0806：Dosimetric end–to–end test procedures using alanine dosimetry in scanned proton beam therapy［J］．Radiotherapy and Oncology，2017，123：S430.

［5］ Green S，Amos R，Heuvel F V D，et al. EP–1467：IPEM Code of Practice for proton and ion beam dosimetry：update on work in progress［J］．Radiotherapy and Oncology，2017，123：S783–S784.

［6］ LourençO A，Shipley D，Wellock N，et al. Evaluation of the water–equivalence of plastic materials in low– and high–energy clinical proton beams［J］．Physics in Medicine and Biology，2017，62（10）：3883–3901.

［7］ Roy M L，Dufreneix S，Daures J，et al. Establishment of dosimetric references in terms of dose–area product for small sizes MV X–ray beams［J］．Physica Medica，2015，31：e52–e53.

［8］ Marsolat F，De Marzi L，Patriarca A，et al. Dosimetric characteristics of four PTW microDiamond detectors in high–energy proton beams［J］．Physics in Medicine and Biology，2016，61（17）：6413–6429.

［9］ Bobin C，Thiam C，Chauvenet B . A radionuclide calibrator based on Cherenkov counting for activity measurements

of high-energy pure β -emitters［J］. Applied Radiation and Isotopes，2017，119：60-65.

［10］ Aalseth C，Brandenberger J，Hult M，et al. Editorial：ICRM-LLRMT＇16 7th International Conference on Radionuclide Metrology-Low Level Radioactivity Measurement Techniques［J］. Applied Radiation and Isotopes，2017，126：1-3.

［11］ Mougeot X. Improved calculations of electron capture transitions for decay data and radionuclide metrology［J］. Applied Radiation & Isotopes，2017：225-232.

［12］ Judge S M，Regan P H. Radionuclide metrology research for nuclear site decommissioning［J］. Radiation Physics & Chemistry，2017，140：S0969806X17301779.

［13］ Sahagia M，Luca A，Antohe A，et al. Standardisation of a 68（Ge+Ga）solution within the CCRI（II）-K2.Ge-68 key comparison［J］. Journal of Radioanalytical & Nuclear Chemistry，2017，311（2）：1-8.

［14］ Luca A，Sahagia M，Antohe A，et al. Radon gas activity measurements in the frame of an international comparison［J］. Journal of Radioanalytical & Nuclear Chemistry，2017，311（2）：1-5.

［15］ Trindade Filho O L，Conceição D A，Da Silva C J，et al. A study to assess the long-term stability of the ionization chamber reference system in the LNMRI［J］. Journal of Physics Conference Series，2018：975.

［16］ De Almeida M C M，Poledna R，Delgado J U，et al. ^{134}Cs emission probabilities determination by gamma spectrometry［J］. Journal of Physics Conference Series，2018，975.

［17］ Durell J L. Practical Gamma-ray Spectrometry［J］. Journal of Physics G Nuclear & Particle Physics，1996，22（7）：351-369.

［18］ Judge S M，Arnold D，Chauvenet B，et al. 100 years of radionuclide metrology.［J］. Applied Radiation & Isotopes Including Data Instrumentation & Methods for Use in Agriculture Industry & Medicine，2014，87（5）：27-31.

［19］ Burns D T，Allisy-Roberts P J，Desrosiers M F，et al. Supplementary comparison CCRI（I）-S2 of standards for absorbed dose to water in ^{60}Co gamma radiation at radiation processing dose levels［J］. Metrologia，2011，48（1A）：06009-06009.

［20］ D J Thomas，R Nolte V Gressier，What is neutron metrology and why is it needed？ Metrologia 2011（48）：S225-S238.

［21］ Harano H，Nolte R . Quasi-monoenergetic high-energy neutron standards above 20 MeV［J］. Metrologia，2011，48（6）：S292.

［22］ Nolte R，Thomas D J. Monoenergetic fast neutron reference fields：I. Neutron production［J］. Metrologia，2011，48（6）：S263-S273.

［23］ Nolte R，Thomas D J . Monoenergetic fast neutron reference fields：II. Field characterization［J］. Metrologia，2011，48（6）：S274-S291.

［24］ Roberts N J，Moiseev N N，Kr á lik，M. Radionuclide neutron source characterization techniques［J］. Metrologia，2011，48（6）：S239-S253.

［25］ Williams J G，Gilliam D M. Thermal neutron standards［J］. Metrologia，2011，48（6）：S254-S262.

撰稿人：张　健　张　明　张　辉　梁珺成　王　坤　李德红
　　　　张彦立　刘皓然　吴金杰　郭思明　龚晓明　黄建微

化学计量研究进展

一、引言

（一）学科基本介绍

化学计量是关于化学测量及其应用的学科，是在化学领域内研究计量单位统一和量值准确可靠的计量学分支。

依照化学计量技术框架体系及其特点，其学科研究可概括为两个层面：一是开展国际单位制（SI）基本单位——摩尔复现、原子量精确测量、推动科学进步和产业发展的基准、高准确度测量技术研究与前沿探索研究，为化学测量提供计量溯源源头保证和发展动力；二是在各应用领域广泛开展基准或标准测量装置、基准或标准参考测量方法、基准或标准物质研究，并以国际计量比对与国家校准测量能力（CMC）国际互认体系为基础，构建国家化学测量量值溯源体系，为检测结果全球互认网络提供计量溯源技术支撑。

（二）研究的重要性

化学测量在全世界测量活动中的比重已经占到 60% 以上，并且还在快速增加，涵盖食品安全、环境、医药、法医、贸易等各个领域。据美国标准与技术研究院（NIST）的统计，美国每天约进行超过 2.5 亿次化学分析测量，对国民经济（GNP）的影响达到 66%。[1] 化学测量的复杂性导致化学测量中的"测不准"问题广泛存在，并引发全球各国普遍重视。由于触及微观组成、结构和性质，又常涉及微量、痕量甚至超痕量物质的检测，测量方法、测量设备、样品前处理过程与试剂、操作者与环境空白等都可能对测量产生影响，并导致错误和无效的测量结果。

化学计量则可通过测量量值的溯源链的建立和溯源工具的研发与供给，为化学测量结果的准确与可靠提供系统支撑。钢铁和冶金是最早利用化学计量解决工业产品质量问题的行业。随着研究领域的拓展和研究内容的不断深入，化学计量在食品、环境、检验医学、

法庭科学、地质等领域得到了快速的发展和应用，也逐渐介入到新型药物与材料研发、生命科学等前沿科学研究活动中。

二、我国的最新研究进展

（一）基础与前沿研究

1. 摩尔重新定义

国际单位制（SI）是构成全球计量体系的基石，其中物质的量单位"摩尔"（mol）是化学测量量值溯源体系的源头。2018 年 11 月第二十六届国家计量大会（CGPM）通过了基于阿伏伽德罗常数的摩尔新定义。1 摩尔精确包含 $6.022\,140\,76 \times 10^{23}$ 个基本单元。该数称为阿伏伽德罗数，为以单位 mol^{-1} 表示的阿伏伽德罗常数 N_A 的固定数值。一个系统的物质的量，符号 n，是该系统包含的特定基本单元数的量度。基本单元可以是原子、分子、离子、电子、其他任意粒子或粒子的特定组合。

摩尔的新定义使得物质的量的测量从质量溯源（即 0.012kg 碳 –12 中所含碳原子的数目为 1mol）转变为粒子数量溯源，由此回归阿伏伽德罗定律揭示的科学内涵。摩尔的复现可通过阿伏伽德罗常数的精准测量来实现，现代测量主要采用 X 射线晶体密度摩尔质量法（XRCD），也称"硅球法"，即以高纯度的单晶硅球为实验对象，分别对硅球的质量（m_{sphere}）、体积（V_{sphere}）、单晶胞的体积（V_{atom}）和硅摩尔质量（$M_{(Si)}$）等参数进行精确测量，用公式计算出阿伏伽德罗常数。我国国家计量院参加了摩尔重新定义的国际合作研究，先后对单晶硅密度、硅球表面氧化层以及浓缩硅摩尔质量等重要参数开展了测量，提出基于"改进型五步相移法"的硅球直径测量方法，在提高相位求解精度的同时，避免了步长定位不精确产生的系统误差，硅球直径的测量不确定度控制在 3nm[2]。建立了基于光谱椭偏仪的自动化扫描测量装置，硅球表面氧化层椭偏扫描的短期重复性达到 0.04nm[3]；在摩尔质量测量方面，对于浓缩硅 –28 丰度超过 99.99% 的样品，针对测量方法单一，不同国家计量实验室结果存在较大差异的状况，研究建立了高分辨电感耦合等离子体质谱（HR–ICP–MS）测量浓缩硅同位素组成的基准方法[4]，通过利用高分辨质谱的分辨能力克服 ^{28}SiH 等严重的质谱干扰，通过有效降低和控制样品前处理流程空白本底，提高浓缩硅同位素丰度比测量的准确度。在 2016 年德国联邦物理技术研究院（PTB）组织、美国 NIST 等八个先进国家计量院的 CCQM P160 浓缩硅 –28 摩尔质量国际比对中，中国计量科学研究院作为唯一采用上述方法和多接收电感耦合等离子体质谱（MC–ICP–MS）两种不同方法完成测量的计量实验室，取得了最佳比对结果，浓缩硅摩尔质量测量的相对标准不确定度达到 2×10^{-9}，在新一轮国际单位制重新定义中做出了中国计量的实质性贡献。

2. 元素同位素测量技术

元素的同位素组成被认为是该元素特有的"指纹"。同位素测量技术是原子量准确测量的关键,对化学学科的发展起着基础性促进作用。近年来发展起来的非传统同位素测量技术在地球化学、生物医学、食品安全、公共安全、能源等领域研究中发挥了不可替代的作用,为解决科学问题提供了新途径。例如:研究自然界多种非传统同位素的组成变化,示踪地幔和地壳的形成和演化历史、探索地球化学结构与圈层间的相互作用;采用同位素信息可以跟踪食品链流动、判断食品来源地、确定食品标签的真实性等。

"十一五"以来相关计量研究进展主要体现在以下方面:丰富发展了同位素测量理论,建立了同位素丰度精准测量新方法和同位素丰度国家计量基(标)准溯源体系,并取得国际互认。基于对同位素丰度质量歧视效应非线性变化规律的揭示,提出了可靠的同位素质量 – 浓度双因子校正模型,建立了基于全校正机制的钼同位素 MC–ICP–MS 基准测量新方法以及浓缩同位素样品全蒸发绝对测量新方法[5],获得了国际分析化学溯源性组织(CITAC)最佳论文奖;基于创新技术先后完成硒、镱、钼三种元素同位素丰度及原子量的准确测量,测量不确定度达到 10^{-6},被国际纯粹与应用化学联合会(IUPAC)采纳为国际新标准和最佳测量;基于复杂相关性多变量的不确定度评定新模型,实现了同位素测量中全部输入量引入不确定度的科学评定,构建了同位素丰度国家计量基标准溯源链,制定了《JJF 1508—2015 同位素丰度测量基准方法》[6],创新研制同位素国家一级标准物质五十四种,通过参加 CCQM 国际比对,三十八项同位素 CMC 能力获了国际互认,互认数量跃居国际第二。同位素计量研究成果已在国家计量基础性研究和量值传递、多个重点领域的科研和检测工作中得到广泛的应用,为社会提供同位素测量技术服务和相关计量标准量传技术服务。如:利用同位素人体示踪技术开展重点人群微量元素生物利用研究;开展地下水、土壤、农作物等样品中同位素示踪和测量研究等。

3. 纯度基准测量技术

纯度基准是各类化学成分量测量溯源的源头。

我国恒电流库仑基准试剂纯度国家基准始建于二十世纪八十年代,经多次技术改造,测量准确度得到很大提高,以此为基础,于 2014 年和 2016 年先后成功主导 CCQM K48 氯化钾纯度和 CCQM K34 邻苯二甲酸氢钾纯度关键比对。[7, 8] 2016 年,研制了基准苯甲酸纯度(酸量)[9]及基准三羟甲基氨基甲烷纯度(碱量)标准物质,分别作为容量分析酸碱滴定体系中酸量和碱量测量基准,扩充了我国容量分析量值溯源体系。2017 年经基准复查后获颁新的国家计量基准证书,相对扩展测量不确定度达到 0.004%(k=2)。相对于恒电流库仑法,控制电位库仑分析法具有更高的测量选择性和更广的应用范围,相关基准装置与测量技术研究得以开展。基于自主研发的控制电位库仑仪,通过高准确度外部校准装置,实现了向电流、时间等基本物理量的直接溯源,并完成了基准装置搭建和配套基准测量程序的建立。

在基于杂质扣除法的无机高纯金属测量方面，综合采用辉光放电质谱法（GDMS）、高分辨等离子体质谱法（HR–ICP–MS）、惰性气体熔融 – 红外热导法、燃烧红外法等多种方法对七十七种杂质元素含量进行测量，并对五种惰性气体元素和十二种放射性元素杂质含量进行合理评估。[10, 11]研制的高纯铜、高纯硅纯度标准物质量值及扩展不确定度分别达到（99.9996 ± 0.0002）% 和（99.9995 ± 0.0003）%，居国际领先水平。该定值技术的推广将逐步弥补我国高纯金属纯度基准的缺失。

在有机纯物质测量领域，研究主要聚焦被测量定义明确的有机分子，开展质量平衡法与定量核磁（qNMR）潜在基准定值方法学研究和食品、环境以及大众健康等领域基准标准物质研究。在质量平衡法方面，有机杂质的定性与定量能力得到提升；在 qNMR 方法方面，参加了 CCQM P150.b 采用实际样品的 qNMR 数据获取与数据处理比对。通过系统方法学研究，人胰岛素纯度测量的相对合成不确定度达到小于 0.4% 的水平。[12]

高效液相色谱 – 圆二色方法可通过方程完全描述测量过程和评估测量不确定度，是定量手性化合物和蛋白质的潜在基准方法，利用该方法对对映体 L– 苯丙氨酸开展了定量技术研究[13]，相对偏差和方法精密度均低于 1%，测量固体猪胰岛素纯度的相对扩展不确定度为 3.8%，与传统同位素稀释质谱法得到的结果一致。

4. 复杂基体基准测量技术

同位素稀释质谱法（IDMS）作为复杂基质中成分量测量的潜在基准方法，在国际计量比对和高溯源层级标准物质研制中得到广泛应用。

在无机 IDMS 方面，研究趋于成熟，2017 年颁布了 JJG 2096 基于同位素稀释质谱法的元素含量计量检定系统表，为基于同位素稀释质谱法开展元素含量测量国家基准研究奠定了基础。研究方向主要是通过对称量系统、纯度分析、同位素比值测量系统开展细致研究，确保满足基准测量程序要求；通过研制急需的浓缩同位素稀释剂标准物质，形成顶层溯源基础，同时注重测量能力覆盖面的扩大。利用同位素稀释质谱技术，先后参加 CCQM K125 婴儿奶粉中元素、CCQM K128&P163 皮革中重金属和有机锡的测定等国际比对，研制了 RoHS 检测 X 荧光分析用 PVC 中镉、铬、汞、铅成分分析、乳粉中十种元素成分分析等国家一级标准物质。

在有机 IDMS 方面，该技术在测量结果溯源性和准确度方面的优势不断体现。先后参加了 CCQM K109 血清中尿酸和尿素、CCQM K95.1 茶叶中多环芳烃、CCQM K144 橄榄油中苯并［a］芘国际比对并取得等效；研制了全脂奶粉中黄曲霉毒素 M1、鱼肉粉中氯霉素、猪肉粉中克伦特罗等国家一级标准物质。在方法学研究上，关注了不同同位素内标试剂、同位素基质效应等对结果影响的研究与控制。^{2}H、^{13}C、^{15}N 和 ^{18}O 取代的同位素内标最为广泛使用，由于目标分析物与其氘标记的内标物之间的极性差异、色谱保留差异，会引起测量结果的偏差，相关研究逐渐开展。[14, 15]在基质效应评估方面，通过鱼肉中全氟化合物的 HPLC–IDMS 方法学研究，发现较短链的全氟烷基化合物为离子抑制，而较长链的全氟烷基物质表现出离子增强。[16]

5. 前沿计量技术

纳米科技的迅猛发展促进了纳米材料在催化、材料科学、光学、微电子、消费品、食品、生物技术和生物制药等领域的广泛应用。关于其引发的环境和社会成本、潜在风险是否高过给人类带来益处的争论越来越激烈，在一定程度上促进了人们对于纳米材料使用相关问题的重视。目前对纳米材料健康和环境风险的评估仍然较少，主要原因是缺乏实际环境及生物样品中痕量纳米材料（ng/L 级）的准确定量和表征技术。我国已开展环境水体和简单基体抗菌产品中纳米银与银离子形态分离富集方法研究，结合纳米银表征技术，实现了典型抗菌产品中纳米银的定量测量[17, 18]；正在开展纳米材料化学形态量值溯源技术研究，建立了单颗粒 ICP-MS 测定金属纳米材料质量浓度和颗粒数量浓度、粒径测定方法，2018 年参加由 LGC 主导的 CCQM P194 纳米金分散液颗粒数量浓度测定研究型比对，初步结果显示等效一致，在化学手段开展纳米材料形态测定和表征方面迈出重要一步。

病理学研究中，高准确度原位微区定量计量技术将可为日常组织染色等临床病理学诊断方法提供溯源基础。为实现从相对到绝对测量的转变，针对典型神经性疾病，创新性地将激光剥蚀微区进样与同位素稀释技术相结合，首次建立了小鼠脑组织中典型元素标志物（铁、铜、锌）的原位微区定量技术，通过采用原位同位素稀释技术，微区定量结果可直接溯源到 SI 单位。[19]

（二）应用研究领域最新研究进展

1. 食品化学计量

食品化学计量技术研究的重点正聚焦在高准确度测量方法研究、新的溯源技术研究、痕量和超痕量组分的国际测量比对以及毒素、塑化剂、农兽药残留、持久性有机污染物等有害物质和营养成分标准物质的研制方面。有机特性方面，已建立的国际计量互认能力主要涉及鱼油、三文鱼、浓缩苹果汁和奶粉等复杂食品基体中的有机氯农药残留、多氯联苯、三聚氰胺、氯霉素等；无机特性方面，主要涉及小麦、大豆粉、玉米粉、奶粉、牡蛎、黑木耳等基体中的微量或痕量元素。

IDMS 技术在食品化学计量中得到广泛应用。通过采用 IDMS 方法测量中国白酒中十六种邻苯二甲酸酯，与气相色谱 – 质谱外标法相比，回收率和方法不确定度显著改善。[20]

2. 环境化学计量

基于自身发展情况，针对水质、土壤、沉积物中痕量元素、元素形态和典型有机污染物检测，开展了系列高准确度测量技术研究，实现了对新型痕量有机污染物的准确测量，相关国际比对结果取得等效一致。2018 年，水、土壤、沉积物中痕量元素、元素形态和多氯联苯共计二十六项 CMC 能力获得国际互认，实现该领域零的突破。研制了土壤、沉积物中无机元素、痕量甲基汞、多氯联苯、多环芳烃、多溴二苯醚等污染物的基体和溶液

标准物质，在扩展目标污染物种类和适配环境基体复杂性方面开展了系统性工作，为环境污染防治、环境风险评估及相关履约工作提供可靠技术支撑。

此外，电子电气产品等消费品中有毒有害物质的污染控制及相关计量技术研究受到重视。基于溴化阻燃剂的高效液相色谱－电感耦合等离子质谱（HPLC–ICP–MS）准确测量方法以及塑料中铅、镉、铬等的同位素稀释质谱准确测量方法等，先后研制了多溴二苯醚溶液；塑料中铅、镉、铬、汞；塑料中十溴二苯醚等标准物质，主导和参加国际比对十一项，实现 CMC 能力国际互认十八项，为国内消费品企业、检测实验室和相关研究机构提供了大量测量溯源服务，支持了《GB/T 26125—2011 电子电气产品六种限用物质的检测方法》等国家标准的实施。

3. 检验医学计量

基于临床检验标准物质分离纯化技术、制备技术和检测技术研究，建立了包括质量平衡法、氨基酸水解法、同位素标记技术、核磁共振法等在内的临床化学相关大分子和小分子准确定值技术，针对心脑血管疾病、糖尿病、肾病、肿瘤等重大疾病研制了五十余项诊断标志物标准物质，建立了较为成熟的液相色谱－质谱测量参考方法体系，为临床检验计量溯源体系的全面建立奠定了重要基础。针对心脑血管疾病的重要诊断指标同型半胱氨酸（HCY），最新研制了三个浓度水平的血清中 HCY 标准物质候选物[21]，组织国内五家参考实验室和四家体外诊断试剂上市企业建立 HCY 参考测量方法并开展 HCY 标准物质互换性研究，使 HCY 的测量按照 ISO17511[22] 的溯源层级，形成以国家计量院为源头的参考实验室网络体系，将至 SI 单位的溯源性传递至医院的最终测量结果和体外诊断试剂生产企业，为建立临床化学计量溯源模式建立了示范。

4. 法庭科学计量

中国计量科学研究院与公安部物证鉴定中心、上海市刑事科学技术研究院、中科院上海有机所等合作开展了法庭科学标准物质及溯源性保证技术研究，以 2010 年第一个毒品标准物质——甲基苯丙胺纯度标准物质为起点，至 2019 年中，共研制毒品国家标准物质四十九种，其中一级十七种，全部填补国内空白，十九项填补国际空白；参加亚太区域计量组织国际比对一项（APMP.QM–P20）；获得 CMC 能力十三项。所研制的十七种国家一级标准物质覆盖了鸦片类、安他非明类、苯二氮卓类、氯胺酮类和可卡因类毒品中最急需、最常用的品种，成为我国法庭物证实验室参与国际比对，取得国际互认的标准。项目成果已应用于涉毒案件鉴定、警务技术人员培训、全国公安机关能力验证和联合国国际协作测试，提升了法庭科学领域毒品检测水平，保证了测量结果的准确性和溯源性，支撑了《中华人民共和国禁毒法》和《办理毒品犯罪案件适用法律若干问题的意见》的有效实施。

正在开展的研究主要涉及芬太尼等标准物质的研制，以及基于毒品氘代物和毒物相关研究。

5. 药物化学计量

药物化学计量对药物从研发、工艺改进到顺利上市销售都有着积极的影响，可应用于药物有效成分和杂质的鉴别与定量；药物活性、稳定性、不均一性、生物利用度的评估；药物临床监测等。

我国药物化学计量尤其是大分子药物化学计量研究尚处于起步阶段。"十三五"期间，由国家计量院牵头，从多肽、单克隆抗体和肝素药物的计量表征技术研究入手，率先开辟了药物化学计量研究。

为支撑肽药产业的发展，国际计量委员会下属物质的量咨询委员会蛋白质分析工作组（CCQM PAWG）制定了大分子研究分类模型和国际比对计划。[23] 经过两年合作研究，国际计量局与中国计量科学研究院于 2015 年联合主导了首个 C 肽大分子纯物质定值国际比对，即 CCQM K115/P55[24]，并以缩宫素为第二个大分子纯物质国际比对目标物，于 2018 年联合主导 CCQM K115.b/P55.2.b 国际比对。

在单克隆抗体药物方面，从标准物质及配套数据库研发入手，针对药品安全性和有效性的标准化评价，研究建立相应的模型与技术平台，探索关键参数的量值溯源方法途径。单抗药物中聚集体杂质含量是衡量其安全性和有效性的重要指标，现有方法受限于灵敏度、分辨率或定量能力的不足，导致各国药典中检测方法缺失。通过创新设计前向和侧向角散射光检测系统、联用质量流量检测器，高灵敏、高分辨的亚微米聚集体杂质检测光电计数新装置的研发[25]，为此类杂质的准确定量奠定了基础，检测灵敏度比美国安进公司（Amgen Inc.）的方法提高一千倍。

肝素类药物是临床应用最广的多糖类抗凝血药物，尽管已应用百余年，其精确表征与质量控制仍面临极大挑战。亚硝酸降解得到的寡糖片段保留了与肝素类药物活性密切相关的差向异构体信息，由于该类寡糖结构的复杂性，一直缺乏完善表征手段。超高效亲水色谱 / 弱阴离子交换色谱（UPLC–HILIC/WAX）与高分辨质谱联用方法的研发[26] 实现了带差像异构体信息的十九种四糖、十九种三糖、九种双糖、五种单糖的分离和结构鉴定，形成了覆盖了绝大部分降解产物的完整分析体系。寡糖链测序是肝素类药物结构表征中的技术难点，基于强阴离子交换（SAX）离线测序方法和高分辨质谱（LTQ–Orbitrap），实现了低分子肝素中的八糖、十糖组分的全糖链测序[27]，提升了肝素类药物的结构表征能力。

三、国内外研究进展比较

2006 年，化学计量和标准物质体系建设首次成为国家科学和技术发展中长期（2006—2020 年）规划内容，标志着我国化学计量进入快速发展轨道。通过国家科技支撑项目、国家重点研发项目等的支持，我国在多个应用领域的化学计量研究全面开展，与国外发达国家的差距逐渐缩小，由跟跑逐渐实现在部分领域的并跑和领跑。截至 2019 年中，发布

的国家标准物质存量已突破一万一千种，在国际上形成规模优势，并通过"国家标准物质资源共享平台"实现了有效的信息和实物共享。

1. 我国化学计量国际互认数量跃居国际第一，高纯、溶液、食品等领域国际互认能力形成一定国际优势

截至 2019 年中，全球各国化学计量相关 CMC 能力数量总计已达到 6412 项，其中我国 886 项，数量位居第一，其他排名靠前的国家有美国、俄罗斯、韩国、日本、德国、英国和墨西哥。与这些国家比较，我国在高纯物质、无机溶液、有机溶液及食品领域互认能力数量分别排名第一、第二、第二和第三，形成了国际优势。

2. 与欧美等发达国家相比，关键性和原创性计量技术研究亟须加强

我国在同位素、基准纯物质、食品、环境、法庭科学、药物化学等领域取得了一些突破性的化学计量研究成果，但围绕计量溯源性的顶层设计，在研究的深度和推动技术发展的原创性研究方面仍有待提高。

以同位素测量技术为例，鉴于同位素技术的广泛应用，以及国际物质量咨询委员会（CCQM）中多个工作组均涉及了同位素测量，2018 年 CCQM 大会成立了同位素工作组（IRWG），主要任务是联合相关国际组织，加强同位素准确测量和计量溯源策略建设，为各国家计量院提供交流、开展关键国际比对的平台，为 CCQM 其他工作组提供关于同位素权威技术文件和数据库。欧美等发达国家自二十世纪六七十年代开展持续研究，建立的同位素测量标准在全球范围内得到广泛使用，在核心测量能力的数量上也保持了较大优势。而我国受经济和科技发展条件制约，在同位素技术和计量标准方面长期处于相对落后的局面，主要以使用国外标准为主，因价格昂贵、不能及时供货、限制出口等因素，我国相关领域的科研和技术应用工作受到一定影响。

以高溯源层级基准标准物质研究为例，美国 NIST 研制了六十九种单元素溶液标准物质，解决了绝大多数元素的量值溯源问题。PS 系列是 NIST 近期及未来重点发展的可直接溯源到 SI 单位，支持定量核磁技术推广应用的高等级有机标准物质。[28] 2018 年率先研制的超纯、全面表征的 NIST-PS1 苯甲酸基准物质，被形容为"史无前例"（first-of-its-kind），主要体现在四个方面：明确鉴定了化学结构；测定了同位素组成和分子量；分别采用 qNMR 和库仑法基准测量方法测量了摩尔含量，并用质量平衡法进行了验证；使用最先进的统计方法和测量模型严格评估测量不确定度。通过溯源链顶端高纯有机标准物质研制技术的突破，可以很好地推动有机化学计量领域高准确度测量技术的发展。

以纳米新型标准物质为例，美国 NIST 根据医疗和生物领域对于纳米金标记的生物分析发展需求，首先开展了柠檬酸包覆的纳米金标准物质的研究，并于 2008 年成功研制了世界首个纳米材料标准物质——球形纳米金粒径标准物质，2018 年又推出纳米银标准物质，上述标准物质给出了纳米金 / 银的颗粒粒径，同时给出了金以及合成过程中引入其他元素浓度等的参考信息。纳米金标准物质一经推出即获得了大量应用，成为纳米材料分析和相关研究中的粒径溯源标准。我国也已研制纳米金标准物质，但该标准物质只给出了尺寸特性量，尚无浓度信息，不适合于纳米材料化学测定时的仪器校准和方法验证。

3. 研究的系统性和全面性尚显不足

以环境基体标准物质为例，美国 NIST 和欧盟联合研究中心研制了土壤、沉积物、地表水、煤飞灰等多种基体标准物质，涉及的特性量包括无机元素及元素形态、多氯联苯等有机物，无论是基体样品的类型还是特性量值数量在标准物质研发机构中居于领先地位。欧盟联合研究中心的科学家于 2018 年研制了河流沉积物标准物质 ERM®–CC537a[29]，用于保证欧盟地表水质评估时测量结果的准确性和可比性。该基体标准物质提供了多溴二苯醚和六溴环十二烷两类重要的卤代有机阻燃剂，是首个可持续供应的关于沉积物中六溴环十二烷的基体标准物质，其中的部分基体样品用于了支撑 CCQM K102 的开展。该环境基体标准物质在环境分析实验室进行测量方法和测量结果确认时可发挥重要作用，支持了欧盟相关水体保护指令的实施。

在法庭科学领域，美国 NIST 早于 2003 年就研制了人毛发中滥用药物的标准物质，其中 SRM2379 用于检测可卡因、苯甲酰芽子碱、古柯乙烯、苯环己哌啶、安非他命以及甲基苯丙胺，SRM2380 用于检测可待因、吗啡、乙酰基吗啡以及四氢大麻酚。这些毒品检测用基体标准物质在方法开发与验证、质控以及能力验证等方面发挥了重要的作用。澳大利亚和加拿大则研制了占目前总量的 85% 以上的毒品成分量纯品标准物质。

4. 支撑经济与产业发展能力有待提升

国际上，发达国家往往将高准确度计量技术和标准物质研究与产业应用领域测量水平的提升相结合，通过同步系统研究，使计量研究成果在支撑经济与产业发展、提升国家核心竞争力等方面快速发挥效用。

以药物化学计量为例，在美国等医药行业发达的国家有着广泛的应用。近年来发展迅猛的治疗性单克隆抗体制品在肿瘤、自身免疫、器官移植和感染性疾病的治疗中均取得了显著疗效，因此越来越多的企业投入到单抗的开发和生产中，品种和市场份额逐年显著提高。大量治疗性单克隆抗体制品的研发和上市，对其质量控制提出了巨大需求。一大批新方法、新标准的出现和应用，极大地促进了单抗质量控制技术的发展，如美国 NIST 与美国食品药品监督局（FDA）合作，制备了一种 IgG 标准物质，并针对它投入大量的人力物力进行标准化研究。该标准物质的诞生与应用，有利于分析技术与行业标准的提升，可以有效降低企业的研发风险和成本。[31]

成像技术可以使病灶清晰可视及直观化，是临床病理学及药物代谢研究中的重要工具。针对医疗中的定量成像技术，欧盟于 2015 年启动了 EURAMET "A metrological platform for bio–imaging to support targeted therapies and diagnostics" 等一系列研究计划。[32] 英国国家计量实验室（NPL）建立了质谱成像中心（NICE–MSI），专门针对病理学及药物研发建立相关的高分辨成像技术，引领新药设计与开发。[33]

四、发展趋势及展望

化学计量起步晚、发展快、内容广、需求旺。持续提高计量研究水平，在更高层面和更广泛的领域开展具有更高测量准确度的计量技术和计量基标准研究，争取国际计量体系中的主导地位，并做到基础研究与应用并重是化学计量学科持续发展的关键。

1. 摩尔重新定义推动溯源途径和溯源体系发展变革

摩尔的重新定义使得计量科学面临新的挑战，如何实现相关测量溯源到摩尔已成为化学家们必须思考和解决的问题。物质的量溯源结合了对精确物理测量技术和精密化学测量技术的要求，如对物质材料的超高纯制备和分析、对元素同位素组成和原子量的精准测量等，这就对物质的量溯源途径和溯源体系研究提出了新的诉求。摩尔重新定义还将有力促进微观粒子测量及其计量科学的发展，推动相关基础理论的发展，促进人们对微观世界的深度了解与认知；还将有利于新兴学科的发展，如微生物和生物化学领域的测量结果实现向国际单位制溯源，为生命科学、航空航天、新材料研究等新兴领域中尚未统一计量单位的新目标物测量溯源提供了可能。总之，摩尔的重新定义将产生长远深刻的影响。

2. 新的精准同位素丰度测定方法引发对原子量和相关学科发展的新认识

2009 年提议科学界"研究新的精准同位素丰度测定方法，提高部分元素的原子量准确度水平"。近年来，伴随同位素测量技术的发展，观测到自然界部分元素同位素丰度的细微差异，使得原子量为自然常数的概念画上了问号。自 2010 年起，IUPAC 将原子量标准值采用了 [a <Ar（E)<b] 新的表达方式，并不再标注不确定度。[34] 已有十二种元素的原子量采用了该表达方式，一些学科的尖端研究使用精确原子量值时需要对样品进行实测；更重要的是，引发对原子量和相关学科发展新的认识，同位素高精准测量方法学研究受到重视和发展。

同位素技术独特的优势使其在多个领域科学研究中体现重大科学意义和应用价值。同位素技术已渗透到一些高新技术发展中，如新能源和新材料开发、疾病临床诊断与治疗、公共安全、司法鉴定等。随着同位素应用研究的深入，对同位素计量基准与标准的需求呈现出不断增长趋势，对其种类和水平要求也越来越高，相关体系建设需要持续加强和完善。

3. 痕量、超痕量化学成分的准确计量依然是难点

食品、环境基体中痕量、超痕量有毒有害物质的准确定量和相关标准物质研究在现阶段仍然是各国化学计量研究的难点。环境中的持久性污染物、有毒有害元素形态等，由于其生物累积性、稳定持久性、危害三致性以及特殊生物有效性的特点，对这些物质的监测将是一个长久的过程。虽然许多国家从二十世纪七十年代开始禁止使用有机氯农药、多氯联苯等氯代化合物，但在沉积物、海洋生物等许多环境介质中依然检出，含量基本都在痕

量、超痕量水平（ng/g），在检测的准确度上尚有很大提升空间。

4. 新型特性量以及在线、原位微区等新型测量表征技术的计量溯源性研究成为热点

随着化学测量领域的不断拓展和测量技术的日新月异，化学计量学科在测量结果计量溯源性的建立上面临许多挑战。例如：科技的进步使人们重新认识定性与定量技术的本质和新的计量溯源需求，如何针对形态、结构、活性等新型特性量以及在线、即时、原位微区等新型测量技术建立相应的测量标准及量值溯源技术，支撑计量技术扁平化、置入化和网络化发展，成为新的关注热点。

以大分子临床诊断标志物为例，目前只能实现定性或相对测量，不同病程样本的成像结果间不具有可比性。如果能够实现重大疾病（如阿尔茨海默症 AD）脑样本中标志物的原位、微区绝对定量，为磁共振成像（MRI）及正电子发射型计算机断层显像（PET）等活体诊断技术提供溯源依据，将对阐明 AD 病的成因、发展提供可靠的方法学支撑。以床前检验（point-of-care testing，POCT）为例，因其检测时间短、校正不频繁且简单、非专业人员可操作及实验结果质量高等特性，被广泛应用在医院 ICU、手术、急诊、诊所以及患者家中，是体外诊断（IVD）行业发展最快的细分领域之一。针对 POCT 产品及检测结果的溯源性和可靠性，需尽快加强相关参考测量系统和标准物质研究；以环境监测为例，在线监测已成为有关部门获取监测数据的有效手段。由于大多建在野外，环境条件比较简陋，仪器设备的计量一直是难题，相关的计量标准仍为空白。

5. 计量互认将持续支撑全球测量结果实现可溯源、可比与可靠

伴随着全球测量活动尤其是化学测量活动的急剧增加，国际上广泛认识到，采用计量学原则建立全球测量结果溯源体系，并在顶层首先实现各国校准测量能力的可比与互认，是推动全球一体化进程中各国贸易、经济和社会共同发展的技术基础。与此同时，针对化学计量研究对象量大面广的特点，CCQM 各工作组已先后开展相关国际比对和测量能力构架研究，目的是以最有效的方式和最少量的测量能力和标准物质涵盖最广泛的化学测量范围，将极大促进化学计量领域国际互认的快速推进，并将在应用层面推动标准物质量值和检测结果的可比性和兼容性评价。

参考文献

［1］倪晓丽. 化学分析测量不确定度评定指南［M］. 北京：中国计量出版社，2008：1-5.

［2］罗志勇. 单晶硅球密度的绝对测量［J］. 计量学报，2012，33（5）：428-431.

［3］刘文德，陈赤，樊其明，等. 用于阿伏伽德罗项目的硅球表面氧化层测量装置研究［J］. 激光与光电子学进展，2016，53（03）：101-105.

［4］Ren T X，Wang J，Zhou T，et al. Measurement of the molar mass of the 28Si-enriched silicon crystal（AVO28）with HR-ICP-MS［J］. Journal of Analytical Atomic Spectrometry，2015，30（12）：2449-2458.

［5］ Song P S, Wang J, Ren T X, et al., Accurate determination of the absolute isotopic composition and atomic weight of molybdenum by multiple collector inductively coupled plasma mass spectrometry with a fully calibrated strategy［J］. Analytical Chemistry, 2017, 89（17）: 9031–9038.

［6］ 国家质量监督检验检疫总局 .JJF1508–2015 同位素丰度测量基准方法［S］.北京: 中国质检出版社, 2015.

［7］ Liandi M A, Bing W U, Mariassy M, et al. CCQM–K48.2014: assay of potassium chloride［J］. Metrologia, 2016, 53（1A）: 08012–08012.

［8］ Liandi M A, Bing W U, Ortiz–Aparicio J L, et al. CCQM–K34.2016: assay of potassium hydrogen phthalate［J］. Metrologia, 2019, 56（1A）: 08004–08004.

［9］ 吴冰, 陈启跃, 向鹏飞, 等 .高精密恒电流库仑滴定法测定苯甲酸纯度［J］. 现代仪器与医疗,2013,19（2）: 64–66.

［10］ Zhang J, Zhou T, Tang Y, et al. Determination of relative sensitivity factors of elements in high purity copper by doping–melting and doping–pressed methods using glow discharge mass spectrometry［J］. Journal of Analytical Atomic Spectrometry, 2016, 31（11）: 2182–2191.

［11］ Zhang J, Zhou T, Tang Y, et al. Rapid and quantitative analysis of impurities in silicon powders by glow discharge mass spectrometry［J］. Analytical and bioanalytical chemistry, 2018, 410（27）: 7195–7201.

［12］ Ma R, Huang T, Zhang W, et al. High performance liquid chromatography–Quantitative nuclear magnetic resonance–High performance liquid chromatography for purity measurement of human insulin［J］. Journal of Liquid Chromatography & Related Technologies, 2018, 41（4）: 170–179.

［13］ Luo Y, Wu L, Yang B, et al. A novel potential primary method for quantification of enantiomers by high performance liquid chromatography–circular dichroism［J］. Scientific Reports, 2018, 8（1）: 7390–7400.

［14］ Gao F, Zhang Q, Li X, et al. Comparison of standard addition and conventional isotope dilution mass spectrometry for the quantification of endogenous progesterone in milk［J］. Accreditation and Quality Assurance,2016,21（6）: 395–401.

［15］ Li X Q, Yang Z, Zhang Q H, et al. Evaluation of matrix effect in isotope dilution mass spectrometry based on quantitative analysis of chloramphenicol residues in milk powder［J］. Analytica Chimica Acta, 2014, 807: 75– 83.

［16］ Gao Y, Li X, Li X, et al. Simultaneous determination of 21 trace perfluoroalkyl substances in fish by isotope dilution ultrahigh performance liquid chromatography tandem mass spectrometry［J］. Journal of Chromatography B, 2018, 1084: 45–52.

［17］ Chen S, Sun Y, Chao J, et al. Dispersive liquid–liquid microextraction of silver nanoparticles in water using ionic liquid 1–octyl–3–methylimidazolium hexafluorophosphate［J］. Journal of Environmental Sciences, 2016, 41（3）: 211–217.

［18］ Chao J B, Zhou X X, Shen M H, et al. Speciation analysis of labile and total silver（I）in nanosilver dispersions and environmental waters by hollow fiber supported liquid membrane extraction［J］. Environmental Science & Technology, 2015, 49: 14213–14220.

［19］ Feng L, Wang J, Li H, et al. A novel absolute quantitative imaging strategy of iron, copper and zinc in brain tissues by Isotope Dilution Laser Ablation ICP–MS［J］. Analytica Chimica Acta, 2017, 984: 66–75.

［20］ Wang J, Li X, Zhang Q, et al. Determination of phthalate esters in Chinese spirits using isotope dilution gas chromatography with tandem mass spectrometry［J］. Journal of Separation Science, 2015, 38（10）: 1700– 1710.

［21］ Liu Y, Song D, Xu B, et al. Development of a matrix–based candidate reference material of total homocysteine in human serum［J］. Analytical and Bioanalytical Chemistry, 2017, 409（13）: 3329–3335.

［22］ ISO. ISO17511: 2003 In vitro diagnostic medical devices— Measurement of quantities in biological samples—

Metrological traceability of values assigned to calibrators and control materials [S].

[23] Josephs R D, Stoppacher N, Westwood S, et al. Concept paper on SI value assignment of purity – Model for the classification of peptide/protein purity determinations [J]. Journal of Chemical Metrology, 2017, 11 (1): 1–8.

[24] Josephs R D, Li M, Song D, et al. Key comparison study on peptide purity—synthetic human C–peptide [J]. Metrologia, 2017, 54 (1A): 080011.

[25] Hu Z S, Ye C, Mi W, et al. Light–scattering detection within the difficult size range of protein particle measurement using flow cytometry [J]. Nanoscale, 2018, 41 (10): 19277–19285.

[26] Zhang T J, Liu X, Li H M, et al. Characterization of Epimerization and Composition of Heparin and dalteparin using a UHPLC–ESI–MS/MS Method [J]. Carbohydrate Polymers, 2019, 203: 87–94.

[27] Wang Z, Zhang T, Xie S, et al. Sequencing the oligosaccharide pool in the low molecular weight heparin dalteparin with offline HPLC and ESI–MS/MS [J]. Carbohydrate Polymers, 2018, 183: 81–90.

[28] Michael N. A Standard for standards–valid measurements for a vast range of industries [EB/OL]. Https: //www. nist.gov/news–events/news/2018/03/standard–standards, 2018–03–19.

[29] Joint Research Centre. A new sediment certified reference material to check the "health" status of EU waterbodies [EB/OL]. Https: //ec.europa.eu/jrc/en/science–update/new–sediment–certified–reference–material–check–health–status–eu–water–bodies, 2018–03–23.

[30] Schiel J E, Turner A, Mouchahoir T, et al. The NISTmAb Reference Material 8671 value assignment, homogeneity, and stability [J]. Analytical and Bioanalytical Chemistry, 2018, 410 (8): 2127–2139.

[31] Claudia S. Role of metals and metal containing biomolecules in neurodegenerative diseases such as Alzheimer's disease, EURAMET Program, PTB.

[32] Milena Q. Innovative measurements for improved diagnosis and management of neurodegenerative diseases, EURAMET Program, LGC.

[33] Michael E W, Tyler B C. Atomic weights of the elements 2009 (IUPAC Technical Report) [J]. Pure & Applied Chemistry, 2011, 83 (2): 359–396.

[34] Lu X H, Li H M. Discussion on classification and performance evaluation of diversified testing procedures [J]. Accreditation and Quality Assurance, 2017, 22 (2): 97–102.

撰稿人：李红梅　卢晓华　王　军　张庆合　胡志上　宋德伟
　　　　周　涛　吴　冰　李　明　巢静波　张天际　苏福海
　　　　冯流星　任同祥　全　灿　李秀琴　邵明武　阚　莹

生物计量研究进展

一、引言

（一）学科概述

二十一世纪是生命科学和生物技术大发展的世纪，大力发展生命科学和生物技术及其产业是实现我国国民经济可持续发展的一条必由之路。生物技术和生物产业的快速发展，离不开对生物物质的生物特性量有效、准确地测量。这就对研究生物测量技术的生物计量提出了更高的要求，迫切要求开展生物计量科学研究，形成国家生物计量基标准体系和量值溯源传递体系，为生物领域的测量提供计量技术和标准支撑。

生物计量（biometrology）是以生物测量理论、测量标准、计量标准与生物测量技术为主体，实现生物物质的测量特性量值在国家和国际范围内的准确一致，保证测量结果最终可溯源到国际 SI 单位、法定计量单位或国际公认单位。生物物质包括酶、DNA、抗体、抗原、生物活性成分、代谢物、微生物、细胞等。特性量值包括由含量、序列、活性、结构、分型等确定的数与测量单位、参照约定参考标尺或参考测量程序等方式所表示的特定量大小。[1]

生物计量已作为一个崭新的科学领域提到了议事日程，它考虑的是关乎人类健康及在与人类健康息息相关的食品、健康、安全和环境保护领域生物技术的发展中，进行包括核酸测量、蛋白质测量、转基因测量及其标准参考物质在内的生物计量学的研究，目标是使精确测量可溯源到国际单位 SI，确保生命质量。

（二）学科发展历史回顾

生物技术是利用活的有机体来生产和改良产品的一组技术，包括遗传工程、细胞工程、酶工程和发酵工程。现代生命科学发生了三次革命，从 DNA 双螺旋发现催生的分子生物学，到基因组学和系统生物学，到人类表型组的发展，目前已发展到了以合成生命为标志的合成生物学时代。生物技术是二十一世纪的核心技术，是对全社会最为重要并可能改变未来世界经济格局的颠覆性技术。生物技术在人类健康、食品安全、粮食安全、工农业生产、生物材料、生物鉴定、环境保护和生物反恐等方面都均具有举足轻重的地位，生物技术正在改变人们的生产和生活方式，精确、可溯源的测量是生物技术健康发展的必要保障。

1999 年 10 月第二十一届国际计量大会（Conférence Générale des Poids et Mesures，General Conference on Weights and Measures，CGPM）发起建立第一个生物计量国际组织；2002 年，国际计量局物质量咨询委员会（CCQM）成立了生物分析工作组（BAWG），世界各国正式开展生物计量研究；2003 年开展了第一个转基因的国际比对 CCQM-P44。

我国生物计量以参加国际比对从零开始，与国际同步开展比对研究。国家标准物质研究中心（2005 年与中国计量科学研究院合并）代表国家参加了第一个国际生物计量比对，从此我国步入了生物计量行列。自此之后，我国（中国计量科学研究院）几乎参加了所有的四十多项国际比对，并且主导了其中国际 CCQM 生物测量三项比对（转基因测量、酶活性、微生物计数）。在国际生物计量领域，我国在基因测量、蛋白活性测量、微生物测量上占有主导位置。

我国生物计量作为学科发展始于 2005 年 12 月。为了发展国家生物计量，伴随中国计量科学研究院（NIMC）2005 年底的机构改革，原国家标准物质研究中心与原中国计量科学研究院合并成新中国计量科学研究院，同时成立生物、能源与环境计量科学和测量技术研究所（王晶博士任副所长负责生物计量工作），系统性开展生物计量研究工作，并构建了蛋白质、核酸、微生物、生物活性成分和代谢物的五大生物计量研究平台。

生物计量科学研究在国家项目支持下得以发展。2006 年，王晶博士作为学科带头人，提出建议第一次把生物计量研究纳入国家"十一五"支撑计划项目，并于 2008 年主持国家"十一五"支撑计划项目《生物安全量值溯源传递关键技术研究》和《核酸和蛋白质测量技术标准研究》，首次建立核酸与蛋白质量值单位定义并实现复现，研制成功生物国家标准物质，建立统一的国家核酸与蛋白质量值溯源和传递体系，并实现量传服务。之后在原国家质量监督检验检疫总局和国家财政基本业务费项目的支持下，继续开展核酸和蛋白质含量溯源技术和标准物质研究，成果分别达到了国际先进和领先水平。至 2016 年，填补了生物计量领域的一大空白，首次主导和参加国际（关键）比对十二项，打破了一直由美欧主导的局面，获得国际等效的校准测量能力十五项，生物校准测量能力位居国际前列，国内外首次研制核酸与蛋白质国家标准物质三十二种，其中国家一级标准物质二十七种，夯实了国家生物计量的基础，生物计量领域迈进一大步，并赢得了国际话语权。该项研究荣获中国计量测试学会 2016 年科技进步奖一等奖。

为尽快规范生物计量学科的发展，2007 年 7 月中国计量科学研究院向原国家质量监督检验检疫总局（现国家市场监督管理总局）提出申请，并获批准成立了全国生物计量技术委员会（MTC20）。秘书处设在中国计量科学研究院，MTC20 主要负责组织制订领域内生物分析仪器检定和校准国家计量技术法规，根据生物计量领域内计量基准、标准量值传递和溯源的需要，开展国家生物测量国内比对。中国计量科学研究院牵头起草完成中华人民共和国国家计量技术规范《JJF 1265-2010 生物计量术语及定义》，2010 年 11 月 5 日发布，2011 年 2 月 5 日实施，这是首次制定和规范了国家生物计量术语及定义，为生物计量学科规范发展奠定了基础。截至 2019 年，带动全国共研制生物计量国家计量技术法规（规范）四十二项，组织生物测量国内计量比对七项。

2009 年，成立了中国计量测试学会生物计量专业委员会，该委员会积极倡导生物计量学科发展的交流与应用，每年开展学术交流和研讨会。2009 年、2015 年与中国计量院联合举办了中国生物计量发展研讨会（CCiBM），以"质量、安全、健康"六字方针进行知识的传播与合作。

在国际舞台，中国发挥了重要作用，并培养了国际生物计量人才。2012 年 6 月国际计量局物质量咨询委员会成立微生物特别指导组（Microbiology ad hoc Steering Groups，MBSG），以提高微生物测量能力、保证微生物测量可比性，中国计量科学研究院王晶博士与澳大利亚计量院 DEEN 共同担任定量工作组的联合主席。2015 年 5 月，基于生物计量学科迅猛发展，国际计量局对生物分析工作组进行了 BAWG 重组，成立了三个新工作组，即核酸工作组（NAWG）、蛋白质工作组（PAWG）、细胞工作组（CAWG），其中微生物计量放入 CAWG。2019 年 5 月，中国计量科学研究院傅博强博士担任 CAWG 副主席。武利庆博士是 PAWG 焦点组三（活性）的牵头人。

2012 年，由美国标准技术研究院（NIST）牵头的"瓶中基因组联盟"（GIAB），先后发布了五个单一全基因组参比物质和参比数据，并开发了评估多种测序平台性能的算法。美国 FDA 也发布了基于新一代测序（NGS）的遗传病体外诊断试剂的研究指南，建立了对基因组数据分析流程在线评估的精准 FDA 平台（precisionFDA），为全基因组测序应用于临床奠定了技术和监管科学的基础。2013 年和 2015 年生物计量纳入国家《计量发展规划（2013-2020）》和国家"十三五"《生物产业发展规划》。

中国的生物计量和标准的发展与生物技术的快速发展紧密结合。随着生物组学和精准医学的发展需要，2016 年 12 月 1 日，由中国计量科学研究院牵头，成立了中华基因组精标准计划（Gold Standard of China Genome，GSCG），简称"中华精标准计划"。该计划立足本国，以建立国家统一标准为目标，建设国际一流的基因、蛋白、细胞测试标准体系，夯实生物计量和质量控制基础，加快国际化步伐。首先，开展了我国基因组学标准研究，建立国家基因组标准物质和标准数据集，形成"金标准"，为促进基因检测产业良性健康发展奠定了基础。基因组标准物质是衡量基因测序及生物信息分析准确性和可靠性的尺子，目前 GSCG 计划已开展了包括亚洲人源（炎黄一号）DNA 序列标准物质（BW-5201）和大肠杆菌 O157 基因组 DNA 序列标准物质（BW-5202），以及"中华家系一号"系列标准物质的研究。同时，随着系统生物学和人类表型组的发展，2018 年 12 月 7 日，"中国人类表型组研究协作组（HPCC）标准与技术规范工作组"在复旦大学正式成立，人类表型组学研究标准与技术规范体系的建立是促进人类表型组学研究结果转化落地的重要基石。以上工作对生物医学领域和国家人口健康至关重要。

为更好地服务国家生物产业经济的高质量发展，2017 年 11 月 10 日，正式揭牌成立了中关村"生命科学计量 – 标准创新支撑平台"，平台由中国计量科学研究院和北京中关村生命科学园发展有限公司联合建设，直接面向中国生物制造，提供技术服务和创新支撑服务。

我国生物计量研究与国际同步历经了十六年的发展，形成了以核酸计量、蛋白质计量、细胞计量、微生物计量为主的新学科，形成了一支生物计量年轻团队。同时，生物质谱技术研发已在生命科学计量中扮演重要的角色。伴随着国家对健康、精准医疗、安全和环境，以及国家战略新兴生物产业对生物计量与标准的迫切需求，生物计量在国民经济和健康等重要领域起到了越来越重要的作用。

二、我国的最新研究进展

当前生物计量作为一个崭新的计量学科发展迅猛，是国内外重要的发展趋势，也是衡量一个国家生物经济发展和核心竞争力的标志之一，它与"质量、安全、健康"密切相关，这六个字也一直是生物计量人奋斗的宗旨。国民经济和健康的重要领域，如食品安全、生物安全、体外诊断、生物医药、生物农业、生物制造等领域，对生物计量有强烈的需求，开展生物计量研究也是国家战略新兴生物产业的迫切需求。

生物计量通过从零的创新基础研究开始，建立了核酸、蛋白质、脂肪酸测量等量值溯源途径和精确测量方法，逐步建立了我国完整的核酸 / 基因、多肽和蛋白质含量计量溯源链和量传体系，精准测量技术达到国际领先和先进水平，主要涵盖了转基因含量测量、临床酶活性测量、多肽分子量测定、序列测量等相关的内容，实现国际等效一致，已服务于国家食品安全、生物安全和临床、体外诊断和生物医药的精确测量和溯源应用。在标准物质方面，通过近十年的努力，完成百种以上的生物标准物质，已经形成了以核酸、基因、蛋白质（多肽）、毒素、微生物、细胞等生物标准物质体系，在我国生物量的传递中发挥了重要的作用。逐步落实《国家计量发展规划（2013—2020）》生物计量基础研究、生物产业标准物质研究和研制重点领域和重点方向。

中国计量科学研究院生物计量研究团队多次获科技奖励，如国家质检总局科技兴检奖、首届国家标准创新奖、北京市科技进步奖、中国计量测试学会科学技术进步奖、中华预防医学会科学技术奖等奖项十多项；中国计量科学研究院科技进步奖十二项。自 2006 年以来，累计发表文章一百二十多篇，其中 SCI/EI 收录二十多篇；获多项发明 / 实用新型专利（ZL 2010 10194602.7；ZL 201110163340.2；201120397925.6；ZL 201120236043.1 等）

申报国际校准测量能力（CMC）二十一项；建立了具有国际水平的核酸、蛋白质、细胞和微生物计量研究平台。国际计量比对取得优异成绩，确保了生物量值的国际等效性，生物计量的 CMC 位国际前列，核酸、蛋白质相关参量已列入国际计量局数据库。

在国家"十二五"支撑计划项目中，中国计量院生物计量创新团队承担了国家支撑计划项目课题"水环境微生物测量溯源技术及计量标准研究"和"863"项目课题"人员防护装备性能评价用标准物质"，其中粘质沙雷氏菌标准物质和噬菌体 Φ174 国家标准物质实现了微生物计数和含量的溯源途径，形成的微生物国家标准物质为水环境安全监测测量准确性、可比性、溯源性和实验室生物安全的评价做出了重要的贡献。

2017 年，中国计量科学研究院生物计量团队承担了"十三五"国家重点研发计划"国家质量基础的共性技术研究与应用"重点专项（以下简称"NQI 专项"）项目"生物活性、含量与序列计量关键技术及基标准研究"，该项目旨在建立起我国生物量值源头，提升我国生物测量的能力与水平，实现国际互认，以支撑我国生物技术和健康产业的发展。[3] 2018 年承担了"十三五"国家重点研发计划"生物安全关键技术研究"重点专项项目"生物安全相关核心计量技术和标准物质研究"。

随着我国生命科学研究与生物产业的蓬勃发展，生物计量的发展也在向系统化、纵深化方向发展，在核酸计量、蛋白质计量、细胞计量、微生物计量和质谱分析技术等研究方向具有创新研究。

（一）核酸计量研究

在核酸计量方面，针对核酸含量这一特性量值，中国计量院开发了基于同位素稀释质谱技术的噬菌体基因组 DNA 定量方法[16]，解决了大分子核酸准确定量的难题，实现了 DNA 含量向 SI 基本单位的溯源。此外，还建立了基于电感耦合等离子体发射光谱、高分辨质谱等技术的核酸定量方法。针对目标基因含量，建立了基于单分子扩增的微滴和芯片数字 PCR 绝对定量方法。[17, 19] 对数字 PCR 方法中影响测量结果准确性和不确定度的因素如单分子模型、单反应室体积、DNA 构象等展开了深入研究，实现了数字 PCR 方法和不同原理的单分子计数、同位素稀释质谱方法的可比。[18]CCQM P154DNA 绝对定量国际比对结果表明中国的测量结果准确度最高[20]，我国也是获得国际互认的 DNA 绝对定量校准测量能力不确定度最低的国家。

基于建立的核酸含量和目标基因含量计量方法及国际互认的校准测量能力，开展了转基因核酸、肿瘤目标基因突变标准物质研究，目前已经成功研制了一系列核酸标准物质，包括转基因质粒、小牛胸腺基因组、寡聚核苷酸、文库 DNA、人基因组定量、结直肠癌、肺癌和乳腺癌基因突变以及遗传病目标基因突变等标准物质。[2]

在核酸序列计量方面，在国家"十二五"课题支持下完成"炎黄一号"人部分基因组序列标准物质和大肠杆菌 O157 基因组标准物质的研制。精准医学计划推动了高通量测序技术在临床上的快速应用，同时也对测序数据的产生和数据分析结果的可重复性提出了更高的需求。在"十三五"国家"NQI 专项"课题"核酸含量和序列计量关键技术研究"的支持下，为了满足高通量测序行业内对序列计量的需求，首先针对中国人遗传背景的中华家系一号（同卵双胞胎家庭）人全基因组序列计量标准展开研制，针对序列的标称特性值开展攻关。中华家系一号标准物质的标称值包括高置信的单核苷酸变异信息、短插入缺失信息和结构变异信息。目前已经完成第一版本的高置信标准数据的确定，正在开展验证工作。该套标准物质可用于全基因组测序、数据分析和变异检测的参考标准，提升基因测序产业的质量整体提升。

2018 年 3 月，经过两年半时间研究，由中国计量科学研究院牵头、九家合作单位参与的质检公益项目"重要核酸生物技术三十项国家标准研制"顺利通过验收。项目以产业需求急迫的核酸生物技术为突破，首次从基因检测关键技术标准、核酸检测相关酶技术标准和核酸生物样本技术标准三个方面攻关研究，突出计量、标准一体化融合的质量基础创新研究，突破了一系列关键技术，确定标准关键性指标，形成从溯源性、检验技术、质量评价技术到生物样本控制为整体的核酸标准关键技术体系，实现了核酸生物技术共性标准零的突破。研究成果将为我国核酸产业提供技术标准依据，对推动国家基因检测产业发展、提高核酸相关产品质量、提升生物样本资源规范化管理将产生重要作用，对提高国际竞争力具有重要意义。

（二）蛋白质计量研究

蛋白质计量是生物计量的一个重要分支，是研究蛋白质测量的科学。蛋白质计量的主要任务是为蛋白质含量、分子量、活性、功能、序列及高级结构等测定结果建立计量标准和溯源途径，保证蛋白质相关测定结果能够溯源到 SI 单位或国际定义，从而实现蛋白质相关测量结果的准确、有效和可比。

目前，我国蛋白质计量研究与国际同步发展，构建了蛋白质含量计量溯源到 SI 单位的溯源框架，针对蛋白质测量的复杂性问题，实现了多肽、蛋白质含量溯源的多条途径解决方案。建立了蛋白质含量、分子量、糖基结构鉴定的精准测量方法和计量标准。研制了包括胰岛素、人生长激素、糖化血红蛋白、人血清白蛋白、血清中转铁蛋白及血清中脂肪酸结合蛋白等在内的七十余个蛋白质标准物质（含不同水平），涉及蛋白质含量、分子量及酶活性标准物质。完成多项多肽、蛋白质测量的国际计量比对，通过了国际计量局"多肽同位素稀释质谱含量测定"的校准测量能力（CMC）；主导了"血清中 α–淀粉酶活性测量"国际计量比对和蛋白质分子量测定的国内量值比对，提高了测量结果的可比性。蛋白质含量标准物质主要用于体外诊断试剂中蛋白质标志物、重组蛋白质药物、食品过敏源检测、转基因蛋白检测的量值溯源和质量控制。蛋白质分子量标准物质覆盖了 189~66446 的分量区间，主要用于飞行时间质谱质量轴校准和肽类功能食品分子量分布测定的量值溯源。酶活性标准物质主要用于全自动生化分析仪的校准及多种酶制剂的质量控制。标准物质、校准规范和校准装置的研制，解决了飞行时间质谱仪、免疫分析仪、全自动酶免分析仪、糖化血红蛋白分析仪、尿液分析仪特种蛋白分析仪等二十余种蛋白质分析设备的校准问题。[4]

在"十三五"中，针对蛋白质含量计量基准和量值源头的缺失影响到蛋白质测量结果的溯源，针对蛋白质含量基准测量方法和装置研究不足，量值无法直接溯源到 SI 单位的现状，以及对大分子量、结构复杂蛋白质等精确定量能力的不足，准确定量分析结果的准确性和重复性亟待提高等问题，中国计量科学研究院开展了蛋白质含量计量基准研究。包括持续开展蛋白质含量同位素稀释质谱计量基准方法研究，进一步降低方法的不确定度；开展了基于新原理的蛋白绝对定量和相对定量计量基准装置及技术研究，提升了蛋白质含量的准确测量能力，实现蛋白质含量测定结果直接到 SI 单位的溯源。[3]

蛋白质计量研究有助于我国临床检验、体外诊断、生物医药、食品安全等领域蛋白质测量结果的准确可比。研究成果已服务包括各级计量检定机构、生物医药及体外诊断企业、第三方检测实验室等一百多家单位，有效保证了我国蛋白质量值的准确可比。

（三）细胞计量研究

为解决我国生物产业领域基于细胞学的药物活性评价和临床领域血细胞分型计数的精确测量难题，提升测量结果的准确性、可靠性和可比性，开展了细胞生物活性计量装置、具有溯源性的细胞计量方法以及生物特性量细胞标准物质研究，以解决我国细胞生物特性量计量标准缺乏的突出问题，从计量角度保证生物特性量测定结果的准确可比，进而推动我国细胞生物技术产品、细胞相关诊疗水平的提高，为生物产业和大众健康质量提升打造计量基石。

建立了基于显微成像流式细胞术的白细胞分型流式细胞计数计量方法[31]，方法精密度优于显微镜检法，对五种白细胞均低于 9%；建立了 CD4+ 阳性细胞绝对计数标准物质、尿沉渣细胞分型标准物质、细胞死活计数标准物质的制备技术。建立了国家标准《细胞计数通用要求 流式细胞测定法》和《细胞纯度测定方法——流式细胞测定法》。

围绕着临床血液细胞测量的计量标准，研制了通用型血细胞标准物质、尿液红细胞和白细胞标准物质、流式细胞仪校准用淋巴细胞标准物质等，开展了白细胞分类计数的流式细胞计量方法的研究。起草了《流式细胞仪》《尿沉渣分析仪》计量校准规范。参加了国际比对 CCQM/P102 流式细胞法测量 CD4 细胞计数、人外周血单核细胞表面的 CD4 抗原测量的准确性和可比性研究[10]、CCQM/P123 固体基质上的细胞数量和几何特性研究[32]等三项国际比对，取得了国际等效性。

此外，针对单细胞基因测序技术在细胞异质性测量中存在可比性和重复性差的问题，目前正在以肺癌细胞为对象，研究单细胞基因测序关键指标的验证方法。以肺癌等的循环肿瘤细胞为模型，开展无创、快速、高灵敏的测量关键技术研究，搭建基于微流控技术和稳态细胞表面增强拉曼散射光谱的循环肿瘤细胞分子表型检测基本装置，建立能有效区分正常细胞和肿瘤细胞的微流控表面增强拉曼散射分子表型测量关键技术。

（四）微生物计量研究

2014 年以来，中国计量科学研究院开展微生物流式分析快速精准测量方法研究。采用荧光标抗体和膜选择通透性荧光染料（如碘化丙锭 PI）特异性标记微生物，通过高速液流系统将标记的微生物排列成行，通过激光光源和光检测器对标记的目标微生物逐个进行信号采集和处理，从而对目标微生物活菌个数进行准确测量。

与传统平板培养计数方法比较，该方法将微生物测量的不确定度由传统平板培养计数方法大于 15% 降低到 5.8%，测量时间由大于二十四小时缩短至三十分钟[5-6]。目前，流式分析测量方法已被研究用于乳制品中大肠杆菌 O157：H7 和沙门氏菌以及金黄色葡萄球菌等快速定量测量中。此外，科研工作者还将流式分析测量方法与微生物富集技术结合，可以在七小时内快速灵敏检测到乳制品中单个大肠杆菌 O157：H7，用时缩短至传统培养计数法的八分之一[9]。与传统常用的平板培养计数方法相比，流式法大大提高了微生物测量的时效性、准确性和可靠性，满足对微生物快速和精准测量的需求。

开展了微生物冻干保护剂和冻干工艺的研究，突破技术瓶颈，建立了具有自主知识产权的制备技术，并研制出了奶粉中大肠杆菌（BW4020）和淀粉中金黄色葡萄球菌（BW4021）标准物质，扩展不确定度 20% 以内，达到国际先进水平，摆脱了我国对国际微生物标准物质依赖的状况。食品微生物标准物质服务于我国食品安全检测实验室质量控制、实验室认证认可，为提升我国食品微生物的精确测量能力提供必要的技术支撑。[7-8] 2014—2016 年，中国计量科学研究院王晶和隋志伟在"863"计划项目"人员防护装备性能评价用标准物质"中，突破了模式微生物标准物质制备的技术瓶颈，建立了具有自主知识产权的模式微生物保护剂配方和冷冻干燥工艺，有效提高了模式微生物的稳定性。基于此首次成功研制了粘质沙雷氏菌标准物质和噬菌体 Φ174 标准物质，在生物安全领域填补了国内外空白。模拟微生物标准物质可服务于我国人员防护装备防护性能评价，为装备防护性能的定量评价提供了"标尺"，为保证我国人员防护装备防护性能评价生物监测数据的准确、可靠、可比，为病原微生物安全监测提供计量技术支撑。2013 年至 2016 年，中国计量科学研究院傅博强、张玲和隋志伟在国家科技支撑项目"水环境微生物测量溯源技术及计量标准研究"研究了水体微生物污染检测的菌落总数、大肠菌群和、甲肝病毒标准物质等，为水环境监测测量准确性、可比性、溯源性起到基础性作用。

据统计，截至 2019 年 9 月我国微生物国家有证标准物质共有十八种（表 1），根据特性量的不同，可分为微生物活菌计数标准物质和微生物核酸标准物质等。

表 1　我国微生物国家有证标准物质列表（截至 2019 年 9 月）

序号	标准物质名称	标准物质编号
1	食品微生物冻干样品菌落总数标准物质	GBW（E）100044
2	鱼粉菌落总数标准物质	GBW（E）100045
3	噬菌体 ΦX174 标准物质	GBW（E）090823
4	粘质沙雷氏菌标准物质	GBW（E）090824
5	阪崎肠杆菌 16S rDNA 基因检测质粒 DNA 标准物质	GBW（E）100305
6	阪崎肠杆菌 ITS 序列检测质粒 DNA 标准物质	GBW（E）100306
7	阪崎肠杆菌 MMS 基因检测质粒 DNA 标准物质	GBW（E）100307
8	阪崎肠杆菌 ompA 基因检测质粒 DNA 标准物质	GBW（E）100308
9	耐药基因 mecA 检测质粒 DNA 标准物质	GBW（E）090921
10	炭疽杆菌 capA 基因检测质粒 DNA 标准物质	GBW（E）090922
11	炭疽杆菌 PA 基因检测质粒 DNA 标准物质	GBW（E）090923
12	结核分枝杆菌 IS6110 基因检测质粒 DNA 标准物质	GBW（E）090924
13	金黄色葡萄球菌 nuc 基因检测质粒 DNA 标准物质	GBW（E）100458
14	大肠杆菌 stx1 基因检测质粒 DNA 标准物质	GBW（E）100459
15	大肠杆菌 stx2 基因检测质粒 DNA 标准物质	GBW（E）100460
16	大肠杆菌 fliC 基因检测质粒 DNA 标准物质	GBW（E）100461
17	沙门氏菌 invA 基因检测质粒 DNA 标准物质	GBW（E）100462
18	沙门氏菌 sefA 基因检测质粒 DNA 标准物质	GBW（E）100463

2012 年至 2013 年国际计量局物质量咨询委员会 CCQM 微生物特别工作组（MBSG）组织了两次微生物测量比对，分别是单增李斯特菌平板计数的国际比对（CCQM-PQ01.1）比对和微生物 16SrDNA 测序比对，其中 PQ01.1 比对的主办方均为澳大利亚计量院（NMIA），参加者包括美国 NIST、中国 NIMC 和韩国标准与技术研究院（KRISS）数个发达国家和发展中国家计量院。在 CCQM-PQ01.1 比对中，项目组参考 ISO 11290-2：1998/Amd 1：2004：Microbiology of food and animal feeding stuffs-Horizontal method for the detection and enumeration of Listeria monocytogenes-Part 2：Enumeration method – Amendment 1：Modification of the enumeration medium 中涂布平板计数法对样品中单增李斯特菌数量进行了测量，我们取得了比较满意的结果。2017 年开始，中国计量科学研究院在 CCQM（P205）和 APMP 会议上分别申请了水中大肠杆菌国际计量比对，已经获得审批，正在组织比对。

因此，研究微生物精确测量新方法，降低测量不确定度，提升我国微生物标准物质水平，可以提高我国在微生物计量领域的技术能力和增强我国在该领域的国际话语权，并实现我国食品微生物监测领域微生物测量结果的准确、可靠和可比，为我国食品安全监测提供计量技术支撑，提升我国食品产业质量，保障人民群众健康。

（五）质谱分析仪研制

质谱仪是发展最快的分析仪器之一，无论是在国内还是全球市场，质谱仪的销售都保持两位数的增长速率。在全球市场，质谱仪器已占到整个分析仪器市场的三成以上。相比之下，中国质谱市场起步较晚，也意味着发展潜力更大。[33]随着我国检测领域需求的急速增加，质谱仪的需求不断攀升。为了抓住市场机遇，助推国产质谱仪市场的快速发展，诸多企业和科研团队在科研、技术、研发、应用中不断加大投入，提升完善质谱相关技术。

广州禾信仪器股份有限公司是集质谱仪器研发、制造、销售及技术服务为一体的企业。大气压电离飞行时间质谱仪（API-TOFMS）是由禾信仪器独立开发具有完全自主知识产权的设备，可用于食品、药物、蛋白质分析等领域。该仪器于 2017 年 5 月上市，仪器融合了四极杆离子传输装置、垂直引入反射式飞行时间分析器等多项关键技术，仪器的整机性能和应用方法已达到国内领先水平。同年 10 月 10 日，禾信仪器在 BCEIA 2017 隆重发布了微生物鉴定质谱仪 CMI-1600。该仪器在技术指标上完全可以媲美国外同类质谱仪，甚至部分指标实现超越。在本届 BCEIA 展会上，禾信仪器还展出了大气压电离飞行时间质谱仪 API-TOFMS、大气挥发性有机物吸附浓缩在线监测系统 AC-GCMS 1000、化工区大气挥发性有机物在线监测系统 SPI-MS 2000 和便携式离子阱质谱仪 DT-100 四台自主研发的产品。

江苏天瑞仪器股份有限公司是具有自主知识产权的高科技企业，公司专业从事光谱、色谱、质谱等分析测试仪器及其软件的研发、生产和销售。[34]全二维气相色谱－飞行时间质谱联用仪 iTOFMS-2G 于 2014 年 8 月上市，是具有完全自主产权的商品化小型台式质谱仪。它具有高分辨、高灵敏度和高采集速度的优异功能，实现了与全二维气相色谱、快速气相色谱的完美对接，广泛应用于石油化工、食品安全与环保等领域。

聚光科技（杭州）股份有限公司致力于业界前沿的各种分析检测技术研究与应用开发，产品广泛应用于环保、食品、制药及科学研究等众多行业。2014 年 12 月，聚光科技的 Mars-550 作为全国首台应用到大型石油化工环氧乙烷／乙二醇装置（EO/EG）的在线质谱系统，成功突破进口仪器在该领域的长久垄断。

中国计量科学研究院质谱仪器工程技术研究中心一直致力于质谱仪器与关键部件及应用技术的研发和推广，是国内该领域技术实力领先的研发团队。近年来攻克了小型质谱仪关键技术[35]，研制出国内首台气相色谱／四极杆质谱联用仪、气相色谱／线性离子阱质谱联用仪、液相色谱／线性离子阱质谱联用仪、车载式质谱仪、便携式质谱仪，性能均达国际先进水平，扭转了长期以来质谱仪难以国产化的局面，迫使进口质谱仪价格大幅下降，对中国质谱事业具有开创性意义。

自主研制的四极杆 – 线性离子阱（Q–LIT）串联临床质谱仪，可以对目标离子进行精准分离、捕获和储存，也可以进行多级碎裂的精确操控，实现复杂基体中痕量或超痕量小分子化合物的高灵敏度准确测量。[36] 目前，该装置已应用于小分子疾病标志物的准确测量，并在国际比对（CCQM-K151）中取得等效，开启了国产质谱的新应用。

中心研制的离子 – 离子反应质谱含有两个离子源，能同时引入不同种类的离子。该质谱还集成了四个离子阱，能分别存储和检测不同种类的离子。通过在单个离子阱的相对弹出电极上施加了额外的直流电场以分离并同时检测正负离子。此外，通过调节直流电场的大小，控制正负离子在离子阱中的分布，进而精确操控正负离子反应。[37, 38] 对稀有反应产物的富集、多肽结构解析和双极性离子检测均表现出良好的实验结果。

三、国内外研究进展比较

如今，世界各国纷纷增加投入，以促进本国生物技术和大众健康相关产业的快速发展，生物科技产业已是国际社会发展和抢占的重要战略阵地。历经十年后，生物计量业已成为当前国际计量研究最活跃的领域。而国家生物计量基准和量值源头的缺失影响到生物测量结果的溯源，将影响生物技术创新和产业的发展。

2015 年，美国 NIST 的 MML 发布了该部门未来五年规划 Material Measurement Laboratory Strategic Plan（2016—2020），其中生命科学将以下五个方面作为优先主题：生物治疗、工程生物学、微生物计量、精准医疗和生物医学研究的可重复性。

（一）核酸计量进展比较

2003 年，CCQM 成立了生物分析工作组（BAWG），开始着力解决生物计量中的溯源性和可比性问题。BAWG 自 2003 年成立至 2015 年，一共组织开展了三十六项计量比对，其中二十项为核酸计量研究相关比对。这表明核酸计量研究在国际生物计量研究中起步早、发展快，占有非常重要的地位。随着生物产业和生命科学对生物计量的需求不断增加，2015 年，CCQM 将生物分析工作组正式划分为三个工作组即 NAWG、PAWG 和 CAWG。这无疑更凸显出核酸计量研究的重要性。

国际上针对核酸含量计量方法研究，最早以英国政府化学实验室（LGC）开发的基于同位素稀释质谱的寡聚核酸定量为代表[21]，此外韩国 KRISS 和美国 NIST 相继发表了基于电感耦合等离子体发射光谱（ICP-OES）法的核酸含量测量方法。随后，韩国 KRISS 又发展了基于单分子计数原理的核酸含量测量方法[22, 23]，并于 2014 年主导了 CCQM P154 DNA 绝对定量国际比对，首次证明了单分子计数和数字 PCR 方法的可比性。[20] 澳大利亚 NMIA 开展了目标基因数字 PCR 定量测量[24, 25] 和核酸甲基化水平定量等方面的研究工作。[26]

欧洲标准物质研究院（前身为 IRMM，现更名为 JRC）最早开展了转基因核酸标准物质研制，IFCC 开发了 DNA 变异检测用系列标准物质。NIST 研制了人基因组 DNA 定量标准物质（SRM2372）等标准物质用于临床诊断、法医鉴定。

在序列计量标准研究方面，NIST 主导下的"瓶中基因组联盟"（GIAB），于 2014 年 9 月发布了国际上第一个全基因组 DNA 标准物质 RM8398[27]，其标称值包括高置信单核苷酸变异（SNV）信息、高置信短插入缺失变异（Indel）信息和高置信的基因组区域（Bed），实现对 77.4% 的 GRCh37 基因组区域的变异识别的性能评估（v2.18）。随着人类参考基因组版本的更新以及测序技术和分析方法的优化，RM8398 的标称值目前已经实现对 83.8% 的 GRCh38 基因组区域的变异识别的性能评估（v3.3.2）。NIST 后续又于 2016 年发布了 RM8391（德系犹太人，Ashkenazi Jewish，AJ son）、RM8392（德系犹太人三口家庭，AJ trio）、RM8393（中国人，Chinese son）。不同人群背景来源的全基因组 DNA 标准物质具有人群特征的 SNP 位点，更适用于评估该人群的全基因组测序数据产生和分析的性能。此外，由于不同个体的高置 SNV 和 Indel 信息不同，各位点在基因组上所处的环境和检出难易程度也不同，因此相同测序仪器、方法、流程采用多个全基因组 DNA 标准物质进行评估，可以得到更客观综合的性能评估参数。

中华精标准计划（GSCG）首先开展我国基因组学标准研究，建立的基因组标准物质和标准数据集，是衡量基因测序及生物信息分析准确性和可靠性的标尺，可保障测序数据跨技术平台、跨实验室可比。中华家系 1 号全基因组 DNA 标准物质是 GSCG 计划诞生的第一套家系人源基因组学标准，由中国计量科学研究院与复旦大学、复旦大学泰州健康科学研究院共同研制。候选物来自同卵双胞胎家庭的永生化 B 淋巴母细胞系，志愿者选自复旦大学泰州队列，泰州地处我国南北交界，代表了中国人群典型的遗传结构特征。由于同卵双生双胞胎家庭的家系设计，可以通过孟德尔遗传定律进一步排除标称值确定过程中的可能错误。同时，中华家系一号转录组、蛋白质组和代谢物组的标准物质也在逐步研制中，通过多组学数据的整合分析可为标称值的确定提供了另一层面的生物学依据。

（二）蛋白质计量进展比较

英国生物测量（MfB）项目从 2001 年启动了一系列为提高蛋白质测量结果可比性而进行的研究，其中包括蛋白质定量、ELISA 定量和蛋白微阵列可比性等研究工作，增强了英国企业的竞争能力，有效提高了蛋白质相关测量的重复性和可比性。澳大利亚政府实验室（AGAL）也开展了类似的研究。美国国家标准技术研究院（NIST）与英国国家物理实验室（NPL）合作，开展了蛋白质结构圆二色光谱和生命科学中荧光测量分析的国际比对研究，旨在提高蛋白质结构和荧光免疫分析测定的可比性。英国国家物理实验室（NPL）已经完成了蛋白类药物测量的不确定度研究，为药物的有效释放提供了保障。IFCC 针对临床分析中应用的生物传感器开展了计量学研究；针对阿朴脂蛋白 A1 和 B 的参考方法的

建立和参考标准的研制；研制了六种人绒膜促性腺激素参考物质，开展外部质量评价，评价新参考物质对商业测定的影响。开发心肌钙蛋白 I 的参考测量程序和参考物质；开发胰岛素测量的同位素稀释质谱参考测量方法，研制重组的人胰岛素基准参考物质；怀孕早期筛查相关血浆蛋白质 A 的标准；血色素 A2 含量测定参考测量过程、参考物质的研制。[28]

美国国家标准技术研究院（NIST）与英国国家物理实验室（NPL）、德国联邦物理技术研究院（PTB）合作，举办了多肽和蛋白质含量测定的国际比对，将多肽和蛋白质水解成氨基酸，通过氨基酸含量的测定实现对 SI 单位的溯源，从而建立起多肽和蛋白质含量测定的溯源体系。[29] 为了提升蛋白质含量的准确测量能力，降低测量不确定度，世界各国计量机构都在开展相关研究，包括优化和完善同位素稀释质谱蛋白质定量技术，以及开发的新的含量计量方法和研究计量装置。美国 NIST 与法国国家计量院（LNE）都已经开展了基于差分电迁移率分析的蛋白质定量方法的研究，建立了电喷雾 – 扫描电迁移率 – 颗粒计数的蛋白质定量技术，并正在进行相关工作将该方法作为潜在基准方法进行研究。PTB 建立了基于拉曼光谱技术的蛋白质含量计量基准技术（表面增强拉曼光谱技术），提高了蛋白定量方法的准确度和精密度，减小了测量不确定度。美国的国家计量院（NIST）与 FDA 和企业紧密合作，在蛋白质及肽类药物表征和计量技术研究与标准化方面开展了研究工作。[30]

（三）细胞计量进展比较

2015 年，在美国 NIST 举行的 CCQM 二次会议上，宣布成立细胞工作组（CAWG）。CAWG 的职责包括：确定 NMIs/DIs 共有的校准测量能力（CMC），如被测量、测量技术、量值范围、扩展不确定度；通过组织合适的试验性比对（P 比对）和关键性比对（K 比对）加强测量服务和 CMCs，报告被测量、基质、不确定度来源、量值和不确定度，实现测量结果的溯源和国际等效；对新兴的测量能力领域，制定发展路线图和战略计划，组织研讨会。

德国联邦物理技术研究院（PTB）在临床诊断细胞测量方面，基于流式细胞术、显微测量技术开展血细胞测量的计量学基础研究，开发参考测量程序[11, 12]，支持联邦政府授权的医学检验实验室的质量保证。此外，还开发了用于细胞计数的微流控流式细胞仪[13]，基于光学和电学检测，可以实现临床领域细胞的计数和分型。

美国 NIST 针对细胞治疗对高质量细胞产品特性的测量需求，正在努力推动细胞治疗产品中细胞数量和细胞活性的计量研究[14, 15]，以推动细胞治疗产品的转化和商业化。NIST 正在建设新型计量实验室，专注于再生医学和生物技术领域所需要的独特的细胞标准和高质量的细胞测量方案。

英国 NPL 在生物材料性能评价、细胞活性等方面开展了计量方法和装置开发研究，建立了生物材料的细胞生物相容性评价方法、开发可以定量监测细胞对外环境反应的组合测量系统，开发可用于活细胞动态成像的超分辨率显微镜。为了提高细胞外治疗的效果，研究了多能干细胞如何对细胞外生物物理信号作出反应，从而使它们分化成组织。研究了生物相容性支架对促进干细胞多能性的保留和干细胞培养物的稳定复制的作用，并开发了计量标准，以帮助评估现有疗法的性能。

（四）微生物计量进展比较

2012 年至 2013 年国际 CCQM 的 MBSG 组织了两次微生物测量比对，分别是单增李斯特菌平板计数的国际比对（CCQM-PQ01.1）比对和微生物 16SrDNA 测序比对，其中 CCQM-PQ01.1 比对的主办方均为澳大利亚计量院（NMIA），参加者包括美国 NIST、中国 NIMC 和韩国 KRISS 数个发达国家和发展中国家计量院。在 CCQM-PQ01.1 比对中，项目组参考 ISO 11290-2：1998/Amd 1：2004：Microbiology of food and animal feeding stuffs – Horizontal method for the detection and enumeration of Listeria monocytogenes – Part 2：Enumeration method – Amendment 1：Modification of the enumeration medium 中涂布平板计数法对样品中单增李斯特菌数量进行了测量。2017 年，中国计量科学研究院主导国际计量水中大肠杆菌国际微生物计量比对 CCQM-P205，在国际上发挥作用。

目前国际上只有原欧洲 IRMM、美国 NIST 和德国 PTB、中国等国际计量机构开展了微生物计量研究工作。其中 IRMM 研制的微生物标准物质，包括奶粉中蜡状芽孢杆菌、奶粉中大肠杆菌、奶粉中单增李斯特菌、大肠杆菌 O157、白色念珠菌、粪肠球菌、肠炎沙门氏菌等微生物活菌标准物质，单增李斯特菌、空肠弯曲杆菌、大肠杆菌 O157 基因组 DNA 等微生物基因组标准物质，地衣芽孢杆菌、枯草芽孢杆菌、大肠弯曲杆菌等微生物分子分型标准物质；NIST 研制了多瘤病毒（BKV）、巨细胞病毒两种病毒核酸标准物质；PTB 在欧洲计量研究和创新计划（EMPIR）项目资助下开展了微生物耐药性涉及的病毒测量技术研究。我国研制了十多项微生物计量标准，并在生物安全计量方面处于国际先进地位。

（五）质谱仪国内外研究进展比较

国外质谱仪器近年来发展迅速，许多制造企业相继推出多款先进质谱仪。2017 年 9 月 12 日，赛默飞世尔科技在质谱五十周年新品见面会上推出全新一代 Thermo Scientific TSQ Altis、TSQ Quantis 三重四极杆质谱仪及 Thermo Scientific iCAP TQ 三重四极杆电感耦合等离子质谱仪等多款新品。凭借独特的创新性设计，新产品具有更快扫描速度和更高灵敏度，同时在耐用性与稳健性方面也有重大突破，在定量手段、抗干扰能力、分析灵敏度等方面有了革命性的突破，为生物制药研究、临床研究、食品环境安全检测等领域带来更高效、更高灵敏度的解决方式。

质谱仪作为高端精密仪器，目前仍是国产仪器的薄弱环节，在国内质谱仪市场只能参与低端产品的竞争。现阶段，国产质谱仪的发展形势严峻，预计在核心专利到期或国产器

械有较大技术突破前，国内质谱市场仍将以进口品牌为主。

近几年，国内质谱仪的生产在一定程度上有所突破，一些企业的产品都有申报或上市。希望相关企业能够团结起来，在质谱产业、市场、资本中发挥团结力量。在基于科学研究交流作用的基础上，建立相应的人才培养基质，从而形成一个有机的整体。通过自身的努力，结合市场需求和实际情况，将更多精良的产品投入到市场中，逐步缩小甚至赶超国外先进制造企业，推动我国质谱行业快速发展。

四、发展趋势及展望

（一）促进生物计量研究创新发展

首先必须加强生物计量基础研究。生物计量的基础研究工作十分关键，也是长期的任务。拓展开展关于蛋白质的活性、多糖及糖缀合物生物大分子的含量及结构、生物活性成分的活性、细胞的计数及活性的计量研究，研制相关基标准装置和标准物质。通过计量比对，确保技术的先进性，实现我国生物测量能力的国际等效一致。为国家生物技术和大众健康产业发展提供测量源头支撑，为社会公益与经济产业服务奠定基石。

为了满足日益发展的医疗、海洋生物、生物能源、环境生物治理领域的生物计量需求，我们将进一步拓展生物计量的研究领域，开展这些领域的计量研究。针对新兴的生物测量技术和仪器，开展计量检定校准技术研究，如核酸芯片、蛋白质芯片和糖芯片检测技术，新型生物传感器等。

另外，细胞、微生物计量是我们的短板，细胞计量研究中，随着干细胞生物学、免疫学、分子技术、组织工程技术等科研成果的快速发展，细胞免疫治疗作为一种安全而有效的治疗手段，在临床治疗中的作用越来越突出，被誉为"未来医学的第三大支柱"。细胞治疗是指利用某些具有特定功能的细胞的特性，采用生物工程方法获取和／或通过体外扩增、特殊培养等处理后，使这些细胞具有增强免疫、杀死病原体和肿瘤细胞、促进组织器官再生和机体康复等治疗功效，将正常或生物工程改造过的人体细胞移植或输入患者体内，从而达到治疗疾病的目的。细胞治疗产品的质量控制中，需要对细胞数量、纯度、活性和功能等进行定量表征，然而目前缺乏标准化的测量方法，现有方法存在一定系统偏差且无法溯源、测量过程缺乏方法验证和质量控制的标准物质，这些细胞测量和计量标准短缺问题严重阻碍了细胞治疗产业的发展，急需加大力度研究给予解决。

微生物计量研究中，随着微生物精准测量方法研究的不断深入，针对现有微生物测量量值单位不统一的现状，微生物与宿主细胞相互作用、微生物活性和微生物测量新单位定义的研究显得越来越重要。研究建立微生物测量量值溯源新方法和研制不依赖于培养方法定值的微生物标准物质将成为微生物计量的研究重点，从而解决微生物测量量值源头缺失的问题，为实现微生物测量量值结果的可溯源、可比和一致提供计量技术支撑。

质谱仪研制是比拼国家实力的技术，由于生物样品具有复杂性、微量性等特点，一般仪器难以保证生物计量结果的准确性。质谱仪器作为高端精密仪器，具有其他仪器许多无法比拟的优点，成为进行生物计量相关实验的一项重要选择工具。未来几年，高通量、高灵敏度、高分辨率、低检出限、小型化、便携式是质谱仪主要的发展方向，高分辨、高准确、宽动态范围、中等成本的定量质谱可能会成为高端质谱研发热点，高性能食品安全，便携式、车载式生物安全等专用质谱会相继出现，单 TOF 类质谱仪和中药分析质谱仪会成为我国质谱研发选择的重要方向。

我国质谱目前面临着机遇与挑战并存的局面，随着国家对质谱行业越来越多的关注，我们有理由对中国质谱充满信心。中国质谱还有很长的路要走，需要投入更多的资金与时间。希望我国众多的质谱企业能够通过自身的积极努力，推动中国质谱行业的发展。与此同时也期待，在不久的将来，我国质谱技术能更好、更广泛地为我国经济社会发展服务。

老百姓关心的不同医院检验结果的互认，新兴的分子诊断结果的可靠性和准确性，食品营养安全是否可靠，粮食及食品中转基因成分的含量，疫苗、重组蛋白药物、抗体药物的质量，免疫治疗、干细胞治疗的效果等都涉及核酸、蛋白、细胞等生物特性量值的准确测定。生物安全是国家安全战略的重要组成，通过基础创新发展战略，生物计量将会为生物经济和保障"质量、安全、健康"发挥更加重要的作用。

（二）加强生物计量专业人才队伍建设

我们的人才队伍虽然在国际生物计量的大队伍中数量与美国、欧洲等国相比还有一定数量差距，但这支队伍在十几年时间，克服种种困难，做出了大量工作，跻身世界行列，扩大了国内影响。后十年是大踏步的时代，需要大力建设队伍，发展壮大打下基础的生物计量新学科，并在国内建设一支量传队伍联盟，服务国家建设。

（三）加强生物计量 + 标准平台建设

为生物技术领域服务，在传统的检测技术和现代生物技术之间起到桥梁作用。充分有效利用中国人才和基础设施，通过把握最新技术，研究解决生物计量存在的共性问题，集中力量做好几件事，重点突出，逐步发展。把中关村"生命科学计量 – 标准创新平台"建设成为高水平的集计量与标准的创新平台，支撑生命科学和生物产业的创新发展。

（四）加强国际国内合作

鉴于国家和国际对生物测量的需要，我国生物计量发展重点将结合国家生物技术发展目标和生物测量存在的问题，设计发展国家生物计量结构框架以支持生物测量溯源性和可比性的合理途径，与各部门通力合作，实现溯源传递良性发展。采取走出去引进来的战略，与国际组织合作，加快我国生物计量研究的发展速度，培养高端人才。

（五）争取将生物计量研究纳入国家计划

为了实现国家健康安全和生物产业战略，发展生物计量是一个长期的战略，为此必须积极争取将生物计量国家纳入国家发展规划，继续赶超国际最新发展，实现从跟跑、并跑到领跑。为满足精准医疗、精准农业、精准健康对生物计量的要求，为满足我国人民美好生活向往的追求贡献力量。

生物计量是二十一世纪发展的新学科，是时代的产物，是一项朝阳事业，需要我们不断研究和提高，需要创新，需要科学发展，需要以全新的理念形成生物计量的溯源传递体系。通过良性的可持续发展，营造良好的研究环境，刻苦钻研，相信在未来十年，生物计量必将取得更好的成绩和世界水平。

参考文献

［1］国家质量监督检验总局. JJF 1265—2010 生物计量术语及定义［S］. 2010.

［2］王晶，高运华，董莲华，等. 中国计量院生物计量之核酸计量研究进展［J］. 中国计量，2016（11）：9-10.

［3］王晶. 生物计量再启创新前沿研究、建立测量源头支撑生命质量［J］. 中国计量，2017（11）：40-41.

［4］王晶，武利庆. 中国计量院生物计量之蛋白质计量研究进展［J］. 中国计量，2016（7）：27-28.

［5］隋志伟，薛蕾，王晶，等. 食源性细菌检测方法研究进展［J］. 中国药物与临床，2015，15（2）：196-199.

［6］刘思渊，古少鹏，隋志伟，等. 流式分析技术快速定量检测牛乳中 大肠杆菌 O157：H7［J］. 食品科学，2018，39（6）：302-306.

［7］薛蕾，隋志伟，张玲，等. 金黄色葡萄球菌标准物质的研制. 食品科学［J］. 2015，36（8）：44-48.

［8］薛蕾，林婧，隋志伟，等. 大肠杆菌定量检测用标准物质的研制［J］. 计量学报. 2015，36（6）：652-656.

［9］Liu S Y, Sui Z W, Lin J, et al. Rapid detection of single viable Escherichia coli O157：H7 cells in milk by flow cytometry［J］. Journal of Food Safety，2019，29（4）：e12657.

［10］Stebbings R, Wang L L, Sutherland, J, et al. Quantification of Cells with Specific Phenotypes I：Determination of CD4+ Cell Count Per Microliter in Reconstituted Lyophilized Human PBMC Prelabeled with Anti-CD4 FITC Antibody［J］. Cytometry Part A，2015，87A（3）：244-253.

［11］Neukammer J, Kammel M, Höckner J, et al. Reference Procedure for the Measurement of Stem Cell Concentrations in Apheresis Products［J］. PTB-Mitteilungen，2015，125（2）：70-73.

［12］Kammel M, Kummrow A, John M, et al. Flow cytometer for reference measurements of blood cell concentrations with low uncertainties［C］//IEEE Transactions on Instrumentation and Measurement（TIM）：Special Issue of IEEE International Symposium on Medical Measurements and Applications（2015），Italiana，Turin，2015.

［13］Simon P, Frankowski M, Bock N, Neukammer J. Label-free whole blood cell differentiation based on multiple frequency AC impedance and light scattering analysis in a micro flow cytometer［J］. Lab on a Chip，2016，16（12）：2326-2338.

［14］Sheng Lin-Gibson, Sumona Sarkar, et al. Understanding and managing sources of variability in cell measurements［J］.

Cell Gene Therapy Insights, 2016; 2（6）: 663–673.

［15］ Lin–Gibson S, Sarkar S, Ito Y. Defining quality attributes to enable measurement assurance for cell therapy products［J］. Cytotherapy, 2016, 18（10）: 1241–1244.

［16］ Dong L H, Zang C, Wang J, et al. Lambda genomic DNA quantification using ultrasonic treatment followed by liquid chromatography–isotope dilution mass spectrometry［J］. Analytical & Bioanalytical Chemistry, 2012, 402（6）: 2079–2088.

［17］ Dong L, Meng Y, Sui Z W, et al. Comparison of four digital PCR platforms for accurate quantification of DNA copy number of a certified plasmid DNA reference material［J］. scientific reports, 2015, 5: 13174–13185.

［18］ Dong L, Yoo H B, Wang J, et al. Accurate quantification of supercoiled DNA by digital PCR［J］. Scientific reports, 2016, 6: 24230.

［19］ Dong L H, Meng Y, Wang J, et al. Evaluation of droplet digital PCR for characterizing plasmid reference material used for quantifying ammonia oxidizers and denitrifiers［J］. Analytical and Bioanalytical Chemistry, 2014, 406（6）: 1701–1712.

［20］ Yoo H B, Park S R, Dong L H, et al. International Comparison of Enumeration–Based Quantification of DNA Copy–Concentration Using Flow Cytometric Counting and Digital Polymerase Chain Reaction［J］. Analytical Chemistry 2016, 88（24）: 12169–12176.

［21］ O'Connor G, Dawson C, Woolford A, et al. Quantitation of Oligonucleotides by Phosphodiesterase Digestion Followed by Isotope Dilution Mass Spectrometry: Proof of Concept［J］. Analytical Chemistry, 2002, 74（15）: 3670–3676.

［22］ Yoo H B, Oh D, Song J Y, et al. A candidate reference method for quantification of low concentrations of plasmid DNA by exhaustive counting of single DNA molecules in a flow stream［J］. Metrologia, 2014, 51（5）: 491–502.

［23］ Lim H M, Yoo H B, Hong N S, et al. Count–based quantitation of trace level macro–DNA molecules［J］. Metrologia, 2009, 46（3）: 375–387.

［24］ Bhat S, Herrmann J, Armishaw P, et al. Single molecule detection in nanofluidic digital array enables accurate measurement of DNA copy number［J］. Analytical and Bioanalytical Chemistry, 2009, 394（2）: 457–467.

［25］ Bhat S, Curach N, Mostyn T, et al. Comparison of Methods for Accurate Quantification of DNA Mass Concentration with Traceability to the International System of Units［J］. Analytical Chemistry, 2010, 82（17）: 7185–7192.

［26］ Burke D G, Dong L H, Bhat S, et al. Digital polymerase chain reaction measured pUC19 marker as calibrant for HPLC measurement of DNA quantity［J］. Analytical Chemistry, 2013, 85（3）: 1657–1664.

［27］ Zook J M, Chapman B, Wang J, et al. Integrating human sequence data sets provides a resource of benchmark SNP and indel genotype calls［J］. Nature Biotechnology 2014, 32（3）: 246–251.

［28］ Josephs R D, Stoppacher N, Westwood S, et al. Concept paper on SI value assignment of purity–Model for the classification of peptide/protein purity determinations［J］. Journal of Chemical Metrology, 2017, 11（1）: 1–8.

［29］ Bunk D M. Reference Materials and Reference Measurement Procedures: An Overview from a National Metrology Institute［J］. Clin Biochem Rev, 2007, 28（4）: 131–137.

［30］ Ueda T. Next–generation optimized biotherapeutics—A review and preclinical study［J］. Biochimica et Biophysica Acta（BBA）–Proteins and Proteomics, 2014, 1844（11）: 2053–2057.

［31］ Liu Y Y, Wang J. Comparation of Commercial Red Blood Cell Lysis Agents for Preparation and Absolute Quantification of Leukocytes by Flow Cytometry［J］. Basic & Clinical Pharmacology & Toxicology, 2018, 122（s2）: 67.

［32］ Saraiva L, Wang L L, et al. Comparison of Volumetric and Bead–Based Counting of CD34 Cells by Single–Platform Flow Cytometry［J］. Cytometry B Clin Cytom, 2019.

［33］姜啸龙. 质谱仪的发展研究报告［D］. 北京：北京工业大学，2017.

［34］刘召贵. 天瑞仪器的发展及其质谱仪在食品安全中的应用概述［C］// 2012 中国食品与农产品质量安全检测技术应用国际论坛暨展览会，北京，2012.

［35］江游，黄泽建，熊行创，等. 小型气相离子/离子反应质谱装置的研制［C］// 中国化学会第二十七届学术年会，福建，厦门，2010.

［36］Rapid Amino Acid Quantitation With Liquid Chromatography and Q-LIT Mass Spectrometry［C］// CEIA2019，Beijing，2019.

［37］He M Y，Jiang Y，Wang X F，et al. Rapid characterization of structure-dependency gas-phase ion/ion reaction via accumulative tandem MS［J］. Talanta，2019，195：17-22.

［38］Ye S，Li M，Jiang Y，et al. Ion manipulation and enrichment mass spectrometer for cleavage of disulfide bond via ion/ion reaction［J］. J Mass Spectrom，2019，54（4），311-315.

撰稿人：王　晶　隋志伟　傅博强　董莲华　米　薇　翟　睿

医学计量研究进展

一、引言

医学计量是计量技术在医学领域的应用与延伸，属于应用计量范畴，解决的是计量服务社会的"最后一公里"问题。医学计量是现代医学发展的基础，目的是实现医学领域计量单位的统一和量值的准确可靠，从而实现对疾病的准确诊断和有效治疗。

二十世纪六十年代中国政府接受国际计量局的建议，根据国情在上海计量研究所和卫生部工业卫生研究所建立医用 X、γ 射线剂量计标准，是官方最早"与国际接轨"的医学计量开端。1986 年《中华人民共和国计量法》颁布实施，医学计量正式进入法制计量时代。随着我国卫生行政管理部门日渐重视医疗质量和安全，医学计量的作用和地位日益彰显，已被卫生、药监、计量部门所共同认可。经过数十年的发展，我国在医学计量领域建立起一批获得国家认可的医学计量标准，从原来依托分散的传统专业计量逐渐向集中化发展。目前，全国大部分省级法定计量检定机构都成立了专门的医学计量研究所或医学计量实验室，超过四分之一的市级法定计量检定机构也成立了医学计量实验室，全国的医学计量检定校准网络已基本形成，医学计量工作日趋规范和完善。

近年来，卫生行政管理部门着力加强高风险设备质控管理、减少医疗事故和推动检验结果互认。为推动实现这一目标，我国医学计量主要围绕生命体征测量与生命支持类设备、放射与磁共振成像设备、眼科光学设备、医用声学设备和新型医用光学成像设备开展工作。通过持续调研国内医疗行业计量需求，追踪国际医学计量发展动态，指出国内医学计量的发展方向，形成了符合我国国情的医学计量体系框架，制定了近期和远期医学计量工作规划，全面推动全国医学计量事业有序开展。

总体来说，由于卫生行政部门监管力度的加大和医学计量技术水平的提升，医学计量所覆盖的医疗设备种类和数量已经大幅增加。医院出于自身管理的需要，对医疗设备量值溯源的管理也从被动溯源转变为强制检定与主动溯源相结合。医疗器械生产厂家在产品研

发和质量认证中的溯源需求，以及高校、科研院所在医学诊疗新方法研究中的溯源需求在也在逐渐增长，对医学计量也提出了新的要求。

二、我国的最新研究进展

为了确保人民身体健康和生命安全，加强医学计量法制化管理，建立适应新世纪、新阶段医学计量保证体系，进一步扩展计量测试范围，以中国计量科学研究院为排头兵的医学计量研究队伍，针对医院急需解决量值溯源的医用加速器、医学影像、急救监护、临床检验、视听、放射诊断、血压诊断与监护等医学诊疗设备，开展计量标准与溯源体系研究，形成了一批新的测量装置和标准物质，完成一批计量技术法规的制修订，大幅提升了我国医学诊疗设备计量检测能力，建立起了具有国际先进水平的计量标准及溯源体系。

为更好地整合与发展我国医学计量事业，中国计量科学研究院联合山东省计量科学研究院等单位开展了医学计量体系框架以及医学计量关键量值溯源和传递体系规划的研究，梳理了一百七十四种医疗设备（表1）的检测参数、检测手段以及相关的溯源等级图，对国内医疗行业的计量需求进行调研，追踪国际医学计量发展动态，了解医学计量发展现状与需求，捋清各医疗设备的溯源链条，提出国内医学计量的发展方向，形成了符合我国国情的医学计量体系框架，完成了《医学计量体系框架和规划研究报告》和《医学计量国际发展趋势研究报告》，出版了专著《医学计量体系框架》[1]，提出近期和远期医学计量科研项目规划。通过该框架可以比较全面、直观地了解在用医疗设备的计量现状、溯源关系以及亟待解决的问题，并能从科研立项到计量基标准研究、从落实计量检测校准手段到制修订计量技术法规的全过程给予引领和指导，从而推动全国医学计量事业有序开展。

表 1　梳理的医疗设备分类表

编号	专业	设备总数	医疗设备名称
1	医用放射计量	24	医用诊断 X 射线辐射源、医用电子加速器辐射源等
2	医用光学计量	41	焦度计、验光仪、二氧化碳激光治疗机、硬管内窥镜等
3	医用电磁学计量	10	心电图机、心电监护仪、医用磁共振成像系统等
4	医用声学计量	17	医用超声诊断仪超声源、超声骨密度仪、听力计等
5	医用力学计量	12	移液器、血压计和血压表、电子血压计、医用离心机等
6	医用热学计量	13	玻璃体温计、医用电子体温计、红外耳温计、热像仪等
7	医用生物化学计量	19	生化分析仪、血细胞分析仪、尿液分析仪、酶标仪等
8	医学综合计量	38	多参数监护仪、呼吸机、麻醉机、婴儿培养箱等
	合计	174	—

"十三五"期间，中国计量科学研究院联合北京航空航天大学、中国人民解放军联勤保障部队药品仪器监督检验总站、中国食品药品检定研究院、中国人民解放军空军总医院等二十家单位在国家重点研发计划质量基础专项中开展"医学与健康计量关键技术研究"。项目在"十二五"基础上，继续开展人体关键参数测量、医学影像、医用光学等重点领域计量研究工作，研制关键参数计量标准装置，建立支撑医疗设备及其质控设备研发的计量校准站和溯源平台。同时，开展中国人群生理参数数据平台建立的计量学研究：针对急需解决溯源问题的骨密度研究制定统一的数据采集程序、质量保证规范、统计分类方法，完成三万例样本数据采集，是我国首次由计量机构开展中国人群生理参数数据库研究。

（一）生命体征监测与生命支持设备计量

人体生命体征监测与生命支持设备在临床诊治，特别是在重症监护工作中起到关键性作用，直接关系到患者的生命安全。在"十二五"期间，中国计量科学研究院以急需解决量值溯源问题的呼吸机、血透机、血氧饱和度仪、婴儿培养箱、输液泵、多参数监护仪、高频电刀、除颤仪、电生理仪等医疗设备及其计量器具为研究对象，研究心电、血压、呼吸、体温、血氧等生命体征参数及生命支持设备关键参数的量值溯源方法[2, 3]，制定了一批计量技术法规[4, 5]，初步解决了重要生命体征测量与生命支持设备的计量检测和量值溯源问题。在"十三五"期间，通过质量基础专项"医学与健康计量关键技术研究"，开展人体关键生理参数的计量校准和量值溯源方法研究，研制呼吸机测试仪校准站、血液透析机检测仪校准站、血氧饱和度模拟仪校准站、婴儿培养箱校准站、输液泵校准站、生命体征模拟仪校准站、多功能电生理校准装置、除颤分析仪、生命体征模拟仪和反射式血氧光学模拟器及其溯源装置，制修订相关医学计量技术法规，完善相关量值溯源体系，建立人体生理参数计量校准和研究平台，突破国外产品垄断，实现医学计量校准站的国产化。

（二）放射与磁共振成像设备计量

近五年，中国计量科学研究院研究团队主要围绕医学影像设备的几个方面开展研究：源特性参数检测方法研究，建立 X 射线吸收系数标准装置和磁共振成像设备磁场均匀性计量检测装置；标准检测模体研制，研发医用 CT 性能检测模体、多用途图像性能检测模板；标准化检测装置研制，基本建立规范化的医用 CT 和磁共振成像设备（MRI）基础参数的计量检测装置；图像质量评价方法研究，建立影像灰度标准装置，基于模体研发完成医用 CT 和 MRI 模体图像客观评价软件，基本形成医学影像显示系统的计量检测方法。[6]此外，在骨质疏松诊断设备计量溯源及中国人群骨密度数据平台建立研究方面，建立骨质疏松诊断设备计量装置，通过研制多能量条件 X 射线骨密度计量检测装置，研制不同密度的仿骨骼材料，设计研制手臂骨和腰椎骨仿形骨密度标准模体，制定科学、合理的骨密度量值溯源途径。联合医院、企业等，研究制定骨密度数据采集技术规范、数据采集设备质量保证规范、数据统计分析和有效性评估方法，建立三万样本量中国人群骨密度数据平台。医用成像设备关键安全性能指标与图像质量评价计量技术研究，引入形态计量学方法，研制典型医用融合图像成像设备（PET-CT）的性能检测模体及图像质量的计量学评价标准装置，研制动态图像检测模体；同时，研制磁共振成像设备 SAR 值测量装置，建立磁共振成像设备射频场能量分布测试系统和 SAR 值测量评价系统，初步形成磁共振成像设备 SAR 值计量检测溯源体系，逐步探索磁共振成像设备生物热效应对人体的影响[7]。

（三）眼科光学设备计量

近几年，我国眼科光学计量工作围绕新型眼科诊疗设备、技术以及检测方法研究上取得了重要进展和丰硕成果。在"十三五"期间研制了角膜曲率和散光轴位标准器，建立角膜曲率计工作基准装置，解决了人眼角膜曲率类测量仪器的多参数计量校准[8,9]；成功研制出国际上首台基于清晰度法（ISO 方案）的综合验光仪标准测量装置，有效解决了各大验光配镜中心广泛在用的综合验光仪的在线计量校准和量值溯源[10]；建立了集亮度、对比度、色度和周期图案频率均可变的视觉阈值特性测量装置，开启了我国人眼视觉阈值特性的计量研究[11]；研制视觉电生理综合校准仪，解决了视觉电生理仪等客观视觉诊断设备的计量校准[12]；研制了太阳镜检测装置，有效解决了太阳镜顶焦度的高精度检测；研制出接触式压平眼压计检测装置，解决了对接触式压平眼压计水平作用力的校准，为临床在用设备的计量检定与校准提供了技术保证。研究成果不仅在国内眼科光学领域得到推广和应用，为国民视觉健康提供计量保障，而且为国际眼科光学和仪器领域相关 ISO 国际标准的制修订提供了技术支持，靠实际的技术力量让我国成为国际标准化工作中的骨干成员国。

（四）医用超声设备计量

医用超声是将影像学、生物科学、电机科学和医学相结合的技术，由于其对于疾病的诊断和治疗具有极高的功效，在临床中取得了广泛应用。为保障医用超声设备辐射剂量的准确性和临床安全性，过去几年，我国主要开展了声功率和声场参数的精准计量研究。针对声功率计量，在维护基于辐射力天平法声功率国家基准的基础上，研究并建立了基于量热法的声功率测量装置，将声功率测量上限拓展至 350W，以服务高强度治疗超声（HIFU）等国家战略新兴产业临床应用；针对声场参数计量，首先开展了声场测量传感器，即水听器声压灵敏度校准研究，分别研究并建立了基于互易原理和激光干涉原理的声压量值复现装置，将溯源频率范围拓展为 25kHz~60MHz，并已具备申报建立国家基准的能力；为实现声场参数的精准计量，建立了基于鲁棒水听器特征参数反演的脉冲波形重建研究方法，实现的峰值正 / 负声压、机械指数、脉冲声强积分等声场参数测量不确定度优于 8%（$k=2$），有效保障了医用超声设备的计量准确性。

（五）新型医用光学成像设备计量

与放射成像技术相比，医用光学成像技术对人体危害小、分辨率高，已经成为现代医学发展的前沿。在这一领域，我国主要围绕 OCT 设备、内窥镜和显微成像拉曼光谱仪开展计量研究工作。国际标准化组织于 2015 年发布了 OCT 技术的首个国际标准 ISO 16971：2015，对眼后节 OCT 设备提出了相关技术要求。中国计量科学研究院参与了 OCT 首个国际标准的起草，并建立了 OCT 设备光谱特性与数值孔径参数测量装置，研制出点扩散函数模体和模拟眼，解决了 OCT 设备空间分辨率的检测与评价问题。[13, 14] 开展了医用内窥镜关键参数计量技术研究，研制出医用内窥镜计量检测装置，重点涵盖视场角、分辨率、畸变、调制传递函数（MTF）等参数的计量检测，并从计量溯源的角度对装置测量结果进行详细分析和评定。开展了拉曼光谱仪计量研究，并建立了拉曼光谱仪的频移、相对强度等关键参数的计量校准和量值溯源方法[15, 16]，研制了拉曼光谱仪校准装置，编写了《JJF 1544—2015　拉曼光谱仪国家计量校准规范》，建立了拉曼光谱仪光谱类参数量值溯源体系，下一步将继续研究其成像参数的校准方法，进一步完善拉曼光谱量值溯源体系。

三、国内外研究进展比较

（一）国外医学计量研究进展概述

二十世纪七十年代开始，先进国家开始重视临床医疗技术的质量保证工作。到八十年代计量学应用标准和量值溯源体系已经建立，实现了完整的计量工作系统。一些国家已经将成熟的应用标准与溯源工作交由企业或医院实施。许多机构得到了国家或国际合作区域组织的授权，开展医学应用标准的检测、校准与量值传递工作，如 Fluke 公司、Perkin-Erme 公司、血细胞分析方面的 Coulter 公司等。先进国家计量机构，如美国标准与技术研究院（National Institute of Standards and Technology，NIST）、德国联邦那个物理技术研究院（Physikalisch-TechnischeBundesanstalt，PTB）和英国国家物理实验室（National Physics Laboratory，NPL），其工作重点则主要侧重在医学计量新领域和医学检测新方法上。

医学影像设备计量和新型医用光学成像设备计量是先进国家计量机构重点研究领域。NIST、PTB、NPL、韩国标准研究所（Korea Research Institute of Standards and Science，KRISS）等国家计量机构均已开展医学影像类设备的计量学研究工作，且各具研究特色。NIST 在 CT 和 MRI 方面均有较为深入的研究，如 CT 参考材料、乳腺 MRI 测试模体、MRI 弛豫时间测量标准物质、定量 MRI 性能检测模体研究。PTB 主要开展 MRI 的特定射频能量吸收率（specific absorption rate，SAR）量值研究。NPL 一直致力于 MRI 标准化的检测模体研究。KRISS 在 MRI 和骨密度计量领域也一直在开展研究工作。在医用光学成像技

术方面，PTB 和 NPL 都在研究超高分辨率的显微成像技术，NPL、NIST、KRISS 都开展了光学相干断层扫描技术（optical coherence tomography，OCT）研究，PTB 建立了光学显微镜、定量显微镜和紫外光显微镜的计量标准，KRISS 开展了超短脉冲激光系统评估研究，NIST 开展了拉曼光谱成像和高光谱成像计量研究等。

在生命体征测量与生命支持设备计量领域和眼科光学设备计量领域，欧美发达国家的设备研发和量传服务主要是以企业主导的市场化的方式运行。例如，美国 Fluke 公司、瑞典 ALK 公司、德国 IBP Medical 公司等研发了针对呼吸机、血透机、输液泵、婴儿培养箱、血氧饱和度仪、多参数监护仪等医疗设备的质控器具，一方面为客户提供服务，另一方面作为商品化仪器提供给第三方检测机构来开展量传业务。各国围绕眼镜镜片、接触镜片、人工晶状体、眼科光学仪器和眼部防护用品等领域都形成了比较完善的量值溯源和标准体系，企业则主要参与国际标准化工作，如德国 Zeiss 公司和法国 Essilor 公司等。

（二）重点领域研究进展比较

1. 生命体征测量与生命支持设备计量

欧美发达国家的大部分医疗器械质控主要是以市场化方式运行。以企业为主导的医疗器械及其计量器具的研发、生产、校准和服务产业，形成了针对常用生命体征测量与生命支持设备的质控和溯源体系。这些设备主要包括呼吸机、血透机、输液泵、婴儿培养箱、血氧饱和度仪、多参数监护仪等。这个行业中具有代表性的企业包括美国 Fluke 公司、瑞典 ALK 公司、德国 IBP Medical 公司等。这些公司除了研发针对医疗设备的质控器具，例如呼吸机测试仪、输液泵分析仪、病人模拟仪等，也研发针对这些医学计量器具的上游计量器具。以美国 Fluke 公司为例，其研发的一系列医学计量校准站除了用于校准 Fluke 生产的医学计量器具为客户提供服务，也可作为商品化仪器提供给第三方检测机构来开展检测业务。

我国在该领域起步较晚。国内计量技术机构、医疗器械质检机构和医院质控部门通过采购进口医学计量器具和校准站，开展计量测试、注册检验和质量控制。然而，这类校准站主要针对产品质控而非计量校准，检测参数和操作流程不具备适用性和开放性，且存在校准方法不合理、不符合计量校准原则的问题。例如，美国 Fluke 呼吸机测试仪校准站仅采用单参数独立校准方式，不能模拟呼吸过程而无法校准动态参数。此外，各品牌校准站不能通用，采购价格昂贵，维护成本高昂，寄回国外实验室校准费用高且周期长。

针对这些问题，国家已经通过质量基础专项"医学与健康计量关键技术研究"项目投入力量开展研究，计划进一步开展人体关键生理参数的计量校准和量值溯源方法研究，研制一系列可溯源、实用化、通用性强的医学计量校准站，包括呼吸机测试仪校准站、血液透析机检测仪校准站、血氧饱和度模拟仪校准站、婴儿培养箱校准站、输液泵校准站、生命体征模拟仪校准站以及一些关键医学计量器具，突破国外产品垄断，实现医学计量校准站国产化。随着医学计量领域的发展，近年来国产医学计量器具的发展势头也非常迅猛。总体来说，经过近年来大力投入之后，我国在生命体征测量与生命支持设备计量领域，已经从原来的大幅落后转变为与发达国家相当的水平。

2. 放射与磁共振成像设备计量

国际方面，NIST、PTB、NPL、KRISS 等先进国家计量院均已开展医学影像类设备的计量学研究工作，且各具研究特色。其中 NIST 在 CT 和 MRI 方面已有较为深入的研究，在 CT 设备方面，NIST 科研团队正在进行 CT 值 HU 与国际单位制（SI）的关联研究：主要研究医用 CT 参考材料的 CT 值与国际单位制（SI）如物质的量之间的关系，进而使不同 CT 设备的扫描结果能够有效地相互比较。在 MRI 设备方面，NIST 科研团队主要进行三方面的研究，分别为：乳腺 MRI 测试模体研究，模拟人体乳房组织以测试 MRI 系统的性能，用以提供一种鉴别和检测乳腺癌的方法；研发 MRI 弛豫时间测量标准物质，并研制了一款名为 Phannie 的模体用于 MRI 设备性评估，应用物理部门可为 MRI 设备提供弛豫时间校准服务；研发定量 MRI 性能检测模体，用以验证 MRI 的定量成像协议，重点关注癌症、大脑和多模式成像的标准。

PTB 在磁共振成像设备方面主要研究计划为 Metrology for next-generation safety standards and equipment in Magnetic Resonance Imaging，该研究项目是欧洲计量研究计划（the European Metrology Research Programme，EMRP）中的一部分，主要研究射频场的分布和高场下的特定射频能量吸收率（specific absorption rate，SAR）值的模拟计算方法。目前研究成果为射频线圈的模拟仿真和计算（空载与置入受体后）和人体头部脑组织峰值 SAR 值测量与温升关系拟合；PTB 与西门子公司有十分密切的合作关系，使用西门子公司研制的 3.0T 超导型磁共振成像设备开展研究，相关研究成果也会直接应用于西门子公司的超导磁共振成像设备设备中。

NPL 致力于 MRI 新标准的研究，力图推进阿尔茨海默病诊断的潜在技术。NPL 科研团队已研发出一套标准化的检测模体，该模体大致模拟上半身和头部的形状，可设置固定的灌注频率，用以仿真模拟毛细血管内可控的血液流动情况，进而辅助医院进行阿尔茨海默病的诊断和评价。

骨质疏松症的诊断是以骨密度（BMD）减低为基本依据，用双能 X 射线骨密度仪（DEXA）测量 BMD 是无创检 / 监测骨量最常用方法，是世界卫生组织（WHO）推荐的骨质疏松诊断金标准。[17-19] KRISS 多年来一直致力于建立韩国国人不同年龄段的骨密度数据库，并且 KRISS 正在与 HUMAN TECHPIA 和 BMTech 等本土公司联合研发双能 X 射线骨密度仪；KRISS 在 MRI 特定射频能量吸收率（specific absorption rate，SAR）方面开展了基于羟乙基纤维素材料（HEC）模型的 SAR 值仿真计算，并初步搭建了基于仿真模型的 SAR 值检测装置。

近年来，随着我国在放射与磁共振成像设备方面的研发力度不断增强，以联影、东软、明峰、万东、鑫高益等为代表的民族企业正在不断崛起，其产品的技术水平日益提升并不断稀释老牌国外巨型医学影像设备生产企业的市场份额；与此同时，医学影像设备的计量研究也在快速发展，与 NIST、PTB 等先进国家计量院技术水平的差距不断缩小。

3. 眼科光学设备计量

国外的眼科光学研究开展得比较早，以企业为核心，围绕眼镜镜片、接触镜片、人工晶状体、眼科光学仪器和眼部防护用品等领域都形成了比较完善的标准体系，可以有效约束和指导眼科光学产品与仪器的生产制造和检验检测。德国 PTB 早年开展了眼压计相关研究，俄罗斯计量院开展了屈光度相关计量研究。而我国的眼科光学计量是应市场急需发展起来的，属于比较有中国特色的计量分支，注重解决实际应用中的计量校准和量值溯源技术。ISO/TC172/SC7 国际标准化组织 / 光学和光子学技术委员会 / 眼科光学和仪器分技术委员会，负责制修订眼科光学领域眼镜镜片、接触镜片、人工晶状体和眼科光学仪器的相关标准。ISO/TC94/SC6 国际标准化组织 / 个体防护装备 / 眼面部防护产品分技术委员会，负责制修订眼面部防护用品的相关标准。近年来，国内主要针对 ISO/TC172/SC7 和 ISO/TC94/SC6 负责的角膜曲率计、综合验光仪、眼压计、太阳镜检测装置、眼科 OCT 等新型诊断仪器开展计量研究，参考 ISO 推荐的测量原理、方法和技术要求，建立标准测量装置，统一计量校准方法，同时技术成果又为 ISO 标准技术指标和测试方法的修订与完善提供支撑。研制的标准检测装置除了在国内推广应用之外，在日本、法国、美国、韩国等一些国外知名眼科产品和仪器的生产企业也得以应用，促进了国际眼科光学仪器的技术研发和质量发展。

4. 医用超声设备计量

国际先进计量机构如德国 PTB、英国 NPL 和美国食品药品监督管理总局（FDA）都开展了医用超声量值溯源研究，在水听器校准、声功率和声场参数计量方面研究并建立了相关计量标准。近年来，由于高强度聚焦超声（HIFU）在治疗良、恶性肿瘤方面的优势，而 HIFU 声场中空化气泡爆破产生的局部极高压力、高速射流和冲击波等问题的复杂性，其量值溯源方法尚未有效建立，从而取得了广泛关注。通过"十二五""十三五"期间科研经费、人力和物力等的持续投入，我国在医用超声计量方面初步达到了国际先进水平，参加了声功率、水听器声压灵敏度校准等国际关键比对，比对结果等效。然而我国相关研究工作起步较晚，在量值溯源体系设计、研究工作的创新等方面与先进计量机构还有差距，还需要进一步提升科研质量，挖掘自身潜力，以达到国际先进水平。

5. 新型医用光学成像设备计量

在 OCT 成像计量领域，NIST、NPL 与美国食品药品监督管理局（FDA）较早开展了相关工作，KRISS 和新加坡国家计量中心（NMC）近几年也开始关注并进行了相关研究。NPL 光辐射与光子学领域的生物医学研究组开展 OCT 研究的领域十分广泛[20]：既研制用于评价 OCT 成像分辨率的点扩散函数模体，同时从源头对 OCT 技术本身进行改进以获得更高的成像分辨率，并且利用 OCT 技术进行牙科材料（与伯明翰牙科中心合作）和癌症组织的折射率测量。NIST 和 FDA 的科学家也尝试各种方法研制用于评价 OCT 设备的轴向分辨率、横向分辨率以及成像对比度。[21、22] 我国于 2011 年开始关注并开展 OCT 成像计量研究，并初步研制了眼科 OCT 空间分辨率计量标准模体和模拟眼，参与制定了第一个 OCT 国际标准 ISO16971：2015，依托"十三五"国家重点研发计划的持续研究，OCT 的国家标准及计量校准规范也正在制定并即将发布。

国际上医用内窥镜的计量检测主要集中在内窥镜的成像性能上，美国食品药品管理局设备与放射健康中心研究了顶点视场角与入瞳视场角的差异及其测量手段。在检测装置方面，美国 Lighthouse imaging 公司研制出简易型医用内窥镜检测装置，可以实现对内窥镜分辨率、入瞳视场角、畸变、照明均匀性等参数定量检测。我国医用内窥镜国家标准相比于国际标准要求较低，但是我国医用内窥镜行业标准相比于国际标准要求又较高，检测手段也较为复杂。我国行业标准的范围覆盖了医用硬性内窥镜、纤维内窥镜、电子内窥镜、胶囊内窥镜等，还包括相应的附件要求。总体而言，我国虽然在医用内窥镜生产技术方面落后于国外，但是医用内窥镜的检测方面在国际上处于领先。近年来，检测参数更多，技术要求更全面的检测装置和设备不断涌现，但是检测装置的检测数据有效性值得进一步验证。

在拉曼光谱成像领域，NIST 已开展拉曼光谱成像设备的光谱类参数校准方法研究，并研制相关计量标准。我国也已完成拉曼光谱仪光谱类参数量值溯源体系的建立，并启动了成像类参数校准方法的研究，预期在"十三五"末期完善拉曼光谱仪光谱参数和成像参数的量值溯源体系，全面解决拉曼光谱仪的量值溯源问题。我国在拉曼光谱计量领域的研究水平基本与国际先进国家持平。

德国联邦物理技术研究院（PTB）在生物医学光学领域开展了近红外成像技术研究，采用近红外激光二维扫描成像技术，利用注入人体的荧光对比试剂标记肿瘤组织，可检测乳腺肿瘤并可区分良性和恶性肿瘤。PTB 与 Philips、Bayer 和 PicoQuant 公司联合研发的第一代荧光乳腺检测仪，可给出二维的荧光信号图像。目前正在开发第二代荧光乳腺检测仪。仪器由原来的站立式检测改为俯卧式检测，在检测系统中增加了多套 CCD 摄像机，与第一代检测仪相比可给出荧光信号的深度信息。PTB 同时还开展针对乳腺癌的光学性质和生理参数（血红蛋白浓度和血氧饱和度）的理论研究，建立了几种数学模型，利用组织等效模体对不同模型进行了比较实验，并与医院合作开展部分临床实验研究。PTB 还建立了光学显微镜、定量显微镜和紫外光显微镜的计量标准，研究和开发超高分辨率光学显微镜测量方法，使其测量能力溯源至微米和纳米级。英国国家物理实验室（NPL）目前也正在研究开发超高分辨率的显微镜以实现对细胞内分子水平的细节成像，分辨率达到纳米级。美国国家标准与技术研究院（NIST）开发了一种新的用于荧光显微镜标记和校准的新方法，此外，NIST 收集了人类皮肤在不同波长下不同组织形态，建立了一套高光谱成像

的计量标准。KRISS 开展了超短脉冲激光系统的评估项目，同时正在研究开发用于微创手术的飞秒激光系统。

四、发展趋势及展望

随着新的物理技术、信息技术以及新型传感器技术不断地应用于医学领域，医疗设备越来越趋于多参数、集成化、动态化、智能化和远程化，为医学计量带来了新的挑战。例如，多参数监护仪可测量提供丰富的人体生理参数信息，包括心电、脉搏、呼吸、血压、体温等多个参数，并且其功能还在不断扩展，传统的单参数检测方式已经无法满足现代医学设备技术的发展要求；大型医疗设备（如 CT 机、磁共振共振仪）通常在开机后要长时间运转，各种呼吸机、监护设备甚至要连日或数月工作，传统的离线定期检测方式也无法适应医疗设备的应用特点。此外，医疗设备也不再局限于简单的人体静态生理参数测量，而是更关注生理参数的动态变化过程，具有更强的数据分析和处理能力，具备远程临床数据传输和分析的能力。医学计量器具必然朝着多参数和集成化的方向发展，对发展在线校准、动态校准、自动化和远程校准技术的呼声也日渐高涨。医学计量技术需要不断创新才能适应现代医学发展对医学计量提出的新要求，才能更好地保障医学诊疗的安全、有效和准确。

在生命体征测量与生命支持设备计量领域，目前我国的医学计量量值溯源体系已经能覆盖大部分医院常用的生命体征测量与生命支持设备。但随着医学技术的日新月异，新产品通常具备更多的测量功能、更宽的测量范围、更高的测量精度和多功能的交叉。为了满足新的计量需求，需要研究生理参数的动态化校准方法，更真实地模拟人体的状态，实现更准确地校准和溯源。

在医学影像设备计量领域，智能化和互联网等技术的跨界应用正在为医学影像诊断设备的发展注入新的活力。CT、MRI、超声等设备本身就携带了很多人工智能相关的基因，这些基因未来也将以检测流程智能化、扫描参数智能化、处理流程智能化、影像数据结构化和智能化、诊断智能化的方式贯穿整个影像链。医学影像计量也将不断更新进步，以满足影像设备越来越智能、辐射剂量将越来越小、图像质量越来越高对计量提出的新需求。

在眼科光学设备计量领域，各类镜片设计已从原来的单一参数、球面结构发展为多参数、复杂曲面结构，眼科仪器也从原来简单的功能单一的验光配镜设备发展成高精度、大动态范围、多参数的集验光、诊断、治疗为一体的多功能设备，针对眼科临床应用的新技术和新方法，未来将重点对新型视觉诊断设备（扫频光学 OCT、人眼视觉阈值、视野等）、眼球生物结构参数（眼轴长、角膜地形图、角膜厚度等）、新型镜片参数（角膜塑形镜 OK 镜透氧系数、结构面型等）、视力治疗康复设备（准分子激光角膜屈光治疗机等）开展共性关键技术研究，研制计量标准器和标准测量装置，建立统一的校准检测方法。

在新型医用光学成像设备计量领域，为新方法和新仪器提供计量技术支撑是医学计量的重点。计量应该从方法研究阶段起就融入产品的全生命周期，突破以往的计量研究模式，不局限于传统的计量标准与量值溯源研究。联合企业开展医疗设备的研发，联合医院、大学、研究机构等开展临床医学诊断新方法以及医学新技术的应用研究等，多方面提升医学计量的水平与影响力。

除了现有的医学计量重点领域，互联网技术和物联网技术的快速发展还催生了新的医学计量分支方向。近年来，各种新型穿戴式健康设备如雨后春笋般出现[23]。可穿戴健康设备通过随时随地监测血压、血糖、心率、体温、血氧、呼吸等人体生理参数，对糖尿病、心血管疾病、呼吸系统疾病、高血压等疾病的预防和管理非常关键。目前可穿戴医疗设备的监督管理基本属于空白。[24, 25]市场上已经出现针对智能手表类穿戴设备的计量器具，但还不太成熟。因此，下一个热点方向之一将是针对可穿戴健康设备开展计量和标准化研究，支撑可穿戴健康设备产业的发展。另一个热点方向是医学人工智能。我国医学人工智能发展起步稍晚，但发展速度居世界前列。虽然人工智能医疗技术的应用实例不断涌现，但这些实例中却普遍存在多个技术或政策难题尚未解决，包括医疗健康大数据的准确性和有效性验证、人工智能技术的准确性和可靠性验证、人工智能和大数据的使用监管。解决上述问题需要政府有关部门、医疗技术机构等方面的通力合作，而医学计量也将为相应医疗器械的检测和量值溯源工作提供必要的技术支持。

参考文献

[1] 刘文丽主编. 医学计量体系框架 [M]. 北京：中国质检出版社，2015.

[2] Ding X, Liu W L, Zhang J Y, et al.A method and system to simulate human electrophysiological activity [J]. Technology and Health Care，2017，25（S1）：S167-S175.

[3] 孙劼，张璞，李姜超. 呼吸机质量检测仪校准中应注意的问题 [J]. 中国计量，2018（7）：51-53.

[4] 国家质量监督检验检疫总局. JJF 1541—2015 血液透析装置检测仪校准规范 [S].

[5] 国家质量监督检验检疫总局. JJF 1542—2015 血氧饱和度模拟仪校准规范 [S].

[6] 刘文丽，等. 计量助推医用光学与放射影像设备行业发展 [J]. 中国计量. 2011（8）：25-26.

[7] 孙劼等. 磁共振成像设备特定能量吸收率研究进展与计量需求 [J]. 中国医疗设备，2018，33（3）：110-114.

[8] Zhang J Y, Liu W L, Gao M L, et al. Metrological Calibration of Ophthalmometers [C] //Proceedings of 2015 8th International Conference on BioMedical Engineering and Informatics，2015：360-366.

[9] 张吉焱，李姣，高明亮，等. 角膜曲率计轴位标准器的研制 [J]. 计量学报，2017，38（3）：276-279.

[10] 刘文丽，李飞，洪宝玉，等. 用于检测综合验光仪的光学系统、光学检测装置和方法：ZL 201310382045.5 [P]. 2017-03-22.

[11] Zhang J Y, Hong B Y, Liu W L, et al. Study on new measurement method for visual contrast sensitivity [J]. Applied Mechanics and Materials，2013，433-435：877-881.

［12］定翔，刘文丽，李姣，等. 一种闪光动态参数校准方法［J］. 计量学报，2015，36（4）：348-351.

［13］胡志雄，郝冰涛，刘文丽，等. 用于光学相干层析成像设备点扩散函数测量的模体制作与使用方法研究［J］. 光学学报，2015，35（4）.

［14］胡志雄，刘文丽，洪宝玉，等. 光学相干层析成像三维分辨率测试模拟眼［J］. 光电工程，2014，41（12）：28-32.

［15］Ding X，Li F，Li J C，et al. Approach to Enhance Raman Shift Accuracy Based on A Real-time Comparative Measurement Method［J］. Journal of Applied Spectroscopy，2018，85（5）：796-802.

［16］Hu Y，Fu S H，Ding X，et al. Analysis of point source size on measurement accuracy of lateral Point-Spread Function of Confocal Raman Microscopy［C］// SPIE. Society of Photo-Optical Instrumentation Engineers（SPIE）Conference Series.2018.

［17］李建红，等. 双能 X 射线骨密度仪的临床应用现状及进展［J］. 中国医学装备，2017，14（04）：27-31.

［18］刘忠厚. 骨质疏松学［M］. 北京：科学出版社，1998.

［19］Wang L，etc. QCT of the femur：Comparison between QCTPro CTXA and MIAF Femur［J］. Bone，2018. DOI：10.1016/j.bone.2018.10.016.

［20］Tomlins P H，Ferguson R A，Christian H，et al. Point-Spread Function Phantoms for Optical Coherence Tomography［R］. National Physical Labratorary report，2009.

［21］Anant A，Joshua P T，Naureen G，et al. Three-dimensional characterization of optical coherence tomography point spread functions with a nanoparticle-embedded phantom［J］. Optics Letters（S0146-9592），2010，35（13）：2269-2271.

［22］Robert C C，Peter J，Christopher M S，et al. Fabrication and characterization of a multilayered optical tissue model with embedded scattering microspheres in polymeric materials［J］. Biomedical Optics Express（S2156-7085），2012，3（6）：1326-1339.

［23］王德生. 全球智能穿戴设备发展现状与趋势［J］. 竞争情报，2015，11（5）：52-59.

［24］王沛，黄帅. 可穿戴设备尚需标准规范［J］. 进出口经理人，2014（8）：68-70.

［25］崔宏恩，姚绍卫. 可穿戴医疗设备关键技术及其质量控制初探［J］. 中国医疗器械杂志，2015（2）：113-117.

撰稿人：刘文丽　定　翔　张吉焱　胡志雄　张　璞　李成伟　邢广振

ABSTRACTS

Comprehensive Report

Report on the Development of Metrology

Metrology is a science of measurement and its application. It was initially a part of physics, and later became a comprehensive subject involving metrological theory and practice with the expansion of its contents. Metrology includes all theoretical and practical aspects of measurement, whatever the measurement uncertainty and field of application.

Metrology has three features, i.e. scientificity, legality and practicability. The first feature is scientificity, involving the fundamental, exploratory, and pioneering metrology research. The new scientific and technological achievements are commonly used to precisely define and realize units of measurement, and to provide a reliable measurement basis for the latest scientific and technological development. Metrology itself is a science of precision, and it is usually the main task of National Metrology Institutes (NMIs), including the study of measurement principles, measurement theory, the research on measurement units and system of units, the development of primary and measurement standards, the research on physical constants and precision measurement technology, the traceability and dissemination system of quantity values, the methods of comparison or capability verification, and the measurement uncertainty and measurement applications, etc.

The second feature is legality, which comes from the social nature of metrology. Since the accuracy and reliability of quantity values not only depend on scientific and technological means

but also on applicable laws, regulations and administrative management. In particular, it has a significant impact on the national economy and people's livelihood, involving areas of public interests, sustainable development or areas where strong confidence is required. The government must take the lead to establish legal protection in these areas. Otherwise, the accuracy, consistency and traceability of the value cannot be realized, and metrology will not fully play its significant role. As a subject of science, metrology is closely integrated with national laws, regulations, and administration. It is not only a technology field, but also one of the important social systems and a measure to govern the country.

The third feature is practicability. Scientific research and value dissemination of metrology are practical, aiming to promote the scientific and technological innovation, drive the economic development, accelerate social progress, maintain national security, enhance trade competitiveness, improve the comprehensive strength of the country, realize industrialization and transfer precise measurement technology. Metrology is related to all aspects of the social field, including national defense, science and technology, industrial and agricultural production, medical health, commerce and trade, security protection, environmental protection, social management and people's livelihood.

Metrological research mainly involves five aspects: new measurement theories and principles, new measurement technologies and instruments, correct and effective measurement operations, as well as measurement results analysis and application.

Metrology has different classifications from different perspectives. From the perspective of professional field, it includes dimensional metrology, temperature metrology, mechanical metrology, electromagnetic metrology, radio metrology, time and frequency metrology, acoustic metrology, optical metrology, ionizing radiation metrology, chemical metrology, and biological metrology.

Since the founding of New China, especially since the reform and opening up, China has attached great importance to metrology work, starting a new chapter in historical development. A large number of metrology scientific and technical achievements have been made in basic cutting-edge fields and industry applications. Consequently, the level of metrology testing has been continuously improved, so has the capability of metrology service and support.

By the 21st century, the role of metrology in scientific and technological innovation and the development of the national economy has drawn extensive attention, and metrological work in

China has been developing by leaps and bounds. An outline of The National Medium- and Long-Term Program for Science and Technology Development（2006-2020）, was released in 2006, stating the task of studying and establishing primary and measurement standards and reference material systems with high-precision and high-stability. In 2013, the State Council issued the National Metrology Development Plan（2013-2020）, which made important deployments for the guiding ideology, development goals, and key tasks of China's metrology development. The development goal of metrology is "By 2020, the metrology technology base will be more solid, the traceability system will be more improved, and the legal metrology system will be more complete, basically meeting the needs of economic and social development."

China now has not only preliminarily established a complete national metrology system, but also has become a world's leading country in terms of modern metrology science and technology and overall scale. In the field of frontier research, China has made a significant contribution to dealing with the redefinition of the International System of Units（SI）, significantly enhancing scientific and technological innovation capabilities. In the field of supporting industrial development, national major projects and emerging areas, we have achieved a series of landmark achievements, and the role of metrology support has become increasingly prominent. In terms of measurement capabilities, as of the end of 2018, China has established 177 national primary standards and more than 56,000 social public standards, and approved over 11,000 national reference materials. With 1,574 internationally-recognized calibration and measurement capabilities（CMCs）, China ranks third in the world and first in Asia.

This report summarized research developments made by metrology scientists of China in the last 5 years（2014-2019）. It cites a large number of references that can accurately reflect the progress of metrology work in China.

In terms of base units research, a national primary standard of the time unit "the second" - NIM5 cesium fountain clock built by China's National Institute of Metrology（NIM）has passed the review of the Frequency Standards Working Group of Consultative Committee for Time and Frequency（CCTF）, and was officially approved to be the primary clock recognized by the Bureau of Weights and Measures（BIPM）. NIM5 and other clocks from some advanced laboratories in the world will together determine the International Atomic Time（TAI）. In 2019, the primary standard cesium fountain clock - NIM6 was successfully developed with a frequency uncertainty better than 5.8×10^{-16}. China's first strontium optical lattice clock was evaluated for the first round of system frequency shifts, the evaluation uncertainty is 2.3×10^{-16}, which makes this

optical clock the first one based on neutral atoms in China. For the redefinition of the temperature unit - kelvin, NIM has developed two independent methods, namely the cylindrical acoustic gas thermometer and the Johnson noise thermometer to determine the Boltzmann constant, which play a key role in the redefinition of the kelvin; NIM also independently proposed a joule balance method for the redefinition of the kilogram, the type A uncertainty of measurement data has been reduced to 3×10^{-8} ($k = 1$). NIM participated in the international key comparison of the realization of the kilogram, the measurement uncertainty of 1 kg platinum-iridium weight is 5.2×10^{-8}; NIM is the only research institute in the world using two different methods, namely HR-ICP-MS and MC-ICP-MS to measure enriched silicon -28 molar mass, having obtained the best results in international comparison, with the relative standard uncertainty of enriched silicon molar mass measurement being 2×10^{-9}, which made a substantial contribution to the realization of Avogadro constant. In the fields of quantum voltage and quantum Hall resistance, NIM has successfully developed high-performance graphene quantum Hall chip using 400,000 arrays.

In terms of developing derived units standards and quantity value dissemination, NIM has developed a next generation of vertical calculable cross-capacitor, underwater acoustic pressure measurement standards, 10MHz-18GHz N-type coaxial power standards, national primary standard for mammographic X-ray air-kerma, primary water absorbed dose standard of linac, terahertz spectral measurement devices and terahertz power measurement devices, ultraviolet optical two-dimensional micro-nano geometry standard devices and reference materials, research on interferometry measurement technology, and the next-generation of end standard devices.

In the fields of application, NIM has built a series of capabilities for life science and health, environmental protection, aerospace, space science, new materials, new energy, and national defense security, gradually achieving a step-by-step transformation from single-point calibration to a full life-cycle metrology service.

From the review of the development of metrology at home and abroad, China's overall level of metrology is catching up with that of the metrology institutes in developed countries, NIM's internationally-recognized calibration and measurement capabilities (CMCs) rank third in the world, and NIM has made a great contribution to the redefinition of the SI. Nevertheless, there is still a large gap between NIM and advanced research laboratories in developed countries:

1. Key and innovative metrology technology research needs to be strengthened.

Although some key technologies have been broken through in the research of physical fundamental constants determination and a next generation of quantum standards in coping with the revolution of the SI, NIM still falls behind in terms of basic research and key technologies. The uncertainty and stability of NIM's optical clock still need to be further improved; the development of the single electron tunnel based on the new definition of ampere is not started yet; the electrical quantum standard chips are still backward in terms of integration and scale; some key chips and devices gaps still need to be filled; the realization and quantity value dissemination of meter definition based on the lattice constant are still in infancy. In the field of quantum sensing, the developed countries such as United States and Germany have achieved a wide range of application, while China is still in the process of exploring without key technology.

2. The underpinning for needs of national emerging industries and people's livelihood is still insufficient, and metrology system supporting national defense needs to be strengthened.

Despite the preliminary research on metrology technology and reference materials in the fields of new materials, next generation of information technology, new energy, aerospace, marine, and medicine, NIM is still lack of extensive and in-depth research. NIM hasn't completely played its leading role and cannot meet the increasing demand for metrology technology in relevant fields.

3. In terms of building a flat traceability chain and developing metrology devices, NIM still falls behind, and some technologies are limited.

Information technologies such as sensors and the Internet need to be further integrated with metrology, and the development of embedded intelligent metrology calibration systems and massive data processing are still the missing puzzle of NIM's work. A national metrology system with flat and efficient value dissemination has not been established yet. The dominant position in the traditional metrology field needs to be further consolidated. It is urgent to carry out metrology research on multi-parameter, dynamic extreme, comprehensive quantities and online

measurement to meet the needs of national and industrial development. In terms of high-end metrological instruments, we still rely on imports due to lack of key technologies. The existing system and mechanism cannot form an organic integration of industry, academia, research, and application, which limits the improvement of domestically produced instruments quality.

The requirements of new science and technology revolution, the national economy, the national major strategies, and the opportunities of the great change of the SI will have a significant and profound influence on the development of China's metrology work.

The international metrology configuration has been restructured. After May 20, 2019, the new definitions of the seven base units are determined based on defining constants (including physical fundamental constants and other constants in nature). A new international metrology configuration has been restructured. Quantum units have gradually superseded the artefact standards, which establishes the leading role of the advanced National Metrology Institutes. The role and priority of the International Bureau of Measure and Weights (BIPM) have changed from the sole source of traceability chain to the role of coordinator. The National Metrology Institutes will gradually become the main body responsible for international metrology research. Through international comparison, equivalency of quantity values from different countries will be achieved. The advanced National Metrology Institutes with a higher level of technology will gradually develop into a "central laboratory" in the region, playing an important role in providing traceability to other countries and piloting international comparisons.

Quantum metrology, quantum sensing and chip-scale metrology devices will be rapidly developed and applied. The second quantum revolution means directly developing quantum devices based on quantum properties. The United States, the European Union, the United Kingdom, and Japan attach great importance to the deployment and investment of quantum technology. Quantum metrology and quantum sensing, chip-scale metrology devices and measurement standards will be rapidly developed and applied. Embedded chip-scale quantum standards in industrial production will be able to more accurately control the entire manufacturing process, providing a strong support in process re-engineering, energy saving and emission reduction, and quality improvement.

The innovation of traceability methods will continue. The first innovation is a flat traceability chain. The combination of quantum standards and information technology makes the traceability chain shorter and faster, and the measurements are getting more accurate and stable. It will change the metrology model that relies on artefact standards, allowing the best measurements, and improving the quality of products and industrial competitiveness. The second innovation is to change from traditional laboratory condition traceability to online real-time calibration, from single-point calibration or testing of terminal products to an entire life cycle of metrology technical service with R & D design, procurement, production, delivery and application.

Metrology is constantly expanding into new fields and forming new branch disciplines. With the traction of the national economy on the demand for metrology, metrology has formed new branches and fields with characteristics of "interdisciplinary and multi-parameters", such as medical metrology involving public health, environmental metrology focusing on greenhouse gases emission and carbon trading, and energy metrology focusing on energy saving and emission reduction. The development of life sciences has promoted the formation and expansion of biological metrology, which is based on biological measurement theory, measurement standards, metrological standards, and biological measurement technology. It achieves nationally and internationally accuracy and consistency of property measurements of biological substance, and is traceable to the SI or other internationally recognized units, serving the fields of medical and health, justice, agriculture, food, medicine and marine.

Metrological instruments and devices are facing major development opportunities. Despite China's flourishing traditional instrumentation industry, it is still backward relative to the international advanced level. The metrology testing system is one of the most important foundations for instruments development. Quantum metrology in the future and sensing technology with characteristics of "ubiquitous realization of the SI unit definition and the best measurement" will effectively promote the independent research and development of China's instrumentation industry and form a new industry and ecosystem.

Written by Duan Yuning, Wu Jinjie, Che Weina, Gao wei, Cai juan

Reports on Special Topics

Development of Geometric Metrology

Geometric metrology is a branch of metrology science, which focuses on the research of the quantities and unites of the spatial dimension and angle, as well as the corresponding measurement method. It covers the fields of wavelength of the light wave, gauge block, line scale, 2D, 3D, plane angle, spatial angle, and the verification or calibration of the corresponding measurement instruments. The geometric metrology research is based on the one of the seven primary units of international system of units (SI) – "meter" which describes the dimension and the unit "arc degree" which describes the angle.

According to the JJF 1001-2011 "The General Metrological Terms and Definitions" and JJG 1010-1987 "Dimensional Metrological Terms and Definitions", the dimensional metrological instruments have been classified into material measure and measuring instruments. As to the material measure, it is a measuring instrument for reproducing the measurement value in a fixed form which is characterized by no indicator, no transmission mechanism and sensors; for the measuring instrument, it is an instrument used for measuring alone or together with auxiliary equipment and it will convert the measured value into directly observable indication value or equivalent information which is characterized by transmission mechanism and sensors and indictor. To combine the classification in practical applications, the development report of geometric metrology is divided into 6 parts: wavelength primary standard, endness (gauge block) and line scale; coordinate metrology; large scale metrology, angle metrology and metrological instruments and gauges.

Written by Yin Cong, Wang Jianbo, Liu Xiangbin, Sun Shuanghua, Wang Weinong,
Li Jianshuang, Xue Zi, Huang Yao, Li Jiafu, Kang Yanhui, Lin Hu, Zhou Bing

Development of Thermophysics and Process Metrology

Thermophysics and process metrology involves the measurement for thermophysical parameters and some of the mechanical parameters, with the most fundamental parameters such as temperature, pressure (and vacuum) and flow, as well as the thermophysical properties of materials and thermal energy carried by working media.

National Institute of Metrology (NIM) China has determined the Boltzmann constant with primary acoustic gas thermometry and Johnson noise thermometry with the relative standard uncertainty of 2.0×10^{-6} and 2.7×10^{-6}, respectively. Both of the measurement results contributed to the final adjustment value of the Boltzmann constant, which is used for the redefinition of the unit of thermodynamic temperature kelvin. NIM also made significant progress on the high temperature fixed points and the thermodynamic temperature with primary radiometric thermometry. The results of the thermodynamic temperature with radiometric thermometry contributed weights to the international thermodynamic temperature assignment to the point of inflection of the melting curve of high-temperature fixed points.

The primary thermometry standards have been improved. The techniques for making the artifact of the international temperature scale, the standard platinum resistance thermometry, were developed based on the microscale fundamental research of oxidation and lattice effects to achieve better stability. The upper temperature limit for the realization of primary radiation thermometry was extended to 3020K (2747℃) . So that the radiation thermometry could be traced to blackbody using fixed points from the Indium freezing point (~156℃) to WC-C point (~2747℃) . The high temperature fixed points have been applied in some of the national radiation thermometry system and the national standards for thermocouples. Multi-wavelengths radiance temperature

calibration method was used for the calibration of the variable-temperature blackbody radiation source. The infrared radiance thermometry in vacuum standard with low background was built for the calibration of on-orbit temperature blackbody sources. The miniature fixed point techniques and emissivity measurements using the environment-controlled refractive method were developed for the establishment of primary standards for the blackbody radiation source used in space.

NIM built the primary gas flow standard based on pVTt method to support the traceability of the national natural gas flow standards. The facility was used for the national natural gas industry and international trade. The air velocity standard was built with the laser Doppler velocimeter（LDV）system. After the international key comparison（CCM.FF.K3）of air velocity，the related calibration and measurement capability（CMC）was approved，which support the calibration of flowmeter on site based on the measurement of the velocity distribution. Some of the regional metrological institutes built the liquid flow facility at the temperature down to -196℃ to provide services for liquid natural gas（LNG）flow measurement. The large water flow facility with diameter up to DN2400 and the hot water flow facility at temperature up to 150℃ were also built to provide metrological services for the measurement of water resources and heat supplying.

In the field of vacuum metrology，NIM built the（$5 \times 10^{-9} \sim 5 \times 10^{-3}$）Pa vacuum standard based on the dynamic flow guide method. Lanzhou Institute of Chemical Physics，Chinese Academy of Sciences built a vacuum system using static expansion method and achieved the capability of measuring the small leakage rate of 10^{-14} Pa·m^3/s in vacuum. Beijing Orient Institute of Measurement and Test built the leak calibration facility at pressure higher than atmosphere pressure and reached the limit of 10^{-10} Pa·m^3/s.

For the on site or in situ calibration，NIM investigated in situ calibration techniques for natural gas flowmeter with LDV method using the velocity distribution. NIM used the calibrated three-dimension Pitot tube to calibrate the flowmeter for smoke stack with large diameter using the velocity cross section area model which was verified by the experiments in the laboratory. NIM also carried out the research on the flow metrology of water resources. The water flow in large diameter tube and canal can be calibrated on site using the ultrasonic techniques based on measurements of time of flight differences. National Institute of Measurement and Testing Technology built on site calibration facility for LNG and the facility came into service. Some instrumental manufacturers also developed on site calibration systems for flowmeters.

The re-definition of the SI units and the implementing of the MeP-K guides will support the development and application of primary thermometry techniques. In the coming few years, the thermodynamic temperature could be directly realized and transferred for radiation thermometry, especially at high temperature range. Additionally, the research on thermophysics and process measurement will be focused on the application areas, including the development from the traditional measurement for single parameter under standard environment to the comprehensive measurement for multi-parameters which is closer to application environment.

Written by Yuan Zundong, Wang Chi, Zhang Jintao, Wang Tiejun, Hao Xiaopeng, Li Chunhui,
Yang Yuanchao, Lu Xiaofeng, Zhang Liang, Dong Wei, Yu Hongyan, Feng Xiaojuan

Development of Mechanical and Acoustics Metrology

Mechanical and acoustics metrology is an activity that achieves unity of mechanical quantity and accurate and reliable quantity, including force, mass, acoustics, hardness, volume, density, speed, vibration and gravity, etc. This report reviews the latest developments in field mechanical metrology of China during the past five years, and conducts comparative analysis through domestic and international research, finds the direction for further research. Accompanying the ongoing kilogram redefinition, not only a number of research accomplishments have been achieved in the field of mass metrology, but also the future research directions of new methods of mass value dissemination have been planned. In the field of force and torque metrology, China has made breakthroughs in the field of micro-nano force and large-scale torque measurement, and will conduct research on the measurement of large-scale force in the future. The recent developments of acoustic metrology in the field of electro-acoustic, audiometry, ultrasound and underwater acoustic are reviewed, including the new generation sound pressure standards based on the optical method, quantitative analysis of the intelligent audio and active noise reduction related electro-acoustic equipment, objective audiometry equipment calibration, characterization of high intensity focused ultrasound (HIFU) and laser ultrasound and so on. Eight primary standards have been established for hardness, and recent research has focused on the measurement of micro-nano hardness, instrumented indentation

hardness, and high-precision head shape. In terms of vibration and shock metrology, China has established a perfect one-dimensional linear vibration and impact measurement standard system, and will carry out research work in the field of multi-component and rotational vibration measurement technology. In terms of gravity, China independently developed an optical-interference-type absolute gravimeter, established national gravity primary standard, and will make breakthroughs in atomic interference gravimeter. A complete traceability system on volume and density has been established in China based on the density standard of single crystal silicon primary standard and volume primary standard. The research on high precision solid standard and liquid standard will be focused.

Written by Zhang Yue, Wang Jian, Cai Changqing, Du Lei, Guo Ligong, Liu Xiang,
Xu Changhong, Wu Di, Cai Chenguang, Jiang Jile, Zhang Zhimin, He Longbiao,
Feng Xiujuan, Zhong Bo, Niu Feng, Wang Min, Xing Guangzhen, Shi Wencai,
Tonglin, Zhangfeng, Cui Yuanyuan, Wang Jintao

Development of Electromagnetic Metrology Science and Technology

Electromagnetic metrology is a branch of metrology which is concerned with electromagnetic measurement and its application. Electromagnetic metrology includes the reproduction of electromagnetics unit, the establishment of electromagnetic reference standards, and the traceability system of electromagnetic unit values. The generalized electromagnetic metrology frequency range includes not only the DC&LF range measurements, but also RF range measurements.

The classic electromagnetic metrology mainly focuses on the DC&LF range including DC electric quantities and DC resistance, AC electric quantities, impedance metrology, high voltage and current metrology and magnetic metrology.

The International System of Units (SI), despite a long history, is an evolving system that regularly undergoes changes to keep pace with the developments of science. In the last century, National Institute Metrology, China (NIM) had made Chinese contribution to definition of the conventional values of $K_{\text{J-90}}$ and $R_{\text{K-90}}$ by absolutely reproducing ampere with proton rotational magnetic ratio method (γ_p) and absolutely measuring R_k with calculable capacitor method.

In 2005, International Committee for Weights and Measures (CIPM) proposed to redefine the four basic SI units, including the current unit of ampere with new definition that fix the value of the elementary charge e. The reproducing methods of ampere can be achieved by different quantum metrology methods, including using K_J and R_K based on ohm law, single electron tunneling effect or other physical equations.

In recently years, aiming at the redefinition of SI, a lot of progresses were achieved in the field of electromagnetic metrology in China.

In the field the new electric quantum chips and standards, NIM can fabricate large-scale Josephson Junction Array devices to achieve 0.5V quantum voltage and Quantum Hall Resistance (QHR) chip based on GaAs/AlGaAs heterostructure now. NIM has made key progress on the QHR array chips, QHR chip based on graphene, nano-SQUID, micro-volt quantum voltage system, and cryogen-free QHR & PJVS standards.

In the field of joule balance at NIM which arms at redefinition of mass unit kilogram, Laser-pumped Cs-4He magnetometer, NIM's second generation of joule balance NIM-2 has submitted the first determination of the Planck constant before July 1st, 2017. The Type A relative standard uncertainty to reproduce the kilogram under new SI has reduced to 5×10^{-8} in 2018.

In the filed of AC electric quantities metrology, at the National Institute of Metrology (NIM), China, wideband power national standard has been established at frequencies up to 100 kHz. NIM is now working on a project of building a new electromagnetic standard with big data analysis and AC power standard based on AC PJVS.

In the field of impedance and AC ratio metrology, with the applying of NIM's unique electrical compensation method, the new Calculable Capacitor's standard uncertainty of 10.5×10^{-9} has been achieved in 2018 which is the best capability to reproduce the Farad unit in the world. The international key comparison of 10 pF and optional 100 pF capacitance (CCEM-K4.2017) has been carried out in 2017. NIM achieved a very good consistency on comparison results and got the international mutual recognition.

In the field of high voltage and current metrology, NIM has built high voltage ratio for power frequency up to 400 kV. At NIM, the researches on very low power factor measurement for

power transformer and high voltage energy under nonlinearity loads in distribution grid are also carried out, and a portable fiber-optic current sensor (FOCS) up to 300 kA based on Faraday magneto-optical effect was developed.

In the field of magnetic metrology, in 2018, NIM build a Cs-4He magnetometer (CHM) with using a single-mode laser to replace the traditional discharged lamp and improve the performance. The noise floor with sacrificing the SNR is achieved at about 0.03 nT.

The new definition of the ampere was formal implemented on May, 20, 2019. It is a milestone in the electromagnetic metrology developing history, and will support on solving the future science challenges in 21st Century. Looking forward to the future, the development trend of the electromagnetic metrology science and technology will be reflected in the following three aspects in the future.

1. The electromagnetic quantities to be measured will extend to ultimate parameters such as ultra-low voltage and current, ultra-high voltage and current, weak magnetic, ultra-low impedance etc., and complex signals such as loss parameters under high voltage, charge transient parameters, lightning protection parameters etc.

2. The new definition of the ampere will lead to a revolution of electromagnetic metrology stepping from classical metrology to quantum metrology. With the application of portable quantum standards in the future, the true flattening quantity traceability can be achieved.

3. New types of electromagnetic metrology technology will develop rapidly in the future. With the rapid development of internet economy in China, one new technic is the online metering technology on distribution system, such as the energy online metering of smart meters or charging spots based on big data analysis. The other new technologies may be the application of artificial intelligence (AI) in the electromagnetic metrology.

Metrology is the foundation of quality Infrastructure. Accelerating to construct a modern advanced national electromagnetic metrology system based on quantum standards will provide strong technical support on the national development strategies such as "Made in China 2025" and "Belt and Road".

Written by He Qing, Shao Haiming, Zhang Jiangtao, Yang Yan, Li Zhengkun, Li Jinjin,
Zhang Xiuzeng, Wang Lei, Wang Zengmin, Lu Yunfeng, Wang Jiafu, Fu Jiqing,
Pan Xianlin, Huang Lu, Huang Hongtao

Development of Optical Metrology

Great progress has been made in all aspects of optical metrology in China during the past few years. The calibration and measurement capability has been further improved. Excellent results have been achieved for the international comparisons that have participated. The number and quality of the mutually recognized calibration and measurement capabilities have been greatly improved.

In photometry, with the global phase-out of incandescent light bulbs, the difference of spatial luminous intensity distribution and spectral distribution between the solid-state lighting sources and the traditional incandescent light sources pushes the development of the relevant photometric standards and measurement facilities. Accordingly, great progress has been made in the measurement of single chip LED, LED lighting source and the development of transfer standard lamps. China is in the leading position in the world in developing luminous flux and luminous intensity standard lamp based on filament lamps. The research on realization of candela, the SI base unit, based on solid state standard light source has been being carried out around the world.

In the field of radiometry, the application of high temperature fixed point blackbody with large diameter of opening further improves of the realization and calibration capability of spectral irradiance and spectral radiance. Meanwhile, detector based spectral radiometric calibration capability has been established as well. The traceability requirements from different area promote the research and capability improvement of integrated and spectral radiometric quantities in the infrared spectral range, and important progress of application in the field of remote sensing has been made. In the aspect of colorimetry, the capability of realization of the color primary standard is further improved, and the calibration capability of fluorescent colorimetry has been established.

In the field of spectrophotometry, primary standard of spectral transmittance and reflectance have been upgraded, spectral range and level of transmittance and reflectance have been expanded. The measurement facility for bidirectional reflectance distribution function (BRDF) has been established. Researches on the technology of scattering and optical density measurement and the application in the fields of gas and image have been carried out.

In the field of laser radiometry, the measurement range of high power and high energy laser is increased by the innovative detection technology. The laser beam quality calibration capability of medium and high level laser power has been set up. The research of high power laser measurement technology based on the principle of light pressure is being carried out. In the aspect of ultra-short pulse and terahertz radiation measurement, the traceability of time-domain parameters of femtosecond pulse and terahertz radiation parameters was realized through independent innovative technology, and the relevant national measurement standard have been established.

In the field of optical communication and optical detection, the research and development of cryogenic radiometer and the establishment of primary standards have been carried out and applied to high accuracy traceability in the field of earth observation and others. The research on photon metrology has been carried out. The calibration capability of photovoltaic related standards has been improved and applied to the measurement of solar cells used on the ground and in aerospace. The measurement capability of optical communication has been improved.

The future development of optical metrology will be mainly in the following aspects, the increase of the number of measurand, the improvement of accuracy, the extension of measurement range and limit, the shortening of traceability chain, and the integration of multi-parameters. The future development will further serves the national innovation and quality improvement, and promote the global competitiveness of the domestic industry.

Written by Lin Yandong, Gan Haiyong, Ma Chong, Liu Hui, Xiong Limin,
Dai Caihong, Chen Chi, Deng Yuqiang

Development of Time and Frequency Metrology

The second is the base unit of time in the International System of Units (SI) with the highest level of measurement uncertainty, from which another basic unit of length "meter" could be derived directly using the definition of the speed of light. It is defined by taking the fixed numerical value of the cesium frequency to be 9 192 631 770 when expressed in the unit Hz, which is equal to s^{-1}. The Cs fountain clocks have been used as primary frequency standards to realize the definition of the second. Currently, the uncertainty of the most accurate cesium clock is at the level of 1×10^{-16}, which means it would neither gain nor lose a second in more than 300 million years. Optical clock, working at optical frequencies, has a potential to replace cesium clock as the new primary standard in the future. In the last decade, optical clock experienced a rapid development. The relative systematic shift uncertainty of the optical clock improved about two orders to enter the 10^{-18} level, and surpassed that of the best cesium fountain clock. Coordinated Universal Time (UTC) is obtained from a combination of data from about 500 atomic clocks operated by more than 70 timing centers which maintain a local UTC, UTC (k). The International Bureau of Weights and Measures (BIPM) is responsible for the computation and publication of the international reference time scale Coordinated Universal Time (UTC).

The NIM5 cesium fountain clock, with a type B uncertainty of 9.0×10^{-16}, is the primary frequency standard of China. NIM5 clock evaluations have been reported to the BIPM (International Bureau of Weights and Measures) and were used to steer the EAL (free atomic time) and generate TAI (international atomic time) since 2014. It is the first time China has weights in steering EAL. In 2015, National Institute of Metrology made the first evaluation of its strontium optical lattice clock. The systematic frequency shifts of the clock were evaluated with a total uncertainty of 2.3×10^{-16}. The absolute frequency of the strontium clock was traced to cesium fountain clock by frequency transfer of the fountain clock through a 50 km fiber. The measurement uncertainty is 3.4×10^{-15}. The data was reported to the CCL-CCTF of BIPM, and was adopted as the source data to calculate the recommendation value of the strontium optical clock frequency. NIM time keeping laboratory is responsible to generate and maintain UTC (NIM) which is the national time and frequency primary standard in China. The difference between UTC (NIM) and UTC is limited within ±5ns, which is one of the best results in the world. Combining Cesium fountain clocks, rubidium fountain clocks and hydrogen masers to generate a time scale by algorithms could make more stability for the long-term frequency and the short-term frequency. They have become the development trend of time scales. With the development of optical clock technology, it has become a hotspot in the field of time and frequency to study the generation of high accuracy atomic time scales based on optical clocks and hydrogen maser ensemble.

Written by Dai Shaoyang, Lin Yige, Wang Yuzhuo, Wang Shaokai, Fang Fang

Development of Ionizing Radiation Metrology

Ionizing radiations are present in many aspects of life today, including both radiations occurring naturally in the environment – such as from radionuclides found in air, soil, food, water and the human body, as well as cosmogenesis and cosmic rays - and artificially produced radiations such as found in medical uses of X-rays and gamma rays from external beam or brachytherapy sources and from short-lived radionuclides used in nuclear medicine, nuclear industry cycle and waste, radioactive fallout from nuclear industry emergencies and nuclear weapons testing, irradiation facilities using gamma sources or electron accelerators for sterilization, industrial radiography or radiation processing for environmental remediation. The direct impact of ionizing radiations mentioned above shows the need for a world-wide, harmonized system of quantities and units to assure the accuracy and comparability of their measurement.

Measurements of ionizing radiation may characterize with the radioactive emissions of radionuclides in terms of the quantity activity of a radionuclide (unit becquerel, Bq), as well as the subsequent interaction of the radiation with matter – particularly with biological tissues – in terms of the quantities absorbed dose (unit gray, Gy), to determine the energy deposited, and equivalent dose (unit sievert, Sv), to account for the biological effect of radiation, so called dosimetry.

According to the different types of the measured ionizing radiations, measurement of ionizing radiation is normally classified as the following three areas, they are X, gamma rays and charged particles, radionuclides, and neutron. In the field of measurements for X, gamma rays and charged particles, the quantities absorbed dose and equivalent dose are mainly focused, whereas for radionuclides measurements, the quantity activity is more important. As a special type of particle, intensity measurement of a neutron source, and its absorbed dose and equivalent dose as well, are the main work in the field of neutron. Accordingly, in most National Metrology Institutes (NMIs) worldwide, research work on ionizing radiation metrology is carried out in terms of radionuclide measurement, dose measurement of X, gamma rays and charged particles, and neutron measurement.

In the past several years, great progresses have been achieved in China in field of ionizing radiation metrology including dose measurement for X, gamma rays and charged particles, activity measurement for different radionuclides, and neutron measurements. These achievements cover not only the establishment of primary standards for quantity, but also improvement of calibration and measurement capabilities to serve to different users via values dissemination.

Detailedly, air kerma primary standards for (10~60) kV X-ray, (60~250) kV X-ray and (250~600) kV X-ray, and for Co-60 γ-ray and Cs-137 γ-ray as well, have been established. These absolute measurement values have been verified for equivalence by taking part in the corresponding international comparisons, and provide metrological support to the users in radiodiagnosis and radioprotection. Absorbed dose to water primary standard based on linac and ESR has also been established, and form a traceability system for radiotherapy and radiation processing respectively. In addition, tracing to the air kerma primary standards of γ-ray, traceability system of equivalent dose has also been established since such quantity is vital important in radioprotection when use of ionizing radiations.

Neutron measurement work mainly involves research and values dissemination related to neutron protection. The primary standard or working standard including neutron source intensity, thermal neutron fluence, 4.8MeV neutron absorption dose, neutron reference radiation and monoenergetic neutron fluence from 0.1MeV to 20MeV have been established.

In the area of radionuclides measurement, primary standards based on coincidence counting techniques and liquid scintillation counting have been established so as to realize the activity standardization of radionuclides with different decay scheme. Calibrated γ-ray spectrometry and $4\pi\gamma$ ionization chambers are used to measure sources with various activity levels. Moreover, as standard reference source plays an important role in the dissemination system of radioactivity value, relevant radiochemical techniques has been improved to meet the requirements from various users, such as from nuclear power plants, environment monitor, etc. Although, traceability system of activity value for gaseous radionuclides is comparatively poor, great progress is also achieved for radon and its progenies measurement, and noble gases as well.

Written by Zhang Jian, Zhang Ming, Zhang Hui, Liang Juncheng, Wang Kun, Li Dehong,
Zhang Yanli, Liu Haoran, Wu Jinjie, Guo Siming, Gong Xiaoming, Huang Jianwei

Development of Chemistry Metrology

Based on the technical framework and characteristics of Metrology in Chemistry, its research can be split into two aspects: one is to carry out the realization of mole (SI base unit) and the primary or accurate measurement of atomic weight, to promote the scientific advancement and industrial development, and to conduct research on high-accuracy measurement technology and frontier exploration, so as to assure that the chemical measurement result can be made metrological traceable to top-level metrological reference; the other is to carry out extensive research into the primary or reference measurement apparatus, the primary or high accurate reference measurement procedures and the primary or certified reference materials in various application fields, and to construct a national metrological traceability system for chemical measurement result on the basis of the international metrological comparison and the international mutual recognition of CMC (Calibration and Measurement Capability), in order to provide metrological traceability support for the global mutual recognition network of testing results.

This report summarizes the research & application progress of Metrology in Chemistry in many fields during the past five years in China, including mole redefinition, elemental isotope measurement, primary purity measurement, primary measurement of complex matrix samples, frontier measurement technology and their application on the fields of food, environment, forensic science, pharmaceuticals, etc. Besides, a comparison of the domestic and abroad development and research progress is made in the report. The research of Metrology in Chemistry in many application fields has been carried out comprehensively in China, as China gradually narrow the gap with foreign advanced level. The number of international mutual recognized CMCs of China in Metrology in Chemistry ranks first in the world, and China takes an advantage in the international mutual recognition of some fields such as high purity, solution and food. By mid-2019, China has issued more than 11 000 kinds of national certified reference materials. However, it is still urgently needed to meet the needs of application fields, further enhance the systematicness and comprehensiveness of research, and strengthen the key and original research of the cutting-edge metrological technologies and new certified reference materials in terms of isotope measurement standards, high order or primary reference materials, as well as in the fields of nano, pharmaceutical, clinical, etc. Thus, it will strongly support the national economy, social progress and industrial development.

On the basis of mole redefinition, the traceability of amount of substance takes the requirements of accurate physical measurement technology and precise chemical measurement technology into account, such as the ultra-pure preparation and analysis of substances and the accurate measurement of atomic weights and isotopic compositions for the elements. At the same time, it will also promote the development of microparticle measurement and related metrological research, laying a new theoretical foundation for the metrological traceability of measurement result in life sciences and other emerging fields. In the future, the high-precision isotope measurement technology, the accurate quantification and certified reference material development for toxic or hazardous trace and ultratrace substances in food and environmental matrix, and the metrological traceability research of new measurement & characterization technologies including new types of property quantity and real-time insitu microanalysis will continue to be the focus in the research of Metrology in Chemistry. In view of the wide range of research objects of Metrology in Chemistry, more emphasis will be placed on the the system building of representative key measurement capabilities and certified reference materials in the field of metrology in chemistry and international metrological mutual recognition, so as to achieve traceable, comparable, and reliable global measurement results.

Written by Li Hongmei, Lu Xiaohua, Wang Jun, Zhang Qinghe, Hu Zhishang, Song Dewei,
Zhou Tao, Wu Bing, Li Ming, Chao Jingbo, Zhang Tianji, Su Fuhai, Feng Liuxing,
Ren Tongxiang, Quan Can, Li Xiuqin, Shao Mingwu, Kan Ying

Development of Biometrology

Biometrology is the science of biomeasurement, based on the bio-measurement theory, measurement standard and bio-measurement technology, to enable the global comparability (nationally or internationally) of bioanalytical measurement results of biological characteristic

value, with traceability to International System of Units (SI Units), legal unit or internationally agreed units. It mainly included nucleic acid, protein, cell and microorganism metrology. Developing biological reference material and mass spectrometry are very important.

Nucleic acid measurement research started early, developed rapidly and occupied a very important position in International Biometrological research. Since 2003, China has made great progress in the research of nucleic acid measurement. There are 23 leading and participating international comparisons. All of them have achieved international equivalence. Establishment of quantitative method of genomic DNA based on isotope dilution mass spectrometry has realized traceability of DNA content to SI. An absolute quantitative method based on single-molecule amplification and chip digital PCR was established for target gene measurement. At present, a series of plasmids and genomic nucleic acid reference materials have been successfully developed. For example, Reference materials for transgenic modified plasmids, calf thymus genome, oligonucleotides, library DNA, human genome quantification, gene mutations in colorectal cancer, lung cancer and breast cancer, and target gene mutations in genetic diseases, etc. In the field of nucleic acid sequencing, the standard of human genome sequence is being developed for Chinese family No. 1 (identical twin families) with Chinese genetic background. Nucleic acid sequence metrology standard research is expected to provide reference standards for genome sequencing, data analysis and mutation detection, and comprehensively improve the quality of gene sequencing industry.

Protein metrology is an important branch of biometrics and is the research of protein measurement. The main task of protein metrology is to establish measurement standards and traceability pathways for protein content, molecular weight, activity, function, sequence and high-level structure to ensure that the results related with protein measurement can be traced to SI units or international definitions, It is to achieve the accuracy, efficiency and comparability of protein-related measurements.

Cells are being used in drug discovery, therapeutics development, biomedical research, and biotechnological and medical applications. However, the measurement challenges for these applications are complex and will be impeded by the complexity and dynamic nature of cells. The emergence of cell-based therapeutics has increased the need for high accuracy and validated measurements for the characterization and quality control of cell therapy products (CTPs). Our research will focus on the development of reference measurement methods, reference materials and new measurement device for the measurement of cell number, cell viability and cell function, aiming to improve the comparability between methods, to enable fit-for-purpose method selection, and to facilitate the translation of cell measurements between stages of product development, to seek to increase confidence in cell count measurements.

Microorganism metrology is one of the hotspots in the international Biometrological field. In the fields of food safety, biosafety and environmental monitoring, microbiology is required to measure quickly and accurately, the novel method based on flow cytometry was developed. Compared with traditional plate count method, the uncertainty and measurement time of flow cytometry reduce obviously. At present, flow cytometry method was researched and applied in measurement on total colony number, Escherichia coli, Salmonella, Staphylococcus aureus in drinking water and food. Also, some microbiology reference materials were developed using freeze drying. With the development of microbial measurement methods, the study of microbial interaction with host cells, microbial activity and the definition of new microbial measurement units becomes more and more important. Research and development of new traceability methods for microbial measurements and microbial reference materials will become the focus of microbial measurement research, so as to solve the problem of missing the source of microbial measurements, and provide measurement technology for traceability, comparability and consistency of microbial measurements.

As a new measurement discipline, biometrics has developed rapidly in recent years. It plays an increasingly important role in areas such as the national economy and health. In recent years, research on nucleic acid, protein, cell and microbiology measurement has flourished, which has greatly promoted the development of Chinese food, agriculture and health industries. However, most of the biological samples have the characteristics of complex structure and difficulty in separation and purification. The analysis by the general method often has the disadvantages of inaccurate results, poor reproducibility, and difficulty in traceability. Mass spectrometry instruments have become an important tool for their analysis. At present, the mass spectrometry market is developing rapidly. In order to seize market opportunities and promote the rapid development of the domestic mass spectrometer market, many enterprises and scientific research teams have continuously increased investment in scientific research, technology research, application, and improve the mass spectrometry related technologies and introduce a variety of mass spectrometer instruments. However, there is still a big gap between domestic mass spectrometry and advanced manufacturing companies in the world. In the future, domestic mass spectrometry will be in a catch-up role.

Biometrology is the most active and far-reaching new metrology discipline in the 21st century. It supports comparability, effectiveness and traceability of biomeasurement. Establish the standard of metrological traceability, biological and life "quantity" to obtain reliable biological measurement results, so that the results of the standard can be tested, the process can be reproduced, and the credibility of the product and the good quality of life and health can be realized.

Written by Wang Jing, Sui Zhiwei, Fu Boqiang, Dong Lianhua, Mi Wei, Zhai Rui

Development of Medical Metrology

Medical metrology is the application of metrology to the medical science. The goal of medical metrology is to realize the unification of units and the accuracy of quantity in the field of medical science, so as to support the precise diagnosis and the effective therapy of diseases. After decades of development since medical metrology became a part of legal metrology in 1986, the national verification and calibration network of medical devices was established. In the past few years, the research in medical metrology was mainly focused on vital sign monitoring and life support devices, ionized radiation and magnetic resonance imaging devices, ophthalmic optics, medical ultrasound devices and novel medical optical imaging devices. Pioneered by the National Institute of Metrology, the domestic metrological institutes have been working on developing new calibration methods and instruments for medical devices. A number of metrological standards were established and a series of regulations were drafted or revised. The quantity traceability systems for medical devices was established and the calibration capability were enhanced remarkably.

In the metrology of vital sign monitoring and life support devices, the national institute of metrology (NIM) developed the calibration methods for respirators, blood dialysis machines, blood oximeters, baby incubators, patient monitors, electrosurgical devices, defibrillators and electrophysiological monitors. Calibration stations for medical simulators, analyzers and testers are under development by NIM to realize the localization. In the metrology of ionized radiation and magnetic resonance imaging devices, metrological research were carried out on CT, MRI, PET-CT and DEXA instruments, including the source characteristic parameters, phantoms, standard devices, evaluation of image quality and the SAR of MRI. NIM also initiated the work to establish the first bone density database based on the Chinese population. In the metrology of ophthalmic optics, the standard devices for refractometers, refractors, visual electrophysiological instrument and visual characteristic parameters were developed. In the metrology of medical acoustics, the measurement range or the accuracy of many parameters were enhanced, including the ultrasound power, the hydrophone frequency and parameters of sound field. In the metrology of novel medical optical imaging devices, calibration methods for OCT instruments, medical endoscopes and Raman microscopes were established. The measurement device for OCT spectral characteristics and NA, phantoms for OCT, calibration device for endoscopes and Raman microscopes were developed.

National metrological institutes (NMIs) in developed countries such as the National Institute of Standards and Technology, the Physikalisch-Technische Bundesanstalt and the National Physics Laboratory concentrate on new medical metrological topics and new medical measurement methods. Medical imaging devices including novel medical optical imaging devices have gained the most attention from these NMIs. Calibration and traceability systems of vital sign monitoring devices, life support devices and ophthalmic optics are mainly maintained by the private sectors.

With years of human resources and expenditure input to medical metrology research, our scientific level has been enhanced remarkably. Calibration capabilities have been expanded to cover a much wider range of medical devices than the past. In the field of metrology on vital sign monitoring devices, life support devices and ophthalmic optics, we are currently on the same scientific research level as the developed countries. However, in the field of metrology on medical imaging devices, especially on novel optical imaging methods and devices, we are still lagging behind and trying to catch up with the developed countries.

Benefiting from the development of the IT technology and the sensor technology, medical devices are evolving to be more and more integrated, dynamic, versatile and intelligent. Calibration tools for medical devices need to be automatic and dynamic, and also have the capability of distant and online calibration in order to fulfill the new requirements for traceability. In addition, new research directions of medical metrology have emerged owing to the development of the internet technology. The wearable health devices and the artificial intelligence

for health have become the hottest topics. Confronted with the new challenges, the medical metrological techniques need to be innovated continuously to better support safe and accurate medical diagnosis and therapy.

Written by Liu Wenli, Ding Xiang, Zhang Jiyan, Hu Zhixiong, Zhang Pu,
Li Chengwei, Xing Guangzhen

索 引